“十三五” 国家重点出版物出版规划项目

普林斯顿分析译丛

世界名校名家基础教育系列
Textbooks of Base Disciplines from World's Top Universities and Experts

傅 里 叶 分 析

〔美〕 伊莱亚斯 M. 斯坦恩 （Elias M. Stein）
拉米·沙卡什 （Rami Shakarchi）　　　著

燕敦验　译

机械工业出版社

本书是美国著名数学家伊莱亚斯 M. 斯坦恩等人著的《Fourier Analysis：An Introduction》的中译本. 内容包括：Fourier 级数的起源、基本性质、收敛性，Fourier 变换及其基本应用. 此外，本书每章均配备了一定数量的练习和问题. Fourier 分析是既古老又现代的一门学科，其特点是思想深刻，方法新颖，应用广泛. 它是现代数学分析学中一门重要的基础课，其自身也一直在不断地丰富和发展着.

本书阐述由浅入深，定理证明严谨、缜密、丝丝入扣，对初学者极富启发性，它不仅是学习现代数学分析的一本入门书，而且也是一本能引导读者进入这一领域研究前沿的优秀读物.

本书可作为数学专业的大学生、研究生以及研究人员的参考书.

北京市版权局著作权合同登记：图字 01-2013-3816

图书在版编目（CIP）数据

傅里叶分析/（美）伊莱亚斯 M. 斯坦恩（Elias M. Stein），（美）拉米·沙卡什（Rami Shakarchi）著；燕敦验译. —北京：机械工业出版社，2019.12（2024.10 重印）

（普林斯顿分析译丛）

书名原文：Fourier Analysis：An Introduction（Princeton Lectures in Analysis）

"十三五"国家重点出版物出版规划项目　世界名校名家基础教育系列

ISBN 978-7-111-63484-3

Ⅰ. ①傅⋯　Ⅱ. ①伊⋯②拉⋯③燕⋯　Ⅲ. ①傅里叶分析　Ⅳ. ①O174.2

中国版本图书馆 CIP 数据核字（2019）第 173110 号

机械工业出版社（北京市百万庄大街 22 号　邮政编码 100037）

策划编辑：汤　嘉　责任编辑：汤　嘉　李　乐

责任校对：王　欣　封面设计：张　静

责任印制：邰　敏

三河市宏达印刷有限公司印刷

2024 年 10 月第 1 版第 6 次印刷

169mm×239mm · 14.25 印张 · 2 插页 · 288 千字

标准书号：ISBN 978-7-111-63484-3

定价：78.00 元

电话服务　　　　　　　　　网络服务

客服电话：010-88361066　机 工 官 网：www.cmpbook.com

　　　　　010-88379833　机 工 官 博：weibo.com/cmp1952

　　　　　010-68326294　金 书 网：www.golden-book.com

封底无防伪标均为盗版　　　机工教育服务网：www.cmpedu.com

前　　言

从 2000 年春季开始，四个学期的系列课程在普林斯顿大学讲授，其目的是用统一的方法去展现分析学的核心内容．我们的目的不仅是为了生动说明存在于分析学的各个部分之间的有机统一，还是为了阐述这门学科的方法在数学其他领域和自然科学中的广泛应用．本系列丛书是对讲稿的一个详细阐述．

虽然有许多优秀教材涉及我们覆盖的单个部分，但是我们的目标不同：不是以单个学科，而是以高度的互相联系来展示分析学的各种不同的子领域．总的来说，我们的观点是观察到的这些联系以及所产生的协同效应将激发读者更好地理解这门学科．记住这点，我们专注于形成该学科的主要方法和定理（有时会忽略掉更为系统的方法），并严格按照该学科发展的逻辑顺序进行．

我们将内容分成四册，每一册反映一个学期所包含的内容，这四册的书名如下：

Ⅰ. 傅里叶分析．

Ⅱ. 复分析．

Ⅲ. 实分析．

Ⅳ. 泛函分析．

但是这个列表既没有完全给出分析学所展现的许多内部联系，也没有完全呈现出分析学在其他数学分支中的显著应用．下面给出几个例子：第一册中所研究的初等（有限的）Fourier 级数引出了 Dirichlet 特征，并由此得到等差数列中有无穷多个素数；X 射线和 Radon 变换出现在第一册的许多问题中，并且在第三册中对理解二维和三维的 Besicovitch 型集合起着重要作用；Fatou 定理断言单位圆盘上的有界解析函数的边界值存在，并且其证明依赖于前三册书中所形成的方法；在第一册中，θ 函数首次出现在热方程的解中，接着第二册使用 θ 函数找到一个整数能表示成两个或四个数的平方和的个数，并且考虑 ζ 函数的解析延拓．

对于这些书以及这门课程还有几句额外的话．一学期使用 48 个学时，在很紧凑的时间内结束这些课程．每周习题具有不可或缺的作用，因此练习和问题在我们的书中有同样重要的作用．每个章节后面都有一系列"练习"，有些习题简单，而有些则可能需要付出更多的努力才能完成．为此，我们给出了大量有用的提示来帮助读者完成大多数的习题．此外，也有许多更复杂和富于挑战的"问题"，特别是用 ＊ 号标记的问题是最难的或者超出了正文的内容范围．

尽管不同册之间存在大量的联系，但是我们还是提供了足够的重复内容，以便只需要前三册书的极少的预备知识：只需要熟悉分析学中初等知识，例如极限、级

IV

数、可微函数和 Riemann 积分，还需要一些有关线性代数的知识．这使得对不同学科（如数学、物理、工程和金融）感兴趣的本科生和研究生都易于理解这套书．

我们怀着无比喜悦的心情对所有帮助本套书出版的人员表示感激．我们特别感谢参与这四门课程的学生．他们持续的兴趣、热情和奉献精神所带来的鼓励促使我们有可能完成这项工作．我们也要感谢 Adrian Banner 和 José Luis Rodrigo，因为他们在讲授这套书时给予了特殊帮助并且努力查看每个班级的学生的学习情况．此外，Adrian Banner 也对正文提出了宝贵的建议．

我们还特别感谢以下几个人：Charles Fefferman，他讲授第一周的课程（成功地开启了这项工作的大门）；Paul Hagelstein，他除了阅读一门课程的部分手稿，还接管了本套书的第二轮的教学工作；Daniel Levine，他在校对过程中提供了有价值的帮助．最后，我们同样感谢 Gerree Pecht，因为她很熟练地进行排版并且花了很多时间和精力为这些课程做准备工作，诸如幻灯片、笔记和手稿．

我们也感谢普林斯顿大学的 250 周年纪念基金和美国国家科学基金会的 VIGRE 项目的资金支持．

伊莱亚斯·M. 斯坦恩

拉米·沙卡什

于普林斯顿

2002 年 8 月

引　　言

　　任何为呈现出分析学的概观所做出的努力都必须从解决如下问题开始：从哪里开始？最先处理的是什么课题以及这些相关的概念和基本的技巧是以什么样的顺序发展的？我们对这些问题的回答基于我们对 Fourier 分析的中心作用的认识，这一作用既体现在它在这些课题的发展上所扮演的角色，也体现在它的思想已经渗透到现代分析学的众多领域中．基于此，我们用第一册来说明一些 Fourier 级数的基本事实以及 Fourier 变换和有限 Fourier 分析的基本内容．以这种方式开始使得我们可以更容易看到它在其他科学领域的应用，比如偏微分方程和数论．在后续的几册中这些联系会以更系统的方式阐释，并且这些存在于复分析、实分析、Hilbert 空间理论以及其他领域的纽带会被更深入地探讨．同样，我们留心不让这些课题中固有的困难来增加初学者的负担：一个人对细节以及技巧复杂性的辨别能力只有在他掌握了这门学科本身包含的初步思想后才能形成．基于对这一点的认识让我们对这本书内容做了如下选择：

　　• Fourier 级数．开始就介绍测度理论以及 Lebesgue 积分是不合适的．基于这个原因，在对于 Fourier 级数的处理时是基于 Riemann 可积函数的．即使有这些限制，这一理论相当一部分内容同样可以发展起来，包含详细的收敛性以及可和性；而且，许多与数学领域的其他问题的联系也可以被揭示出来．

　　• Fourier 变换．基于同样的原因，我们在第 5 章和第 6 章中大部分限制在测试函数的框架下而不是一般情形．即使有这些限制我们依然可以得到 Fourier 分析在 $\mathbb{R}^d$ 上和其他领域的联系的一些基本和有趣的事实，包括波方程和 Radon 变换．

　　• 有限 Fourier 分析．这是对于最卓越课题的介绍，因为极限和积分不会再详细地呈现．尽管如此，这些课题有许多显著的应用，包括在算术级数中关于素数有无穷性的证明．

　　考虑到第一册侧重于入门，所以我们将入门的先决条件降到了最低．虽然假设了 Riemann 积分的一些已知结论，但是第 9 章中包含了本书所需要的大部分结果．我们希望这样的处理可以帮助我们实现目标，即：激励感兴趣的读者进一步学习这一引人入胜的学科，去发现 Fourier 分析是怎样在数学和科学的其他领域起到关键性的作用的．

目 录

第 1 章　Fourier 分析的起源

> 　　没有任何人可以从 D'Alembert 和 Euler 的研究中确定这两个人确实了解这种展开，他们对这个展开做了一次不完美的应用．其实，他们两个人都认为：一个任意的且不连续的函数都不可能通过此类级数来分解，而且似乎没有人在多弧余弦这方面发展一套恒定的理论，这正是在热理论中我必须解决的第一个问题．
>
> J. Fourier，1808

　　对于弦振动问题的研究，以及后来对热流问题的探索导致了 Fourier 分析的发展．表示不同物理现象的定律可以用两个偏微分方程来表示．一个是波动方程，另一个是热传导方程．这两个方程都要用 Fourier 级数来求解．

　　在本书中，我们首先介绍这些思想发展的细节．这些细节首先从弦振动问题开始，接下来分三步走．第一步，介绍一些物理上（或经验上）的概念；这些概念激发了我们研究其中相应的重要数学思想．包括：函数 $\cos t$、$\sin t$ 和 e^{it} 在简谐振动中所起的作用；发轫于驻波现象的分离变量法；与声音叠加有关的线性性的相关概念．第二步，我们导出支配弦振动的偏微分方程．最后，利用关于这些问题（已通过数学表述）已知物理现象的本质来解答这些方程．在本章的最后一部分，利用相同的方法来研究热传导问题．

　　考虑到本章介绍的内容及涉及的相关课题，下面的内容仅给予纯数学的解释．相反地，通过有理有据的讨论来为后续章节中更加严密的分析提供出发点．想一开始便接触关于这些课题定理而缺少耐心的读者可能更倾向于跳过第 1 章而直接进入第 2 章．

1.1　弦振动

　　这个问题包括了对于首尾固定的自由振动的弦的研究．我们会立刻想到拨弦乐器的物理系统．首先对于研究所基于的一些可观察到的物理现象进行简单描述，包括：

- 简谐振动．
- 驻波与行波．

· 音调的和声与叠加.

理解这些观察到的物理现象并了解其背后的原理将有助于我们对于弦振动进行数学描述.

简谐振动

简谐振动描绘了绝大多数基于振荡系统（称作简谐振子）的行为. 这是研究弦振动很自然的出发点. 考虑一个连在水平弹簧一端的质量块 $\{m\}$，弹簧另一端附着在一堵固定的墙上，同时假设整个系统放置在光滑水平面上.

选择一个坐标，其原点位于处于松弛（即弹簧既不被拉伸也不被压缩）状态下质量块的中心，如图 1.1 所示. 当质量块被从平衡位置移走然后释放，它将会做简谐振动. 一旦找到制约质量块运动的偏微分方程，那么简谐振动便可以用数学方式描述.

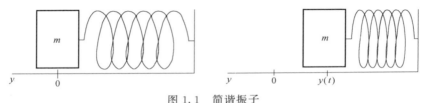

图 1.1　简谐振子

用 $y(t)$ 记质量块在 t 时刻的偏离位置，假设弹簧是理想的，即它满足胡克定律：弹簧使质量块复位所施加的力满足 $F = -ky(t)$，其中 $k > 0$，是一个给定的物理量，称为弹性系数. 应用牛顿定律（$F = ma$），得到

$$-ky(t) = my''(t),$$

其中，用 y'' 来记 y 关于 t 的二阶导数. 令 $c = \sqrt{k/m}$，该二阶常微分方程就变成了

$$y''(t) + c^2 y(t) = 0. \tag{1.1.1}$$

方程（1.1.1）的通解由

$$y(t) = a\cos ct + b\sin ct$$

给出，其中 a 和 b 皆为常数. 显然，所有具有这种形式的函数都是方程（1.1.1）的解，练习 6 给出了一种此类函数是方程（1.1.1）唯一（二阶可微）解的证明.

在上述 $y(t)$ 的表达式中，c 是给定的，但 a 和 b 可以是任意实数，为了得到这个方程的特解，必须附加两个初始条件从而求得常数 a 与 b. 例如，可以给出 $y(0)$ 及 $y'(0)$，分别表示初始位置和初始速度，那么这个物理问题的解是唯一的且由

$$y(t) = y(0)\cos ct + \frac{y'(0)}{c}\sin ct$$

给出. 很容易验证，存在 $A > 0$ 以及 $\varphi \in \mathbb{R}$ 使得

$$a\cos ct + b\sin ct = A\cos(ct - \varphi).$$

由上述给出的物理表示，$A = \sqrt{a^2 + b^2}$ 称为运动的"振幅"，c 是"自然频率"，φ 称为"相位"（唯一地为某一个常数乘以 2π 决定），$\dfrac{2\pi}{c}$ 称为"周期".

函数 $A\cos(ct - \varphi)$ 的典型图像如图 1.2 所示，呈现为一个波浪图案，此图案可以通过对函数 $\cos t$ 的图像平移和拉伸（或压缩）得到.

我们关于简谐振动的检验做两个观察. 首先，关于最基本的振荡系统——简谐振动的数学描述，包含两个最基本的三角函数 $\cos t$ 和 $\sin t$. 在接下来的内容中，如下由 Euler 给出的这两个函数与复数之间的关系十分重要：$e^{it} = \cos t + i\sin t$. 第二个观察是一个关于时间的函数所表示的简谐振动由两个初始条件决定，一个决定了位置，另一个决定了速度（特别地，当时间 $t = 0$ 时）. 我们接下来将会看到，在更一般的振荡系统中同样具有这样的性质.

驻波与行波

正如上述说明的，弦振动可以看作是一维的波动. 这里我们想描述两种可以通过简单图像表示的运动：

• 首先，考虑**驻波**. 这种类似波动的运动可以通过图 1.3 中 $y = u(x, t)$ 随时间 t 变化的图像来表征.

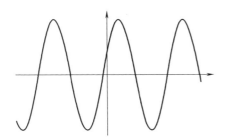

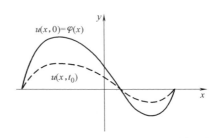

图 1.2 函数 $A\cos(ct - \varphi)$ 的图像   图 1.3 $t = 0$ 和 $t = t_0$ 两个不同时刻的驻波

换句话说，一个代表波形在 $t = 0$ 时的截面 $y = \varphi(x)$ 和一个只与时间 t 有关的增大因子 $\psi(t)$ 使得对于 $y = u(x, t)$ 有

$$u(x, t) = \varphi(x)\psi(t).$$

驻波的实质包含着数学上"分离变量"的思想. 这种方法我们以后会用到.

• 第二种我们经常观察到的运动实际上是一种**行波**，对它的描述尤其简单：存在一个初始截面 $F(x)$ 使得当 $t = 0$ 时，$u(x, t)$ 等于 $F(x)$. 随着 t 的变化，截面向右平移 ct 单位距离，其中 c 是一个正常数，即

$$u(x, t) = F(x - ct).$$

图 1.4 表示了这种位置关系.

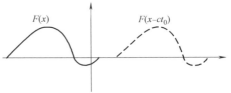

图 1.4 $t = 0$ 和 $t = t_0$ 两个不同时刻的行波

波随着时间 t 以变化率 c 移动，c 这个常数代表了波的**速度**. 函数 $F(x-ct)$ 是一个向右平移的一维行波. 同样地，$u(x,t)=F(x+ct)$ 是一个向左移动的一维行波.

音调的和声与叠加

我们在这里想说的最终的物理观察（暂不涉及细节）是音乐家们一直以来都知道的事情，那就是和声或泛音的存在。纯音伴随着泛音的组合，而泛音决定了乐器的音质（或音色）。音的组合或叠加是通过线性的基本概念在数学上实现的，这一点接下来我们会谈到.

现在将注意力转向主要问题，那就是如何刻画弦振动. 首先，导出波动方程，这是制约弦振动的偏微分方程.

1.1.1   波动方程的导出

假设一根材质均匀的弦，放置在 (x,y)-平面上，沿着 x 轴在 $x=0$ 和 $x=L$ 间伸展. 如果开始振动，那么弦偏离的位置 $y=u(x,t)$ 就是一个关于 x 和 t 的函数，目标是导出决定这一函数的偏微分方程.

为了这个目的，考虑一根弦，被等分成足够多的 N 份（将每一份都认为是一个独立的质点）. 这根弦沿 x 轴一致分布，使得第 n 份在 x 轴上的坐标为 $x_n=nL/N$，因此把这个弦振动视为 N 体复杂系统，每一部分都仅在竖直方向振荡；这不像我们以前所考虑的简谐振子，每一部分的振荡都通过弦的张力与相邻部分紧密相连.

令 $y_n(t)=u(x_n,t)$，同时注意到 $x_{n+1}-x_n=h$ 且 $h=L/N$. 如果假设这根弦有恒定密度 $\rho>0$，可以很合理地分配每一份的质量为 ρh. 由牛顿定律，$\rho h y_n''(t)$ 相当于作用在第 n 段上的力. 我们做一简单假设，即力是由在 x 轴上坐标为 x_{n-1} 和 x_{n+1}（见图 1.5）的相邻两部分作用产生的. 可以进一步假设来自第 n 段右端的作用力（或张力）正比于 $(y_{n+1}-y_n)/h$，其中 h 是 x_{n-1} 和 x_{n+1} 之间的距离；因此可以将张力记为

$$\left(\frac{\tau}{h}\right)(y_{n+1}-y_n),$$

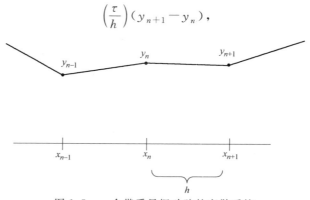

图 1.5   一个带质量振动弦的离散系统

其中 $\tau > 0$ 是一个常数，等价于弦的张力系数．同样地，来自左端的力可写为

$$\left(\frac{\tau}{h}\right)(y_{n-1} - y_n).$$

综上所述，将这些力相加便得到我们所想要的振荡 $y_n(t)$ 之间的关系

$$\rho h y_n''(t) = \frac{\tau}{h}\{y_{n+1}(t) + y_{n-1}(t) - 2y_n(t)\}. \tag{1.1.2}$$

一方面，由上面的记号

$$y_{n+1}(t) + y_{n-1}(t) - 2y_n(t) = u(x_n + h, t) + u(x_n - h, t) - 2u(x_n, t).$$

另一方面，对于任意合理的函数 $F(x)$（有二阶连续导数），

当 $h \to 0$ 时，有

$$\frac{F(x+h) + F(x-h) - 2F(x)}{h^2} \to F''(x).$$

将式（1.1.2）两边同时除以 h，并令 h 趋于 0（即 N 趋于无穷），可得

$$\rho \frac{\partial^2 u}{\partial t^2} = \tau \frac{\partial^2 u}{\partial x^2},$$

或者

$$\frac{1}{c^2} \frac{\partial^2 u}{\partial t^2} = \frac{\partial^2 u}{\partial x^2},$$

其中 $c = \sqrt{\tau/\rho}$．

这一关系记为**一维波动方程**，或简记为**波方程**．由后续章节中显然的理由，系数 $c > 0$ 被称为移动的**速度**．

关于这个偏微分方程，我们做一个简化的数学注记，这通过**伸缩**来实现，在物理上也称为"单位变换"．即可以将坐标 x 记为 $x = aX$，其中 a 是一个合适的正常数．根据这个新坐标 X，区间 $0 \leqslant x \leqslant L$ 变为 $0 \leqslant X \leqslant L/a$．同样地，可以将时间坐标 t 替换为 $t = bT$，其中 b 是另一个正常数．如果设 $U(X, T) = u(x, t)$，那么

$$\frac{\partial U}{\partial X} = a \frac{\partial u}{\partial x}, \qquad \frac{\partial^2 U}{\partial X^2} = a^2 \frac{\partial^2 u}{\partial x^2},$$

而且同样可以作用关于 t 的导数．因此，如果选取合适的 a 和 b，就可以使一维的波方程变为

$$\frac{\partial^2 U}{\partial T^2} = \frac{\partial^2 U}{\partial X^2},$$

这个方程将速度 c 变为 1．而且，我们可以自主地将区间 $0 \leqslant x \leqslant L$ 变为 $0 \leqslant X \leqslant \pi$．（我们将看到，$\pi$ 的选择仅是为在很多情形下方便起见）．要完成这些只需令 $a = L/\pi$．且 $b = L/(c\pi)$．一旦得到了新方程的解，当然可以通过对变量进行逆变换从而回归到原方程．因此，不失一般性，我们可以考虑将波方程限制在 $[0, \pi]$ 上，同时令速度 $c = 1$．

6

1.1.2　波方程的解

已经从弦振动导出了波方程, 现在介绍两种方法来解方程:

- 利用行波;
- 利用驻波叠加.

虽然第一种方法非常简洁明了, 但却不能给予这个问题以全面的认识; 第二种方法可以做到这一点, 而且更具有应用的广泛性. 第二种方法一开始被认为仅适用于初始位置给定且弦的速度仅由自身驻波叠加产生的简单情形. 然而, 由 Fourier 的思想可知, 对于所有具有初始条件的问题都可用这种方法解决.

行波

为将问题像先前一样简化, 假设 $c=1$ 且 $L=\pi$, 使得想要解的方程变为

$$\frac{\partial^2 u}{\partial t^2} = \frac{\partial^2 u}{\partial x^2},$$

且 $0 \leqslant x \leqslant \pi$.

一个关键的观察是: 若 F 是任意二阶可微函数, 那么 $u(x,t) = F(x+t)$ 和 $u(x,t) = F(x-t)$ 便是这个方程的解. 这个命题的证明仅仅是微分的一个简单练习. 注意到 $u(x,t) = F(x-t)$ 在时间 $t=0$ 时的图像恰是 F 的图像, 当时间 $t=1$ 时就变成了 F 向右平移一个单位的图像. 因此, 我们可将 $F(x-t)$ 看作以速

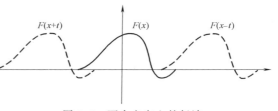

图 1.6　两个方向上的行波

度 1 向右移动的行波. 类似地, $u(x,t) = F(x+t)$ 是以速度 1 向左移动的行波. 图 1.6 描述了这些运动.

关于音调及其组合的讨论使我们观察到波方程是**线性**的, 这就意味着如果 $u(x,t)$ 和 $v(x,t)$ 是方程的特解, 那么 $\alpha u(x,t) + \beta v(x,t)$ 也是其特解, 其中 α 和 β 是任意常数. 因此, 可以将两个向相反方向运动的波叠加, 从而发现, 当 F 与 G 均为二阶可微函数时,

$$u(x,t) = F(x+t) + G(x-t)$$

是波方程的一个解. 实际上, 我们会看到, 所有的解都是这种形式.

暂时不考虑 $0 \leqslant x \leqslant \pi$ 这个假设 $t \geqslant 0$ 且 u 是一个对任意实变量 x 与 t 二阶可微的函数, 同时是波方程的解. 考察如下新的变量集 $\xi = x+t$, $\eta = x-t$, 同时定义 $v(\xi, \eta) = u(x,t)$, 由变量变换法则可知, v 满足

$$\frac{\partial^2 v}{\partial \xi \partial \eta} = 0.$$

对上式求两次积分得到, $v(\xi, \eta) = F(\xi) + G(\eta)$, 这意味着

$$u(x,t) = F(x+t) + G(x-t)$$

对某些函数 F 和 G 成立.

我们必须将这个结果与原来的问题，即弦振动问题联系起来. 在原问题中有约束条件为 $0 \leqslant x \leqslant \pi$，弦的初始状态 $u(x, 0) = f(x)$. 同时，弦有固定的端点，即对所有的 $t \geqslant 0$，有 $u(0, t) = u(\pi, t) = 0$. 为了能利用以上的简单观察，首先将 f 变成一个 $[-\pi, \pi]$ 上的奇函数，并且关于 x 以 2π 为周期，从而延拓到整个实轴 $\mathbb{R}$ 上，同时对问题的解 $u(x, t)$ 做同样的延拓. 最后当 $t < 0$ 时，令 $u(x, t) = u(x, -t)$. 那么 u 的延拓为波方程在 $\mathbb{R}$ 上的解，且对于任意 $x \in \mathbb{R}$，有 $u(x, 0) = f(x)$. 因此，由 $u(x, t) = F(x+t) + G(x-t)$，并令 $t = 0$ 可知

$$F(x) + G(x) = f(x).$$

由于 F 和 G 有很多种选择可以使上式成立，这提示我们对 u 附加另一个初值条件，称为弦的初始速度，记为 $g(x)$：

$$\frac{\partial u}{\partial t}(x, 0) = g(x).$$

当然 $g(0) = g(\pi) = 0$. 再一次，我们通过将 g 延拓成定义在 $\mathbb{R}$ 上的奇函数，并以 2π 为周期的 $[-\pi, \pi]$ 上的函数. 初始位置与初始速度这两个条件可转化为以下系统：

$$\begin{cases} F(x) + G(x) = f(x), \\ F'(x) - G'(x) = g(x). \end{cases}$$

将第一个等式两边微分加在第二个等式上有

$$2F'(x) = f'(x) + g(x).$$

类似地，

$$2G'(x) = f'(x) - g(x),$$

同时存在常数 C_1 和 C_2 使得

$$F(x) = \frac{1}{2}\left[f(x) + \int_0^x g(y)\mathrm{d}y \right] + C_1,$$

且

$$G(x) = \frac{1}{2}\left[f(x) - \int_0^x g(y)\mathrm{d}y \right] + C_2.$$

因为 $F(x) + G(x) = f(x)$，所以 $C_1 + C_2 = 0$. 因此带有初值条件的波方程的最终解具有如下形式：

$$u(x, t) = \frac{1}{2}\left[f(x+t) + f(x-t) \right] + \frac{1}{2}\int_{x-t}^{x+t} g(y)\mathrm{d}y.$$

解的这种形式被称为 D'Alembert 公式. 由于对 f 和 g 所选择的延拓保证了弦始终有固定的端点，即对于所有 t 有 $u(0, t) = u(\pi, t) = 0$.

最后一个说明是很自然的. 这里从 $t \geqslant 0$ 到 $t \in \mathbb{R}$ 再回到 $t \geqslant 0$，如上述所做显示了波方程的时间反转性质. 换句话说，一个 $t \geqslant 0$ 时波方程的解 u 可以导致一个 $t < 0$ 时的波方程的解 u^-，只需要令 $u^-(x, t) = u(x, -t)$. 由此可知，波方程在 $t \to -t$ 变换下是不变的，这种情况与热传导方程完全不同.

驻波的叠加

我们转向解决波方程的第二种方法，这种方法基于我们以前所做的物理观察的两个基本结论．通过考虑驻波，引导我们去寻找波方程有 $\varphi(x)\psi(t)$ 形式的特解．这个步骤，在其他情况（比如在热传导方程情况）也十分奏效，被称为**分离变量**，同时构造了被称为纯音的解．通过波方程的线性性质，我们希望将这些纯音统一到更复杂的声音组合中．将这个思想再深化一下，我们最终希望通过这些特解的和来表示波方程的通解．

注意到，波方程的一边只包含 x 的导数，而另一边只包含 t 的导数．这一观察为我们寻找波方程具有 $u(x,t)=\varphi(x)\psi(t)$（即分离变量）这种形式的解提供了理由，从而希望可以将一个困难的偏微分方程转化为简单的常微分方程系统．在波方程的情形，且 u 依然具有如上形式，有

$$\varphi(x)\psi''(t)=\varphi''(x)\psi(t),$$

因此

$$\frac{\psi''(t)}{\psi(t)}=\frac{\varphi''(x)}{\varphi(x)}.$$

关键的一点是左边只与 t 有关而右边只与 x 有关．若使式子成立只能是左右两边都为常数，记为 λ．因此波方程简化为

$$\begin{cases}\psi''(t)-\lambda\psi(t)=0,\\ \varphi''(x)-\lambda\varphi(x)=0.\end{cases} \tag{1.1.3}$$

我们将注意力集中在上述系统中的第一个方程．读者会发现这个方程在简谐振动中已经得到．由于在 $\lambda\geqslant0$ 时，解 ψ 不会出现随时间产生振荡的情形，因此只需考虑 $\lambda<0$ 的情形．记 $\lambda=-m^2$，方程的解为

$$\psi(t)=A\cos mt+B\sin mt.$$

类似地，可得式（1.1.3）中第二个方程的解为

$$\varphi(x)=\widetilde{A}\cos mx+\widetilde{B}\sin mx.$$

现在考虑弦固定在 $x=0$ 和 $x=\pi$ 的情况．即 $\varphi(0)=\varphi(\pi)=0$，这反过来给出 $\widetilde{A}=0$．而且如果 $\widetilde{B}\neq0$，那么 m 一定是整数．若 $m=0$，即解也为 0，若 $m\leqslant-1$，由于 $\sin y$ 是奇函数，$\cos y$ 是偶函数，我们可以重新命名常数且简化到 $m\geqslant1$ 的情形．最终，我们验证了猜测，即对于每一个 $m\geqslant1$，**驻波函数**

$$u_m(x,t)=(A_m\cos mt+B_m\sin mt)\sin mx$$

是波方程的解．在上述讨论中作为分离变量的 φ 和 ψ 可能为 0，这就需要亲自检查一下驻波 u_m 是否是方程的解．这个直接的计算作为练习留给读者．

在对波方程做进一步分析之前，我们暂时详细地讨论一个驻波．这一术语来源于对固定 t 的 $u_m(x,t)$ 图像的观察．首先假设 $m=1$，取 $u_m(x,t)=\cos t\sin x$，那么图 1.7a 给出了 u 取不同 t 值时的图像．

$m=1$ 的情形对应于弦振动的**基音**或**第一谐波**．

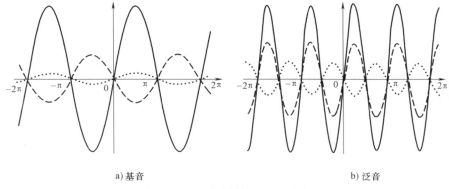

a) 基音

b) 泛音

图 1.7　不同时刻的基音和泛音

现在取 $m=2$ 来看 $u(x,t)=\cos 2t\sin 2x$. 这对应于**第一泛音**或者**第二谐波**，图 1.7b 描述了这种运动. 注意到 $u(\pi/2,t)=0$ 对于所有的 t 成立，这些随着时间没有移动的点称为节点，而那些拥有最大振幅的点称为波腹.

随着 m 值越大，我们会得到更多的泛音和更高的谐波. 随着 m 增加，频率也在增加，周期 $2\pi/m$ 在减小. 因此，基音有比泛音更低的频率.

现在回到原来的问题. 回忆波方程的线性性质，即若 u 和 v 为波方程的解，则对于任意的常数 α 和 β，$\alpha u+\beta v$ 仍是方程的解. 这就允许我们通过对驻波进行线性组合从而构造更多的解. 这一技巧，被称为**叠加**，从而使我们对波方程解的最终猜测为

$$u(x,t)=\sum_{m=1}^{\infty}(A_m\cos mt+B_m\sin mt)\sin mx. \qquad (1.1.4)$$

上述求和有无穷项，关于收敛性的问题便会自然而然产生. 但是迄今为止绝大部分的讨论都是形式上的，因此我们现在不用担心这一问题.

假设上式给出了波方程的所有解，若要求弦在 $t=0$ 时的初始位置由定义在 $[0,\pi]$ 上的函数 f 的图像给出，当然 $f(0)=f(\pi)=0$，那么有 $u(x,0)=f(x)$，因此

$$\sum_{m=1}^{\infty}A_m\sin mx=f(x).$$

由于弦的初始形状可以是任意的合理的函数 f，因此提出以下基本问题：给定 $[0,\pi]$ 上的函数 $(f(0)=f(\pi)=0)$，能否找到系数 A_m 使得

$$f(x)=\sum_{m=1}^{\infty}A_m\sin mx? \qquad (1.1.5)$$

这个问题叙述起来很简单，但是在接下来的两章中很多内容将会精确地阐述它并尝试解答它. 这是开启 Fourier 分析研究的基本问题.

若展开式（1.1.5）成立，一个简单的观察可以使我们猜测给出 A_m 的法则.

实际上，两边同时乘以 $\sin nx$ 再在 $[0,\pi]$ 上积分，可得

$$\int_0^\pi f(x)\sin nx\,\mathrm{d}x = \int_0^\pi \Big(\sum_{m=1}^\infty A_m\sin mx\Big)\sin nx\,\mathrm{d}x$$
$$= \sum_{m=1}^\infty A_m\int_0^\pi \sin mx\sin nx\,\mathrm{d}x = A_n\cdot\frac{\pi}{2},$$

这里用到如下事实：

$$\int_0^\pi \sin mx\sin nx\,\mathrm{d}x = \begin{cases} 0, & \text{当 } m\neq n, \\ \pi/2, & \text{当 } m=n. \end{cases}$$

同时，这个猜测的 A_n 被称为 f 的第 n 个 Fourier 正弦系数，即

$$A_n = \frac{2}{\pi}\int_0^\pi f(x)\sin nx\,\mathrm{d}x. \tag{1.1.6}$$

后面我们会回到这一法则，同时还有其他类似的形式.

可以将这个 $[0,\pi]$ 上的 Fourier 正弦级数问题转化为 $[-\pi,\pi]$ 上更一般的问题. 如果将 f 表示成正弦级数，那么通过将其延拓成 $[-\pi,\pi]$ 上的奇函数可以使得这一展开式在该区间上成立. 类似的问题是，是否一个 $[-\pi,\pi]$ 上的偶函数 g 可以用余弦级数表达，即

$$g(x) = \sum_{m=0}^\infty A'_m\cos mx.$$

更一般地，由于任意一个 $[-\pi,\pi]$ 上的函数 F 可以写成 $f+g$，其中 f 为奇函数，g 为偶函数，则 F 是否可以写成

$$F(x) = \sum_{m=1}^\infty A_m\sin mx + \sum_{m=0}^\infty A'_m\cos mx,$$

或者利用 Euler 恒等式 $\mathrm{e}^{\mathrm{i}x}=\cos x+\mathrm{i}\sin x$，能否得到 F 有如下形式：

$$F(x) = \sum_{m=-\infty}^\infty a_m\mathrm{e}^{\mathrm{i}mx}.$$

与式（1.1.6）类似，利用如下事实：

$$\frac{1}{2\pi}\int_{-\pi}^\pi \mathrm{e}^{\mathrm{i}mx}\mathrm{e}^{-\mathrm{i}nx}\,\mathrm{d}x = \begin{cases} 0, & \text{当 } n\neq m, \\ 1, & \text{当 } n=m, \end{cases}$$

得到众望所归的结果

$$a_n = \frac{1}{2\pi}\int_{-\pi}^\pi F(x)\mathrm{e}^{-\mathrm{i}nx}\,\mathrm{d}x.$$

其中 a_n 被称为 F 的第 n 个 Fourier 系数.

现在重新阐述上述提出的问题：给定 $[-\pi,\pi]$ 上的合理函数 F，Fourier 系数的定义如上，那么下面表达式

$$F(x) = \sum_{m=-\infty}^\infty a_m\mathrm{e}^{\mathrm{i}mx} \tag{1.1.7}$$

是否正确？这种利用复指数对问题描述的方式是接下来我们最常用的.

Joseph Fourier（1768—1830）是第一个认为"任意"一个函数 F 都可以由式（1.1.7）给出的人. 换句话说，他的想法是任意的一个函数是最基本的三角函数 $\sin mx$ 和 $\cos mx$ 的线性组合（可以是无穷），其中 m 取所有的整数. 虽然这个想法在更早的著作中有所暗示，但是 Fourier 拥有他的前辈所缺少的信念，而且他将这个想法应用到热扩散的研究中，这开启了"Fourier 分析"这门学科的大门. 这些最开始为解决特定物理问题发展起来的定律被证实在数学和其他领域中有许多应用，后面我们会看到这一点.

现在回到波方程. 为准确阐述这个问题必须附加两个初始条件. 在处理简谐振动以及行波时的做法启发了我们这一点. 这两个初始条件为弦的初始位置与初始速度，即需要 u 既满足偏微分方程又满足两个条件：

$$u(x,0)=f(x) \qquad 和 \qquad \frac{\partial u}{\partial t}(x,0)=g(x).$$

其中，f 和 g 为事先假设的函数，注意到这与式（1.1.4）是一致的，这就要求 f 和 g 有如下表示：

$$f(x)=\sum_{m=1}^{\infty}A_m\sin mx, \quad g(x)=\sum_{m=1}^{\infty}mB_m\sin mx.$$

1.1.3　实例：拨弦

现在将我们的解释应用于拨弦这一特定问题. 为方便起见选择合适的单位使得弦只在 $[0,\pi]$ 上取值，并且满足 $c=1$ 的波动方程. 弦在 p 点被拉到高度 h，其中 $0<p<\pi$，此为初始位置，即我们给定的初始位置为由下式给出的三角形：

$$f(x)=\begin{cases}\dfrac{xh}{p}, & 0\leqslant x\leqslant p, \\[2mm] \dfrac{h(\pi-x)}{\pi-p}, & p\leqslant x\leqslant\pi,\end{cases}$$

其图像由图 1.8 给出.

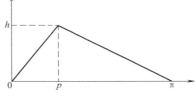

图 1.8　拨弦的初始状态

同时选定初始速度为 $g(x)=0$. 那么可以计算 f 的 Fourier 系数（练习9），同时假设式（1.1.5）之前所提问题的解是成立的，于是得到

$$f(x)=\sum_{m=1}^{\infty}A_m\sin mx, \quad 且 \quad A_m=\frac{2h}{m^2}\frac{\sin mp}{p(\pi-p)}.$$

注意到这个级数绝对收敛，因此有

$$u(x,t)=\sum_{m=1}^{\infty}A_m\cos mt\sin mx. \tag{1.1.8}$$

这个解也可以通过行波表示出来，实际上

$$u(x,t) = \frac{f(x+t)+f(x-t)}{2}. \tag{1.1.9}$$

此处 $f(x)$ 对于所有变量 x 有如下定义：首先，f 通过奇函数化延拓到 $[-\pi,\pi]$ 上，再以 2π 为周期从而延拓到整个实直线上，即 $f(x+2\pi k)=f(x)$ 对所有的 k 都成立.

注意，由三角恒等式

$$\cos v \sin u = \frac{1}{2}[\sin(u+v)+\sin(u-v)].$$

式（1.1.8）可推出式（1.1.9）. 作为最后一个结论，这个问题的解存在令人不满意的一面，即使这个解揭示了问题的本质. 由于拨弦的初始值 $f(x)$ 不是二阶连续可微的，u［由式（1.1.9）给出］也不是. 因此，u 不是波动方程真正意义上的解. 虽然 $u(x,t)$ 代表了拨弦的位置，但却并不满足我们着手解决的偏微分方程! 只有当我们理解 u 在更广泛的意义下满足方程时，这种对于问题的陈述才能被正确地理解. 这种现象的一个更好地理解涉及"弱解"的研究和"分布"理论，这些论题在第三册《实分析》与第四册《泛函分析》中有所讨论.

1.2　热传导方程

现在我们利用与波方程相同的框架来讨论热扩散问题. 首先，导出与时间有关的热传导方程，然后研究圆盘上的稳态方程，这些工作将我们引回到基本方程（1.1.7）.

1.2.1　热传导方程的推导

考虑一个无穷大的金属盘，这里不妨假设为 $\mathbb{R}^2$，并且假定已经给出了在时间 $t=0$ 的初始热分布. 记在点 (x,y) 且时间为 t 时的温度为 $u(x,y,t)$.

考虑一个以 (x_0, y_0) 为中心，边与坐标轴平行且边长为 h 的小方体，如图 1.9 所示. 在 S 时刻 t 中热能大小由

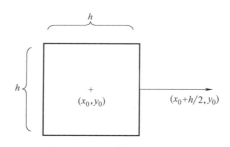

图 1.9　小方体上的热传导

$$H(t)=\sigma \iint_S u(x,y,t)\,\mathrm{d}x\,\mathrm{d}y$$

给出，其中 $\sigma>0$ 是一个常数，称为材料的比热. 因此进入 S 的热流为

$$\frac{\partial H}{\partial t}=\sigma \iint_S \frac{\partial u}{\partial t}\,\mathrm{d}x\,\mathrm{d}y,$$

由于 S 的面积为 h^2. 因此上式大致等于

$$\sigma h^2 \frac{\partial u}{\partial t}(x_0, y_0, t).$$

现在利用牛顿冷却定律，定律是说热量正比于温差，即梯度的速率由高温流向

低温.

因此，穿过右边竖直边的热流为

$$-\kappa h\frac{\partial u}{\partial x}(x_0+h/2,y_0,t),$$

其中 $\kappa>0$ 为材料的传导率. 对其做类似的讨论后得到通过方体 S 的全部热流为

$$\kappa h\left[\frac{\partial u}{\partial x}(x_0+h/2,y_0,t)-\frac{\partial u}{\partial x}(x_0-h/2,y_0,t)+\right.$$

$$\left.\frac{\partial u}{\partial y}(x_0,y_0+h/2,t)-\frac{\partial u}{\partial y}(x_0,y_0-h/2,t)\right].$$

应用均值定理并令 h 趋于 0，得到

$$\frac{\sigma}{\kappa}\frac{\partial u}{\partial t}=\frac{\partial^2 u}{\partial x^2}+\frac{\partial^2 u}{\partial y^2};$$

这被称为**与时间有关的热传导方程**，简称热传导方程.

1.2.2 圆盘上的稳态热传导方程

经过很长一段时间，不再有热交换：系统达到热平衡，同时 $\partial u/\partial t=0$. 在这种情况下，与时间有关的热传导方程简化为**稳态热传导方程**

$$\frac{\partial^2 u}{\partial x^2}+\frac{\partial^2 u}{\partial y^2}=0. \tag{1.2.1}$$

算子 $\partial^2/\partial x^2+\partial^2/\partial y^2$ 在数学和物理中极为重要以至于它经常被简化为 Δ 并被命名为：Laplace 算子或者 **Laplacian.** 因此稳态热传导方程记为

$$\Delta u=0,$$

这个方程的解被称为**调和函数**.

考虑平面上的单位圆盘：

$$D=\{(x,y)\in\mathbb{R}^2:x^2+y^2<1\},$$

其边界为单位圆 C，在极坐标 (r,θ) 下，其中 $0\leqslant r$ 且 $0\leqslant\theta<2\pi$ 有

$$D=\{(r,\theta):0\leqslant r<1\}\quad\text{和}\quad C=\{(r,\theta):r=1\}.$$

这个问题，经常被称为 Dirichlet 问题（对于单位圆盘上的边界 Laplacian），就是去解单位圆盘上的满足在边界 C 上的边界条件 $u=f$ 的稳态热传导方程. 这就对应于在单位圆上固定一个温度分布，等待很长一段时间，然后观察圆盘内的温度分布.

虽然分离变量法会对方程 (1.2.1) 十分有用，但其中一个困难在于边界条件很难通过直角坐标表示出来. 由于边界 $u(1,\theta)=f(\theta)$ 可由 (r,θ) 坐标去刻画，因此我们在极坐标下重写 Laplace 算子：通过一个链式法则的简单应用给出（练习 10）

$$\Delta u=\frac{\partial^2 u}{\partial r^2}+\frac{1}{r}\frac{\partial u}{\partial r}+\frac{1}{r^2}\frac{\partial^2 u}{\partial\theta^2}.$$

两边同时乘以 r^2，由于 $\Delta u=0$，得到

14

$$r^2 \frac{\partial^2 u}{\partial r^2} + r \frac{\partial u}{\partial r} = -\frac{\partial^2 u}{\partial \theta^2}.$$

分离变量，找到一个有 $u(r,\theta) = F(r)G(\theta)$ 形式的解，得

$$\frac{r^2 F''(r) + r F'(r)}{F(r)} = -\frac{G''(\theta)}{G(\theta)}.$$

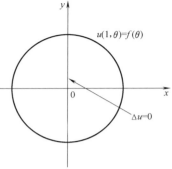

图 1.10　圆盘上的 Dirichlet 问题

由于两边依赖于不同的变量，它们必须为常数，不妨设为 λ，因此得到如下方程：

$$\begin{cases} G''(\theta) + \lambda G(\theta) = 0, \\ r^2 F''(r) + r F'(r) - \lambda F(r) = 0. \end{cases}$$

由于 G 是以 2π 为周期的周期函数，这意味着 $\lambda \geqslant 0$（正如前面看到的），且 $\lambda = m^2$ 这里 m 为整数，因此

$$G(\theta) = \widetilde{A}\cos m\theta + \widetilde{B}\sin m\theta.$$

Euler 恒等式，$\mathrm{e}^{\mathrm{i}x} = \cos x + \mathrm{i}\sin x$ 允许我们以复指数的形式重写 G 为

$$G(\theta) = A\mathrm{e}^{\mathrm{i}m\theta} + B\mathrm{e}^{-\mathrm{i}m\theta}.$$

对应于 $\lambda = m^2$ 以及 $m \neq 0$，关于 F 的方程有两个简单的解为 $F(r) = r^m$ 和 $F(r) = r^{-m}$（练习 11 给出了这些解更多的信息）. 若 $m = 0$，那么 $F(r) = 1$ 和 $F(r) = \log r$ 为两个解. 若 $m > 0$，注意到 r 趋于 0 时 r^{-m} 增长到无穷大，所以 $F(r)G(\theta)$ 在原点处是无界的，对于 $m = 0$ 和 $F(r) = \log r$ 有相同的情况. 舍弃这些与我们直觉上相反的解，因此只剩下如下的特殊函数：

$$u_m(r,\theta) = r^{|m|}\,\mathrm{e}^{\mathrm{i}m\theta}, m \in \mathbb{Z}.$$

现在做一重要观察：类似于弦振动的情形，式（1.2.1）为线性的，将上述特解叠加从而得到一个预设的通解

$$u(r,\theta) = \sum_{m=-\infty}^{\infty} a_m r^{|m|}\,\mathrm{e}^{\mathrm{i}m\theta}.$$

若这个表达式给出了稳态热传导方程的所有解. 那么对于一个合理的 f，则有

$$u(1,\theta) = \sum_{m=-\infty}^{\infty} a_m \mathrm{e}^{\mathrm{i}m\theta} = f(\theta).$$

因此我们在本文中再一次问：给定任意一个 $[0, 2\pi]$ 上的合理函数 f，其中 $f(0) = f(2\pi)$，能否找到系数 a_m 使得

$$f(\theta) = \sum_{m=-\infty}^{\infty} a_m \mathrm{e}^{\mathrm{i}m\theta} ?$$

历史注记：D'Alembert（在 1747 年）首先利用行波法得到了弦振动方程的解. Euler 在一年后详细描述了这些解. 1753 年，D. Bernoulli 提出了对于所有情形的解是式（1.1.4）给出的 Fourier 级数. 但是 Euler 不承认它的一般性，因为这

只有在"任意"函数可以展成 Fourier 级数的情形下才成立. D'Alembert 和其他数学家也都保持怀疑. 在热传导方程的研究中, Fourier (1807 年) 改变了这一观点, 他的信心和工作最终引导其他人去完成关于一般的函数可以用 Fourier 级数表示这一命题的证明.

1.3 练习

1. 若 $z = x + \mathrm{i}y$ 是一个复数, 其中 x, $y \in \mathbb{R}$, 定义

$$|z| = (x^2 + y^2)^{1/2},$$

称这个量为 z 的**模**或者**绝对值**.

(a) $|z|$ 的几何解释是什么?

(b) 证明: 若 $|z| = 0$, 则 $z = 0$.

(c) 证明: 若 $\lambda \in \mathbb{R}$, 那么 $|\lambda z| = |\lambda||z|$, 其中, $|\lambda|$ 为一个实数的绝对值.

(d) 若 z_1 和 z_2 为两个复数, 试证

$$|z_1 z_2| = |z_1||z_2| \quad \text{和} \quad |z_1 + z_2| \leqslant |z_1| + |z_2|.$$

(e) 证明: 如果 $z \neq 0$, 那么 $|1/z| = 1/|z|$.

2. 如果 $z = x + \mathrm{i}y$ 为一个复数, 其中 x, $y \in \mathbb{R}$, 定义 z 的**复共轭**为

$$\bar{z} = x - \mathrm{i}y.$$

(a) $\bar{z}$ 的几何解释是什么?

(b) 证明: $|z|^2 = z\bar{z}$.

(c) 证明: 若 z 在单位圆上, 则 $1/z = \bar{z}$.

3. 我们说一个复数列 $\{w_n\}_{n=1}^{\infty}$ 收敛是指存在 $w \in \mathbb{C}$ 使得

$$\lim_{n \to \infty} |w_n - w| = 0,$$

同时称 w 为这个数列的极限.

(a) 试证一个收敛的复数列只有唯一的一个极限. 数列 $\{w_n\}_{n=1}^{\infty}$ 为 Cauchy 列是指对于每一个 $\varepsilon > 0$ 都存在一个正整数 N 使得

$$|w_n - w_m| < \varepsilon$$

对于任意的 n, $m > N$ 都成立.

(b) 试证一个复数列收敛当且仅当它是一个 Cauchy 列. 〔提示: 在实数列的收敛性中有一个类似的定理. 怎么将其应用到复数列中?〕

一个复级数 $\sum_{n=1}^{\infty} z_n$ 收敛是指部分和形式

$$S_N = \sum_{n=1}^{N} z_n$$

是收敛的. 令 $\{a_n\}_{n=1}^{\infty}$ 是一个非负的实数列且 $\sum_n a_n$ 收敛.

(c) 试证如果 $\{z_n\}_{n=1}^{\infty}$ 是一个复数列且对于所有的 n 满足 $|z_n| \leqslant a_n$, 那么级数

$\sum\limits_{n} z_n$ 收敛. 〔提示：利用 Cauchy 准则.〕

4. 对于 $z \in \mathbb{Z}$，定义**复指数**

$$e^z = \sum_{n=0}^{\infty} \frac{z^n}{n!}.$$

（a）通过证明上述级数对于每一个复数 z 收敛来证明上述定义是有意义的. 进一步证明这种收敛性在 C 中的每一个有界子集上是一致的.

（b）若 z_1，z_2 是两个复数，证明：$e^{z_1} e^{z_2} = e^{z_1 + z_2}$. 〔提示：利用二项式定理展开 $(z_1 + z_2)^n$，同时利用二项式系数法则.〕

（c）试证若 z 为一个纯虚数，即 $z = iy$ 且 $y \in \mathbb{R}$，那么

$$e^{iy} = \cos y + i \sin y.$$

此即 Euler 恒等式. 〔提示：利用指数级数.〕

（d）更一般地，

$$e^{x+iy} = e^x (\cos y + i \sin y),$$

其中 x，$y \in \mathbb{R}$，同时证明

$$|e^{x+iy}| = e^x.$$

（e）试证 $e^z = 1$ 成立当且仅当 $z = 2\pi k i$，其中 k 为某个整数.

（f）证明每一个复数 $z = x + iy$ 都可以写成以下形式

$$z = re^{i\theta},$$

其中 r 是唯一的且在 $0 \leqslant r < \infty$ 范围内，同时 $\theta \in \mathbb{R}$ 对应于唯一一个整数乘以 2π. 验证在这一法则成立时，有

$$r = |z| \quad \text{和} \quad \theta = \arctan(y/x).$$

（g）特别地，$i = e^{i\pi/2}$. 一个复数乘以 i 的几何解释是什么？对于任意的 $\theta \in \mathbb{R}$，一个复数乘以 $e^{i\theta}$ 是什么？

（h）给定 $\theta \in \mathbb{R}$，证明

$$\cos\theta = \frac{e^{i\theta} + e^{-i\theta}}{2} \quad \text{和} \quad \sin\theta = \frac{e^{i\theta} - e^{-i\theta}}{2i}.$$

这也被称为 Euler 恒等式.

（i）利用复指数推导三角恒等式

$$\cos(\theta + \vartheta) = \cos\theta\cos\vartheta - \sin\theta\sin\vartheta.$$

同时证明

$$2\sin\theta\sin\varphi = \cos(\theta - \varphi) - \cos(\theta + \varphi),$$

$$2\sin\theta\cos\varphi = \sin(\theta + \varphi) + \sin(\theta - \varphi).$$

这两个算式分别与 D'Alembert 根据行波和驻波叠加给出的解有关.

5. 验证 $f(x) = e^{inx}$ 是以 2π 为周期的，并且

$$\frac{1}{2\pi} \int_{-\pi}^{\pi} e^{inx} \, dx = \begin{cases} 1, & \text{当 } n = 0 \text{ 时,} \\ 0, & \text{当 } n \neq 0 \text{ 时.} \end{cases}$$

利用这个事实证明当 n，$m \geqslant 1$ 时，有

$$\frac{1}{\pi}\int_{-\pi}^{\pi}\cos nx\cos mx\,\mathrm{d}x = \begin{cases} 0, & \text{当 } n \neq m \text{ 时,} \\ 1, & \text{当 } n = m \text{ 时.} \end{cases}$$

类似地，有

$$\frac{1}{\pi}\int_{-\pi}^{\pi}\sin nx\sin mx\,\mathrm{d}x = \begin{cases} 0, & \text{当 } n \neq m \text{ 时,} \\ 1, & \text{当 } n = m \text{ 时.} \end{cases}$$

最后证明

$$\int_{-\pi}^{\pi}\sin nx\cos mx\,\mathrm{d}x = 0$$

对所有的 n，m 都成立. 〔提示：分别计算 $\mathrm{e}^{\mathrm{i}nx}\,\mathrm{e}^{-\mathrm{i}mx} + \mathrm{e}^{\mathrm{i}nx}\,\mathrm{e}^{\mathrm{i}mx}$ 和 $\mathrm{e}^{\mathrm{i}nx}\,\mathrm{e}^{-\mathrm{i}mx} - \mathrm{e}^{\mathrm{i}nx}\,\mathrm{e}^{\mathrm{i}mx}$.〕

　　6. 若 f 在 $\mathbb{R}$ 上二阶连续可微并且是方程

$$f''(t) + c^2 f(t) = 0$$

的解，试证：存在常数 a 和 b 使得

$$f(t) = a\cos ct + b\sin ct.$$

这一点可以通过微分 $g(t) = f(t)\cos ct - c^{-1}f'(t)\sin ct$ 和 $h(t) = f(t)\sin ct + c^{-1}f'(t)\cos ct$ 这两个函数得到.

　　7. 验证若 a 和 b 为实数，则有

$$a\cos ct + b\sin ct = A\cos(ct - \varphi),$$

其中 $A = \sqrt{a^2 + b^2}$，而且 φ 满足

$$\cos\varphi = \frac{a}{\sqrt{a^2 + b^2}} \quad \text{和} \quad \sin\varphi = \frac{b}{\sqrt{a^2 + b^2}}.$$

　　8. 假设 F 是 (a,b) 上的一个有二阶连续导数的函数. 试证：当 x 和 $x+h$ 在 (a,b) 区间内时，有

$$F(x+h) = F(x) + hF'(x) + \frac{h^2}{2}F''(x) + h^2\varphi(h),$$

其中当 $h \to 0$ 时，$\varphi(h) \to 0$. 从而推出，当 $h \to 0$ 时，有

$$\frac{F(x+h) + F(x-h) - 2F(x)}{h^2} \to F''(x).$$

　　〔提示：这只是一个简单的 Taylor 展开. 只需注意到

$$F(x+h) - F(x) = \int_x^{x+h}F'(y)\mathrm{d}y,$$

同时记 $F'(y) = F'(x) + (y-x)F''(x) + (y-x)\psi(y-x)$，其中当 $h \to 0$ 时，$\psi(h) \to 0$.〕

　　9. 在拨弦的情形，利用求 Fourier 正弦系数的法则验证

$$A_m = \frac{2h}{m^2}\frac{\sin mp}{p(\pi - p)}.$$

当 p 为何值时第二、第四、…泛音为零？当 p 为何值时第三、第六、…泛音为零？

10. 试证：Laplace 算子

$$\Delta = \frac{\partial^2}{\partial x^2} + \frac{\partial^2}{\partial y^2}$$

在极坐标下的表达式为

$$\Delta = \frac{\partial^2}{\partial r^2} + \frac{1}{r}\frac{\partial}{\partial r} + \frac{1}{r^2}\frac{\partial^2}{\partial \theta^2}.$$

并验证

$$\left|\frac{\partial u}{\partial x}\right|^2 + \left|\frac{\partial u}{\partial y}\right|^2 = \left|\frac{\partial u}{\partial r}\right|^2 + \frac{1}{r^2}\left|\frac{\partial u}{\partial \theta}\right|^2.$$

11. 验证当 $n \in \mathbb{Z}$ 时，微分方程

$$r^2 F''(r) + r F'(r) - n^2 F(r) = 0,$$

在 $r > 0$ 时的二阶可微的唯一解是如下函数的线性组合：当 $n \neq 0$ 时，为 r^n 和 r^{-n}；当 $n = 0$ 时，为 1 和 $\log r$. 〔提示：若 F 是方程的解，记 $F(r) = g(r)r^n$，找到满足方程的 g，得到 $rg'(r) + 2ng(r) = c$，其中 c 为常数.〕

1.4　问题

1. 考虑图 1.11 中的 Dirichlet 问题.

更确切的，我们寻找在长方形 $R = \{(x,y): 0 \leqslant x \leqslant \pi, 0 \leqslant y \leqslant 1\}$ 中满足 R 竖直边界为零，且有初值条件
$u(x,0) = f_0(x)$ 和 $u(x,1) = f_1(x)$，的方程 $\Delta u = 0$ 的解，其中 f_0 和 f_1 为固定在长方形水平边上的温度分布的初始值.

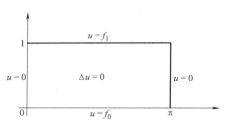

图 1.11　矩形上的 Dirichlet 问题

利用分离变量验证若 f_0 和 f_1 有 Fourier 展开

$$f_0(x) = \sum_{k=1}^{\infty} A_k \sin kx \quad 和 \quad f_1(x) = \sum_{k=1}^{\infty} B_k \sin kx,$$

那么

$$u(x,y) = \sum_{k=1}^{\infty} \left(\frac{\sinh k(1-y)}{\sinh k} A_k + \frac{\sinh ky}{\sinh k} B_k\right) \sin kx.$$

其中双曲正弦和余弦函数的定义式分别为

$$\sinh x = \frac{e^x - e^{-x}}{2} \quad 和 \quad \cosh x = \frac{e^x + e^{-x}}{2}.$$

将这个结果和第 5 章问题 3 中在带状区域上的 Dirichlet 问题的解做比较.

第 2 章 Fourier 级数的基本性质

> 在接近 50 年的时间里，一个函数的解析表达式的问题没有得到任何进展，直到 Fourier 给了这个问题一个新的解释．因此，数学这部分充分发展的新时代惊人地预示了数学物理的主要进展．
>
> B. Riemann，1854

本章将对 Fourier 级数进行深入研究．通过引入这门学科的主要研究对象来搭建舞台，然后提出一些我们早先已经涉及的基本问题．

首先要处理的是唯一性问题：有相同 Fourier 系数的两个函数是否相等？事实上，一个简单的论证表明如果两个函数是连续的，那么它们必须相等．

下面，进一步探讨 Fourier 级数的部分和．通过 Fourier 系数公式（涉及积分）将这些和表示成积分是很方便的：

$$\frac{1}{2\pi}\int D_N(x-y)f(y)\mathrm{d}y,$$

其中 D_N 是一族函数列，称为 Dirichlet 核．上面的表达式是 f 和函数 D_N 的卷积．卷积在本书的讨论中具有十分重要的地位．一般地，给定一族函数 K_n，要研究 n 趋于无穷时卷积

$$\frac{1}{2\pi}\int K_n(x-y)f(y)\mathrm{d}y$$

的极限性质．我们发现，若函数列 K_n 满足"好核"的三个重要性质，则当 $n\to\infty$ 时，上述卷积收敛到 f（至少在 f 连续时）．从这个意义上讲，函数列 K_n 是一个"恒等逼近"．遗憾的是，Dirichlet 核并不属于好核的范畴，这表明 Fourier 级数收敛的问题是微妙的．

现阶段先不研究收敛的问题，考虑一个函数的 Fourier 级数其他的求和方法．第一种方法涉及部分和的平均，得到该函数与好核的卷积，导出重要的 Fejér 定理．

由此，我们知道定义在圆周上的连续函数可以通过三角多项式一致逼近．第二种方法是，在 Abel 意义下对 Fourier 级数求和，这样也可以得到一列好核．在这种情况下，卷积和好核的结果导出了关于第 1 章最后所考虑的圆盘上热稳定方程 Dirichlet 问题的解决方法．

2.1　问题的例子和公式

首先简要介绍我们所关心的函数的类型. 因为 f 的 Fourier 系数可以定义为

$$a_n = \frac{1}{L}\int_0^L f(x)\mathrm{e}^{-2\pi \mathrm{i}nx/L}\,\mathrm{d}x\,, \qquad n \in \mathbb{Z}\,,$$

其中 f 是定义在 $[0,L]$ 上的复值函数, 如有必要, 可以给 f 追加一些可积性条件, 假定本书提及的所有函数至少都是 Riemann 可积的, 有时候我们要把精力放在一些更 "规则" 的函数上, 即有某种连续性或者可微性的函数. 下面列举一些有一般性递增次序的函数类. 这里强调一下一般不会限制在实值函数上, 这与接下来的图形展示的相反, 我们几乎总是让函数在复平面上取值. 再者, 有时考虑的函数是定义在圆周上而不是区间上.

下面对此进行详细阐述.

处处连续的函数

这些是指在区间 $[0,L]$ 上处处连续的复值函数. 一个典型的连续函数如图 2.1a 所示. 我们稍后将会注意到圆周上的连续函数满足附加条件 $f(0)=f(L)$.

分段连续的函数

这些是在区间 $[0,L]$ 上仅有有限个间断点的有界函数, 这样具有简单不连续性的函数例子如图 2.1b 所示.

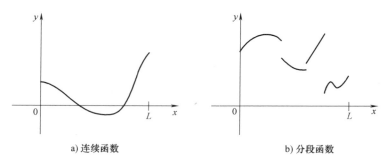

a) 连续函数　　　　　　　　　　　b) 分段函数

图 2.1　$[0,L]$ 上的连续函数和分段连续函数

这类函数足以证明在接下来几章中的很多定理了. 然而, 为了逻辑的完备性我们也会考虑一些更一般的 Riemann 可积函数. 因为关于 Fourier 系数的公式涉及积分, 从而拓展推广这种设置是很自然的.

Riemann 可积函数

这是最一般的函数类. 这些函数是有界的, 但可能有无穷个间断点.

我们回忆一下积分的定义. 如果定义在区间 $[0,L]$ 上的实值函数 f 满足以下条件: 有界, 若对任意 $\varepsilon>0$, 存在区间 $[0,L]$ 的分割 $0=x_0<x_1<\cdots<x_{N-1}<x_N=L$, 使得假如 $\mathcal{U}$ 和 $\mathcal{L}$ 分别是 f 关于这个分割的上和和下和, 即

$$\mathcal{U} = \sum_{j=1}^{N} \big[\sup_{x_{j-1} \leqslant x < x_j} f(x) \big] (x_j - x_{j-1}),$$

$$\mathcal{L} = \sum_{j=1}^{N} \big[\inf_{x_{j-1} \leqslant x < x_j} f(x) \big] (x_j - x_{j-1}),$$

从而有 $\mathcal{U} - \mathcal{L} < \varepsilon$，则称 f Riemann **可积**（简称**可积**）. 最后，我们说如果一个复值函数的实部和虚部是可积的，那么它是可积的. 在这里值得注意的是可积函数的和与乘积也是可积的.

下面给出区间 $[0,1]$ 上有无穷个间断点的可积函数例子：

$$f(x) = \begin{cases} 1, & \dfrac{1}{n+1} < x \leqslant \dfrac{1}{n}, n \text{ 为奇数,} \\[2mm] 0, & \dfrac{1}{n+1} < x \leqslant \dfrac{1}{n}, n \text{ 为偶数,} \\[2mm] 0, & x = 0. \end{cases}$$

这个例子如图 2.2 所示，注意 f 在 $x = \dfrac{1}{n}$ 和 $x = 0$ 处是不连续的.

更多不连续点在区间 $[0,1]$ 上稠密的可积函数的例子在问题 1 中叙述. 一般来说，可积函数可能有无穷个不连续点，这些函数事实上有这样一个特征，在严格意义下，它们的不连续点不是太多：它们可以忽略不计，就是说一个可积函数不连续点集合的测度为 0. 读者可以在附录中找到更多 Riemann 积分的细节.

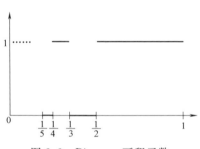

图 2.2 Riemann 可积函数

从现在开始，我们总是假定函数是可积的，即使没有明确说明.

圆周上的函数

在实数 $\mathbb{R}$ 上以 2π 为周期的函数和单位圆周上区间长度为 2π 的指数函数 $\mathrm{e}^{\mathrm{i}n\theta}$ 有很自然的关系. 这种关系如下.

在单位圆周上形如 $\mathrm{e}^{\mathrm{i}\theta}$ 的点，其中不考虑 2π 整数倍的情况，是唯一的. 如果 F 是圆周上的函数，那么可以对每个实数定义

$$f(\theta) = F(\mathrm{e}^{\mathrm{i}\theta}),$$

由上述定义式可知，f 是 $\mathbb{R}$ 上以 2π 为周期的函数，即对任意的 θ，有 $f(\theta + 2\pi) = f(\theta)$ 成立. 函数 F 的可积性、连续性，以及其他光滑性是由函数 f 的性质所决定的. 例如，如果 f 在每个长度为 2π 的区间上可积，那么 F 在圆周上也可积. 同样 f 在实轴上连续，也就是说 f 在每个长度为 2π 的区间上连续，那么 F 也连续. 而且，如果 f 连续可微，那么 F 也连续可微，等等.

由于 f 以 2π 为周期，因此可以把它限制在任何长度为 2π 的区间上，如

$[0,2\pi]$ 和 $[-\pi,\pi]$，仍能得到在圆周上的初始函数 F. f 必须在区间的端点上取相同的值，因为它们对应于圆上的同一点. 反过来说，在区间 $[0,2\pi]$ 上满足 $f(0)=f(2\pi)$ 的函数都可以延拓为 $\mathbb{R}$ 上的周期函数，故可以看作圆周上的函数. 特别地，由区间 $[0,2\pi]$ 上的连续函数得到圆周上的连续函数当且仅当 $f(0)=f(2\pi)$.

总之，$\mathbb{R}$ 上以 2π 为周期的函数和在区间长度为 2π 的端点取相同值的函数，是对相同数学对象的两种等价描述，即在圆周上的函数.

就此而言，我们提到一个符号用法. 当函数被定义在直线上的区间时，通常用 x 作为独立变量；然而，当我们在圆周上考虑函数时，往往用 θ 替代 x. 正如读者将要注意到的，我们仅仅是为了方便的缘故，并不严格拘泥于这一规则.

2.1.1　主要的定义和一些实例

现在用函数的 Fourier 级数的精确定义来研究 Fourier 分析. 这里，确定所要研究的函数的起始定义是很重要的. 如果 f 是在给定长度为 L 的区间 $[a,b]$（也就是，$b-a=L$）上的函数，那么 f 的第 n 个 **Fourier 系数** 定义为

$$\hat{f}(n)=\frac{1}{L}\int_a^b f(x)\mathrm{e}^{-2\pi \mathrm{i}nx/L}\,\mathrm{d}x\,,n\in\mathbb{Z}.$$

f 的 **Fourier 级数** 定义为

$$\sum_{n=-\infty}^{\infty}\hat{f}(n)\mathrm{e}^{2\pi \mathrm{i}nx/L}.$$

我们有时把 f 的 Fourier 系数记为 a_n，使用符号

$$f(x)\sim\sum_{n=-\infty}^{\infty}a_n\mathrm{e}^{2\pi \mathrm{i}nx/L}$$

表示右边的级数是 f 的 Fourier 级数.

例如，如果 f 是区间 $[-\pi,\pi]$ 上的可积函数，那么 f 的第 n 个 Fourier 系数为

$$\hat{f}(n)=a_n=\frac{1}{2\pi}\int_{-\pi}^{\pi}f(\theta)\mathrm{e}^{-\mathrm{i}n\theta}\,\mathrm{d}\theta\,,n\in\mathbb{Z}\,,$$

f 的 Fourier 级数为

$$f(\theta)\sim\sum_{n=-\infty}^{\infty}a_n\mathrm{e}^{\mathrm{i}n\theta}.$$

由于我们考虑变量的变化的角度从 $-\pi$ 到 π，故用 θ 作为变量.

同样，如果 f 定义在区间 $[0,2\pi]$ 上，除了 Fourier 系数的定义是从 0 到 2π 上取积分以外，Fourier 级数公式也是如上所定义的.

考虑定义在圆周上函数的 Fourier 系数和 Fourier 级数. 通过先前的讨论，将一个在圆周上的函数视为在 $\mathbb{R}$ 上以 2π 为周期的函数 f. 把函数 f 限制在任何长度以 2π 的函数区间上，例如：$[0,2\pi]$ 和 $[-\pi,\pi]$，来计算 Fourier 系数. 幸好，f 是周期函数且练习 1 表明积分结果与选取的区间无关. 因此函数 f 在圆周上的 Fourier 系数是定义良好的.

最后，考虑一个在区间 $[0,1]$ 上的函数 g，则

$$\hat{g}(n) = a_n = \int_0^1 g(x) e^{-2\pi inx} \, dx \quad \text{和} \quad g(x) \sim \sum_{n=-\infty}^{\infty} a_n e^{2\pi inx}.$$

其中，用 x 作为从 0 到 1 的变量.

当然，如果 f 最初定义在区间 $[0,2\pi]$ 上，那么 $g(x) = f(2\pi x)$ 定义在区间 $[0,1]$ 上，由变量替换表明 f 的第 n 个 Fourier 系数和 g 的第 n 个 Fourier 系数是相同的.

Fourier 级数是更大一类级数，即**三角级数**的一部分，根据定义，可以表示为 $\sum_{n=-\infty}^{\infty} c_n e^{2\pi inx/L}$，其中 $c_n \in \mathbb{C}$ 的形式. 如果三角级数包含有限个非零项，即对足够大的 $|n|$，有 $c_n = 0$，它就称作**三角多项式**；它的**次数**是 $|n|$ 的最大值，其中 $c_n \neq 0$.

N 是正整数时，F 的 Fourier 级数的第 N 个**部分和**，是三角级数的一个特例. 定义如下：

$$S_N(f)(x) = \sum_{n=-N}^{N} \hat{f}(n) e^{2\pi inx/L}.$$

注意到通过定义，由于 n 是从 $-N$ 到 N 取值，故上述和是对称的，很自然地可以将 Fourier 级数分解为正弦级数和余弦级数. 因而，可以将 Fourier 级数理解为当 N 趋向无穷时这些对称和的极限.

事实上，利用 Fourier 级数部分和，我们可以重新构造第 1 章所涉及的基本问题如下.

问题：当 $N \to \infty$ 时，$S_N(f)$ 在何种意义下收敛于 f？

在进一步讨论这个问题前，我们先看几个 Fourier 级数的例子.

例 1 令 $f(\theta) = \theta$，$-\pi \leqslant \theta \leqslant \pi$. Fourier 级数的计算需要简单地进行分部积分. 首先，如果 $n \neq 0$，则

$$\hat{f}(n) = \frac{1}{2\pi} \int_{-\pi}^{\pi} \theta e^{-in\theta} \, d\theta = \frac{1}{2\pi} \left[-\frac{\theta}{in} e^{-in\theta} \right]_{-\pi}^{\pi} + \frac{1}{2\pi in} \int_{-\pi}^{\pi} e^{-in\theta} \, d\theta = \frac{(-1)^{n+1}}{in},$$

且当 $n = 0$ 时，显然有

$$\hat{f}(0) = \frac{1}{2\pi} \int_{-\pi}^{\pi} \theta \, d\theta = 0.$$

因此，f 的 Fourier 级数为

$$f(\theta) \sim \sum_{n \neq 0} \frac{(-1)^{n+1}}{in} e^{in\theta} = 2 \sum_{n=1}^{\infty} (-1)^{n+1} \frac{\sin n\theta}{n}.$$

第一个加和取遍所有非零整数，第二个通过 Euler 公式即可. 通过一些基本的方法可以证明对任意的 θ，上述级数收敛，但它收敛于 $f(\theta)$ 却并不显然，这个会在以后证明（练习 8 和练习 9 处理的是相似的情况）.

例 2 定义 $f(\theta) = \dfrac{(\pi - \theta)^2}{4}$，其中 $0 \leqslant \theta \leqslant 2\pi$. 和前面的例子一样，通过分部积

分可得

$$f(\theta) \sim \frac{\pi^2}{12} + \sum_{n=1}^{\infty} \frac{\cos n\theta}{n^2}.$$

例 3　只要 α 不是一个整数，那么函数

$$f(\theta) = \frac{\pi}{\sin \pi \alpha} e^{i(\pi-\theta)\alpha}$$

在区间 $[0, 2\pi]$ 上的 Fourier 系数为

$$f(\theta) \sim \sum_{n=-\infty}^{\infty} \frac{e^{in\theta}}{n+\alpha}.$$

例 4　对 $x \in [-\pi, \pi]$，三角多项式

$$D_N(x) = \sum_{n=-N}^{N} e^{inx}$$

称作 N 次 Dirichlet 核，它在我们稍后谈到的理论中是至关重要的。注意到它的 Fourier 系数 a_n 有性质 $\begin{cases} a_n = 1, |n| \leqslant N, \\ a_n = 0, 其他. \end{cases}$ Dirichlet 核的封闭形式是

$$D_N(x) = \frac{\sin\left(\left(N + \frac{1}{2}\right)x\right)}{\sin(x/2)}.$$

这个可以看作几何级数

$$\sum_{n=0}^{N} \omega^n \quad, \quad \sum_{n=-N}^{-1} \omega^n$$

的和，其中 $\omega = e^{ix}$。这些和分别等于

$$\frac{1 - \omega^{N+1}}{1 - \omega} \quad, \quad \frac{\omega^{-N} - 1}{1 - \omega}.$$

因此它们的和为

$$\frac{\omega^{-N} - \omega^{N+1}}{1 - \omega} = \frac{\omega^{-N-1/2} - \omega^{N+1/2}}{\omega^{-1/2} - \omega^{1/2}} = \frac{\sin\left(\left(N + \frac{1}{2}\right)x\right)}{\sin(x/2)},$$

这便给出了我们想要的结果。

例 5　函数 $P_r(\theta)$ 称为 **Poisson 核**，是定义为 $\theta \in [-\pi, \pi]$ 和 $0 \leqslant r < 1$ 的绝对且一致收敛的级数

$$P_r(\theta) = \sum_{n=-\infty}^{\infty} r^{|n|} e^{in\theta}.$$

这个函数隐含了第 1 章提及的单位区域上热稳定方程求解的方法。注意到这个和对每个固定的 r，关于 θ 一致收敛且得到 n 次 Fourier 系数等于 $r^{|n|}$，故在计算 $P_r(\theta)$ 的 Fourier 级数时，可以交换积分和求和的顺序。对 $P_r(\theta)$ 的 Fourier 级数求

和得到

$$P_r(\theta) = \frac{1-r^2}{1-2r\cos\theta+r^2}.$$

事实上，当 $\omega = re^{i\theta}$ 时，

$$P_r(\theta) = \sum_{n=0}^{\infty}\omega^n + \sum_{n=1}^{\infty}\overline{\omega}^n,$$

其中，这两个级数都绝对收敛. 第一个和（一个无限几何级数）等于 $1/(1-\omega)$，同理，第二个等于 $\overline{\omega}/(1-\overline{\omega})$. 合在一起，混合计算得到

$$\frac{1-\overline{\omega}+(1-\omega)\overline{\omega}}{(1-\omega)(1-\overline{\omega})} = \frac{1-|\omega|^2}{|1-\omega|^2} = \frac{1-r^2}{1-2r\cos\theta+r^2},$$

这便得到了上述结果. Poisson 核会在今后函数的 Fourier 级数的 Abel 求和里再次出现.

让我们再次回到早先公式化的问题. f 的 Fourier 级数的定义是纯粹全公式化的，但是它是否收敛于 f 并不明显. 事实上，这个问题的解决相当困难，在我们希望的收敛意义下收敛，或在 f 上附加一些限制条件，也许会使问题变得相对容易.

更具体地，为了便于讨论，假设函数 f（总是认为它是 Riemann 可积的）定义在 $[-\pi,\pi]$ 上. 你首先也许要问 f 的 Fourier 级数的部分和是否逐点收敛于 f. 也就是，对任意的 θ，是否有

$$\lim_{N\to\infty} S_N(f)(\theta) = f(\theta)? \tag{2.1.1}$$

很容易看出在一般情况下，由于总是可以在一点改变函数的积分值而不改变它的 Fourier 系数，故我们不能期望这个结果对任意的 θ 都成立. 因此，如果假设 f 是连续的周期函数，我们可能会问同样的问题. 在很长一段时间里，人们都认为在这样的附加条件下答案是肯定的. 当 Du Bois-Reymond 证明了存在一个连续函数的 Fourier 级数在一点不收敛时，确实令人非常惊讶. 下一章将给出一个这样的例子. 虽然这个结果是令人失望的，但是如果在 f 上增加更多的光滑条件，例如假设 f 连续可微，或者是二阶连续可微，结果又将会怎样呢？我们将可以得到 f 的 Fourier 级数一致收敛于 f. 使用的工具涉及了 f 的 Fourier 级数部分和的合适平均.

我们将通过证明 Fourier 级数和在 Cesàro 或 Abel 意义下在所有连续点处收敛到函数 f 来解释极限式（2.1.1）.

最后，我们也会在均方收敛的意义下来定义极限式（2.1.1）. 在下一章，将会证明若 f 仅仅可积，则当 $N\to\infty$ 时，有

$$\frac{1}{2\pi}\int_{-\pi}^{\pi}|S_N(f)(\theta)-f(\theta)|^2\mathrm{d}\theta \to 0.$$

这个有趣的 Fourier 级数逐点收敛问题在 1966 年由 L. Carleson 解决. 他证明了如果 f 在某种意义下可积，那么 f 的 Fourier 级数在一个除了测度等于零的集合

外收敛于 f. 这个定理的证明相当困难且超出了本书的范围.

2.2　Fourier 级数的唯一性

如果假定函数 f 的 Fourier 级数在某种意义下收敛于 f，那么可以得到函数由它的 Fourier 系数唯一决定. 还可以得到以下论断：如果 f 和 g 有相同的 Fourier 系数，那么 f 和 g 必须相等. 通过取差 $f-g$，此命题可以归结为：如果对任意的 $n \in \mathbb{Z}$，有 $\hat{f}(n)=0$ 成立，则 $f=0$. 正如所述，由于计算 Fourier 系数需要积分，故这个断言可以不加保留地认为是不正确的，例如，只在有限个点不相同的两个函数有相同的 Fourier 级数. 然而，我们有如下肯定的结果.

定理 2.2.1　假设 f 是在圆周上可积的函数且对所有 $n \in \mathbb{Z}$，有 $\hat{f}(n)=0$. 若 f 在点 θ_0 连续，则有 $f(\theta_0)=0$.

因此，根据可积函数不连续集的知识，从而得出 f 在绝大多数 θ 的值上为 0.

证明　假设 f 是实值的，且用反证法来证明. 不失一般性，假定 f 定义在 $[-\pi,\pi]$ 上，令 $\theta_0=0$，$f(0)>0$. 想法是构造一个在零点取最大值的三角多项式 $\{p_k\}$，使得当 $k \to \infty$ 时，有 $\int p_k(\theta) f(\theta) \mathrm{d}\theta \to \infty$. 因为根据假设这些积分等于零，故产生了矛盾.

由于 f 在 0 处连续，故可以选择 $0<\delta \leqslant \pi/2$，使当 $|\theta|<\delta$ 时，有 $f(\theta)>f(0)/2$. 令
$$p(\theta)=\varepsilon+\cos\theta,$$
其中选择 $\varepsilon>0$ 足够小使当 $\delta \leqslant |\theta| \leqslant \pi$ 时，有 $|p(\theta)|<1-\varepsilon/2$ 成立. 然后，选择一个正数 η，且 $\eta<\delta$，使得对 $|\theta|<\eta$，有 $p(\theta) \geqslant 1+\varepsilon/2$ 成立. 最后，令
$$p_k(\theta)=[p(\theta)]^k,$$
且选择 B 使得对任意的 θ，有 $|f(\theta)| \leqslant B$. 因为 f 是可积且有界的，故这是可以做到的. 图 2.3 说明了函数列 $\{p_k\}$ 的性质. 通过构造，每个 p_k 是一个三角多项式且对任意的 n，有 $\hat{f}(n)=0$. 故对任意的 k，有

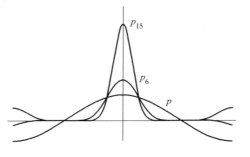

图 2.3　当 $\varepsilon=0.1$ 时，函数 p，p_6 和 p_{15}

$$\int_{-\pi}^{\pi} f(\theta) p_k(\theta) \mathrm{d}\theta = 0.$$

但是，我们有估计
$$\left| \iint_{\delta \leqslant |\theta|} f(\theta) p_k(\theta) \mathrm{d}\theta \right| \leqslant 2\pi B(1-\varepsilon/2)^k.$$

同样，选取 δ，使得当 $|\theta|<\delta$ 时，$p(\theta)$ 和 $f(\theta)$ 是非负的，于是

$$\int_{\eta \leqslant |\theta| < \delta} f(\theta) p_k(\theta) \mathrm{d}\theta \geqslant 0.$$

最后,

$$\int_{|\theta| < \eta} f(\theta) p_k(\theta) \mathrm{d}\theta \geqslant 2\eta \frac{f(0)}{2}(1 + \varepsilon/2)^k.$$

因此,当 $k \to \infty$ 时,有 $\int p_k(\theta) f(\theta) \mathrm{d}\theta \to \infty$. 这就证明了当 f 是实值时的结论. 一般地,令 $f(\theta) = u(\theta) + \mathrm{i}v(\theta)$,其中 u 和 v 是实值的. 如果定义 $\overline{f}(\theta) = \overline{f(\theta)}$,那么有

$$u(\theta) = \frac{f(\theta) + \overline{f}(\theta)}{2} \quad 和 \quad v(\theta) = \frac{f(\theta) - \overline{f}(\theta)}{2\mathrm{i}},$$

且因为 $\widehat{\overline{f}}(n) = \overline{\widehat{f}(-n)}$,于是得到 u 和 v 的 Fourier 系数不存在,因此在 f 的连续点有 $f = 0$. $\qquad\square$

构造一个在原点取峰值,连同其他一些好的性质的函数列(在这里是三角多项式)的想法将在本书扮演很重要的位置. 这稍后的第四节将会把这样的函数列同卷积联系起来.

推论 2.2.2 如果 f 在圆周上连续且对所有 $n \in \mathbb{Z}$,有 $\widehat{f}(n) = 0$,则 $f = 0$.

下一推论表明在假定 Fourier 系数绝对收敛的前提下,前面的问题(1)有一个更直接肯定的回答.

推论 2.2.3 假设 f 是在圆周上的连续函数且 f 的 Fourier 系数绝对收敛,$\sum_{n=-\infty}^{\infty} |\widehat{f}(n)| < \infty$. 那么,$f$ 的 Fourier 级数一致收敛于 f,即

$$\lim_{N \to \infty} S_N(f)(\theta) = f(\theta), 对 \theta 是一致的.$$

证明 回想到若一个连续函数列一致收敛,则极限也是连续的. 现在注意到由假设 $\sum |\widehat{f}(n)| < \infty$ 知 f 的 Fourier 系数的部分和绝对且一致收敛,因此函数 g 被定义为

$$g(\theta) = \sum_{n=-\infty}^{\infty} \widehat{f}(n) \mathrm{e}^{\mathrm{i}n\theta} = \lim_{N \to \infty} \sum_{n=-N}^{N} \widehat{f}(n) \mathrm{e}^{\mathrm{i}n\theta}$$

在圆周上连续. 进而,由于可以交换无穷求和与积分(由此级数绝对收敛得到),故 g 的 Fourier 系数恰好是 $\widehat{f}(n)$. 因此,把先前的推论应用到函数 $f - g$ 上,得到所要证明的 $f = g$. 我们自然要问 f 满足什么条件能保证它的 Fourier 级数绝对收敛呢?事实表明,f 的光滑性直接和 Fourier 系数的衰减相关联,一般来说,函数越光滑,衰减速度越快,我们期望相对光滑的函数等于其 Fourier 级数,事实上这就是现在要证明的.

为了叙述简明,引入 **O 标记**,我们将在本书的剩余部分随意使用它. 例如,当 $|n| \to \infty$ 时,结论 $\widehat{f}(n) = O\left(\frac{1}{|n|^2}\right)$,表明左边由右边的一个常数倍有界控制,

27

即存在 $C>0$，对所有足够大 $|n|$ 有 $|\hat{f}(n)| \leqslant \dfrac{C}{n^2}$ 成立．更一般地，当 $x \to a$ 时，有 $f(x)=O(g(x))$，表明存在常数 C，当 x 趋于 a 时，有 $|f(x)| \leqslant C|g(x)|$．特别地，$f(x)=O(1)$ 表明 f 是有界的．　　　　　　　　　□

推论 2.2.4　假设 f 是定义在圆周上的二次连续可微函数．当 $|n| \to \infty$ 时，有

$$\hat{f}(n)=O\left(\frac{1}{|n|^2}\right),$$

则 f 的 Fourier 级数绝对收敛且一致收敛于 f．

证明　当 $n \neq 0$ 时，计算 Fourier 系数需要使用两次分部积分．有

$$
\begin{aligned}
2\pi \hat{f}(n) &= \int_0^{2\pi} f(\theta) \mathrm{e}^{-in\theta}\,\mathrm{d}\theta \\
&= \left[f(\theta) \cdot \frac{-\mathrm{e}^{-in\theta}}{in} \right]_0^{2\pi} + \frac{1}{in}\int_0^{2\pi} f'(\theta)\mathrm{e}^{-in\theta}\,\mathrm{d}\theta \\
&= \frac{1}{in}\int_0^{2\pi} f'(\theta)\mathrm{e}^{-in\theta}\,\mathrm{d}\theta \\
&= \frac{1}{in}\left[f'(\theta) \cdot \frac{-\mathrm{e}^{-in\theta}}{in} \right]_0^{2\pi} + \frac{1}{(in)^2}\int_0^{2\pi} f''(\theta)\mathrm{e}^{-in\theta}\,\mathrm{d}\theta \\
&= \frac{-1}{n^2}\int_0^{2\pi} f''(\theta)\mathrm{e}^{-in\theta}\,\mathrm{d}\theta .
\end{aligned}
$$

因 f 和 f' 是周期的，所以在括号中的量为零．因此

$$2\pi|n|^2|\hat{f}(n)| \leqslant \left| \int_0^{2\pi} f''(\theta)\mathrm{e}^{-in\theta}\,\mathrm{d}\theta \right| \leqslant \int_0^{2\pi} |f''(\theta)|\,\mathrm{d}\theta \leqslant C,$$

其中 C 是与 n 无关的常数．（取 $C=2\pi B$，其中 B 是 f'' 的一个界．）因为 $\sum \dfrac{1}{n^2}$ 收敛，故推论得证．　　　　　　　　　□

顺便说一句，我们还建立了以下重要等式

$$\hat{f'}(n)=in\hat{f}(n)，\text{对所有}\quad n \in \mathbb{Z}.$$

如果 $n \neq 0$ 证明如上，$n=0$ 的情况作为一个练习留给读者．所以如果 f 是可微的且 $f \sim \sum a_n \mathrm{e}^{in\theta}$，那么 $f' \sim \sum a_n in\mathrm{e}^{in\theta}$．同样，如果 f 是二次连续可微的，那么 $f'' \sim \sum a_n(in)^2\mathrm{e}^{in\theta}$，等等．在 f 上附加更好的光滑性表明 Fourier 系数衰减更迅速．

关于推论 2.2.4，我们有一个更强的形式．可以证明，例如，仅仅假设 f 是一阶连续可微的，便可以得到 f 的 Fourier 系数绝对收敛．甚至更一般地，如果 f 满足 α 阶的 Hölder 条件，$\alpha > 1/2$，即对任意的 t，若

$$\sup_\theta |f(\theta+t)-f(\theta)| \leqslant A|t|^\alpha,$$

则 f 的 Fourier 系数绝对收敛．

更多关于这个问题的讨论，可以看第 3 章最后的练习．

在这时有必要引入一个常用符号：如果 f 是 k 次连续可微，则称 f 属于 C^k

类. 属于 C^k 类或满足 Hölder 条件是描述函数光滑性的两种可能方法.

2.3 卷积

两个函数卷积的概念在 Fourier 分析中具有重要作用；它不仅很自然地出现在 Fourier 级数的背景下，而且在研究更一般的泛函分析中具有重要作用.

给定两个在 $\mathbb{R}$ 上的周期为 2π 的可积函数 f 和 g，用

$$(f * g)(x) = \frac{1}{2\pi} \int_{-\pi}^{\pi} f(y) g(x-y) \mathrm{d}y \qquad (2.3.1)$$

来定义它们在 $[-\pi, \pi]$ 上的**卷积**. 因为两个可积函数的乘积也是可积的，故上面的积分对任意的 x 都有意义. 同样，因为函数具有周期性，通过改变变量得

$$(f * g)(x) = \frac{1}{2\pi} \int_{-\pi}^{\pi} f(x-y) g(y) \mathrm{d}y.$$

粗略地讲，卷积等同于"加权平均." 例如，如果在式 (2.3.1) 中令 $g = 1$，则 $f * g$ 是常数且等于 $\frac{1}{2\pi} \int_{-\pi}^{\pi} f(y) \mathrm{d}y$，可以把它看作 f 在圆周上的平均值. 并且，卷积 $(f * g)(x)$ 扮演了类似于甚至在某种意义上替代了两个函数 f 和 g 乘积 $f(x)g(x)$ 的角色.

在本章中，我们对卷积的兴趣起源于 f 的 Fourier 系数的部分和可以展开为如下形式的事实：

$$\begin{aligned}
S_N(f)(x) &= \sum_{n=-N}^{N} \hat{f}(n) \mathrm{e}^{\mathrm{i}nx} \\
&= \sum_{n=-N}^{N} \left(\frac{1}{2\pi} \int_{-\pi}^{\pi} f(y) \mathrm{e}^{-\mathrm{i}ny} \mathrm{d}y \right) \mathrm{e}^{\mathrm{i}nx} \\
&= \frac{1}{2\pi} \int_{-\pi}^{\pi} f(y) \left(\sum_{n=-N}^{N} \mathrm{e}^{\mathrm{i}n(x-y)} \right) \mathrm{d}y \\
&= (f * D_N)(x),
\end{aligned}$$

其中，D_N 是 N 次 Dirichlet 核（参见例 4），其表达式为

$$D_N(x) = \sum_{n=-N}^{N} \mathrm{e}^{\mathrm{i}nx}.$$

因此，我们发现，理解 $S_N(f)$ 的问题就简化为对卷积 $f * D_N$ 的理解.

下面介绍卷积的一些基本性质.

命题 2.3.1 假设 f，g 和 h 是以 2π 为周期的可积函数. 则有

（ⅰ）$f * (g+h) = (f * g) + (f * h)$.

（ⅱ）$(cf) * g = c(f * g) = f * (cg)$，$\forall c \in \mathbb{C}$.

（ⅲ）$f * g = g * f$.

（ⅳ）$(f * g) * h = f * (g * h)$.

（ⅴ）$f * g$ 是连续的.

（ⅵ）$\widehat{f * g}(n) = \hat{f}(n)\hat{g}(n)$.

前四点描述的是卷积的代数性质：线性性、交换性、结合性. 性质（ⅴ）展示了一个重要的原则：卷积 $f * g$ 比 f 或 g 更规则. 这里，当 f 和 g 仅仅是 Riemann 可积时，$f * g$ 就是连续的. 最后（ⅵ）是研究 Fourier 系数的关键. 一般来说，积 fg 的 Fourier 系数不是 f 和 g Fourier 系数的积. 然而，（ⅵ）说明如果用卷积 $f * g$ 来替代两个函数 f 和 g 的积，这种联系是成立的.

证明　性质（ⅰ）和性质（ⅱ）由积分的线性性立即得出. 如果假设 f 和 g 是连续的，其他的性质会很容易推出. 在这种情况下，可以自由交换积分的顺序. 例如，为了确立性质（ⅵ）写作

$$\widehat{f * g}(n) = \frac{1}{2\pi}\int_{-\pi}^{\pi}(f * g)(x)\mathrm{e}^{-inx}\,\mathrm{d}x$$

$$= \frac{1}{2\pi}\int_{-\pi}^{\pi}\frac{1}{2\pi}\left(\int_{-\pi}^{\pi}f(y)g(x-y)\mathrm{d}y\right)\mathrm{e}^{-inx}\,\mathrm{d}x$$

$$= \frac{1}{2\pi}\int_{-\pi}^{\pi}f(y)\mathrm{e}^{-iny}\left(\frac{1}{2\pi}\int_{-\pi}^{\pi}g(x-y)\mathrm{e}^{-in(x-y)}\,\mathrm{d}x\right)\mathrm{d}y$$

$$= \frac{1}{2\pi}\int_{-\pi}^{\pi}f(y)\mathrm{e}^{-iny}\left(\frac{1}{2\pi}\int_{-\pi}^{\pi}g(x)\mathrm{e}^{-inx}\,\mathrm{d}x\right)\mathrm{d}y$$

$$= \hat{f}(n)\hat{g}(n).$$

为了证明性质（ⅲ），首先如果 f 是连续且以 2π 为周期的，则对任意 $x \in \mathbb{R}$，

$$\int_{-\pi}^{\pi}F(y)\mathrm{d}y = \int_{-\pi}^{\pi}F(x-y)\mathrm{d}y.$$

该式的验证包含了一个从变量 $y \longmapsto -y$ 的变量替换，随后作变换 $y \mapsto y - x$. 然后，取 $F(y) = f(y)g(x-y)$.

同样，性质（ⅳ）要在交换两个积分符号和适当的变量变换后得到.

最后，证明如果 f 和 g 是连续的，那么 $f * g$ 是连续的. 首先，记作

$$(f * g)(x_1) - (f * g)(x_2) = \frac{1}{2\pi}\int_{-\pi}^{\pi}f(y)[g(x_1-y) - g(x_2-y)]\mathrm{d}y.$$

因为 g 是连续的，所以它一定在有界闭区间上一致连续. 但是，g 也具有周期性，所以它一定在整个 $\mathbb{R}$ 上一致连续；任给的 $\varepsilon > 0$ 存在 $\delta > 0$ 使得对 $|s-t| < \delta$ 有 $|g(s) - g(t)| < \varepsilon$. 则对任意的 y，$|x_1 - x_2| < \delta$ 表明 $|(x_1-y) - (x_2-y)| < \delta$，故

$$|(f * g)(x_1) - (f * g)(x_2)| \leqslant \frac{1}{2\pi}\left|\int_{-\pi}^{\pi}f(y)[g(x_1-y) - g(x_2-y)]\mathrm{d}y\right|$$

$$\leqslant \frac{1}{2\pi}\int_{-\pi}^{\pi}|f(y)||g(x_1-y) - g(x_2-y)|\,\mathrm{d}y$$

$$\leqslant \frac{\varepsilon}{2\pi}\int_{-\pi}^{\pi}|f(y)|\,\mathrm{d}y$$

$$\leqslant \frac{\varepsilon}{2\pi}2\pi B,$$

其中选择 B 使得对所有 x 有 $|f(x)| \leqslant B$. 从而, $f * g$ 是连续的, 至少当 f 和 g 是连续函数时, 命题得证.

一般情况下, 当 f 和 g 仅仅是可积时, 我们可以将目前得到的结果（当 f 和 g 是连续时）, 连同如下的逼近引理（证明可在附录中找到）一起解决. □

引理 2.3.2 如果 f 在圆周上可积且界是 B, 那么在圆周上存在一个连续函数列 $\{f_k\}_{k=1}^{\infty}$ 满足

$$\sup_{x \in [-\pi,\pi]} |f_k(x)| \leqslant B, \forall\, k = 1, 2, \cdots,$$

$$\int_{-\pi}^{\pi} |f(x) - f_k(x)| \mathrm{d}x \to 0, k \to \infty.$$

使用这个结果, 可以完成定理的证明. 对 f 和 g 应用引理 2.3.2 得到近似的连续函数序列 $\{f_k\}$ 和 $\{g_k\}$. 然后有

$$f * g - f_k * g_k = (f - f_k) * g + f_k * (g - g_k).$$

由序列 $\{f_k\}$ 的性质, 当 $k \to \infty$ 时, 有

$$|(f - f_k) * g(x)| \leqslant \frac{1}{2\pi} \int_{-\pi}^{\pi} |f(x-y) - f_k(x-y)| |g(y)| \mathrm{d}y$$

$$\leqslant \frac{1}{2\pi} \sup_y |g(y)| \int_{-\pi}^{\pi} |f(y) - f_k(y)| \mathrm{d}y$$

$$\to 0.$$

所以 $(f - f_k) * g$ 关于 x 一致收敛到 0. 同理, $f_k * (g - g_k)$ 一致收敛到 0, 因此 $f_k * g_k$ 一致收敛到 $f * g$. 因为每个 $f_k * g_k$ 是连续的, 故 $f * g$ 也是连续的, 所以得到（ⅴ）.

接下来, 证明（ⅵ）. 对每个固定的 n, 当 k 趋于无穷时, 由于 $f_k * g_k$ 一致收敛于 $g * f$, 故有 $\widehat{f_k * g_k}(n) \to \widehat{f * g}(n)$, 然而, 由于 f_k 和 g_k 都是连续的, 故易知 $\hat{f}_k(n)\hat{g}_k(n) = \widehat{f_k * g_k}(n)$. 所以,

$$|\hat{f}(n) - \hat{f}_k(n)| = \frac{1}{2\pi} \left| \int_{-\pi}^{\pi} (f(x) - f_k(x)) \mathrm{e}^{-\mathrm{i}nx} \mathrm{d}x \right|$$

$$\leqslant \frac{1}{2\pi} \int_{-\pi}^{\pi} |f(x) - f_k(x)| \mathrm{d}x,$$

从而当 k 趋于无穷时, 有 $\hat{f}_k(n) \to \hat{f}(n)$. 类似地, 有 $\hat{g}_k(n) \to \hat{g}(n)$, 且一旦令 k 趋于无穷, 便立即得到所要证明的性质. 最后, 类似地可得到性质（ⅲ）和性质（ⅳ）.

2.4 好核

在证明定理 2.2.1 时我们构造了在原点取得峰值的函数 p_k 的三角多项式序列

$\{p_k\}$. 所以，我们可以独立研究 f 在原点的性质. 在这一节中，我们回到这样的函数类，但这次用更一般的形式. 首先，定义好核的概念，再讨论该类函数的性质. 然后，通过使用卷积，证明这些核如何使给定的函数变得更光滑.

定义在圆周上的一列核 $\{K_n(x)\}_{n=1}^{\infty}$ 满足以下的性质：

（a）对任意的 $n \geqslant 1$，有

$$\frac{1}{2\pi} \int_{-\pi}^{\pi} K_n(x) \mathrm{d}x = 1；$$

（b）存在 $M > 0$，对所有 $n \geqslant 1$，

$$\int_{-\pi}^{\pi} |K_n(x)| \mathrm{d}x \leqslant M；$$

（c）对每一个 $\delta > 0$，当 $n \to \infty$ 时，

$$\int_{\delta \leqslant |x| \leqslant \pi} |K_n(x)| \mathrm{d}x \to 0，$$

则称 $\{K_n(x)\}_{n=1}^{\infty}$ 为**好核**.

事实上，我们会遇到这样一类 $K_n(x) \geqslant 0$，此时条件（b）只是（a）的一个推论. 我们可以把核 $K_n(x)$ 解释成在圆上的加权分布：性质（a）说明 K_n 把单位质量分布在整个圆周 $[-\pi, \pi]$ 上，且（c）说明当 n 变大时这个质量主要集中在靠近原点的地方. 图 2.4a 说明了好核列的典型特征.

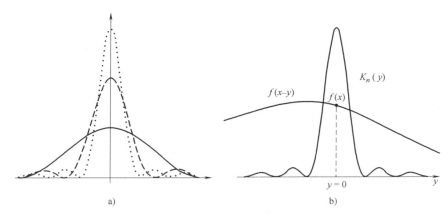

图 2.4　好核

好核的重要性在它们同卷积结合使用的过程中凸现.

定理 2.4.1　假设 $\{K_n(x)\}_{n=1}^{\infty}$ 是好核列，且 f 是圆周上的可积函数. 则

$$\lim_{n \to \infty} (f * K_n)(x) = f(x)，$$

其中 f 在 x 点连续. 如果 f 处处连续，那么上面的极限是一致收敛的.

因为有这个结果，所以 $\{K_n(x)\}$ 类有时可以视为**恒等逼近元**.

我们先前已经把等式解释成了加权平均. 在这方面，卷积

$$(f * K_n)(x) = \frac{1}{2\pi} \int_{-\pi}^{\pi} f(x-y) K_n(y) dy$$

是 $f(x-y)$ 的平均,其中权为 $K_n(y)$. 然而,当 n 变大时,K_n 的权分布质量集中在 $y=0$ 上. 因此在这个积分中,当 $n \to \infty$ 时,$f(x)$ 的值被赋予了所有的质量. 图 2.4b 举例说明了这一点.

定理 2.4.1 的证明. 如果 $\varepsilon > 0$ 且 f 在 x 点连续,选取 δ 使得 $|y| < \delta$ 时,有 $|f(x-y) - f(x)| < \varepsilon$. 然后,根据好核的第一个性质,有

$$(f * K_n)(x) - f(x) = \frac{1}{2\pi} \int_{-\pi}^{\pi} K_n(y) f(x-y) dy - f(x)$$

$$= \frac{1}{2\pi} \int_{-\pi}^{\pi} K_n(y) [f(x-y) - f(x)] dy.$$

因此,

$$|(f * K_n)(x) - f(x)| = \left| \frac{1}{2\pi} \int_{-\pi}^{\pi} K_n(y) [f(x-y) - f(x)] dy \right|$$

$$\leqslant \frac{1}{2\pi} \int_{|y|<\delta} |K_n(y)| |f(x-y) - f(x)| dy +$$

$$\frac{1}{2\pi} \int_{\delta \leqslant |y| \leqslant \pi} |K_n(y)| |f(x-y) - f(x)| dy$$

$$\leqslant \frac{\varepsilon}{2\pi} \int_{-\pi}^{\pi} |K_n(y)| dy + \frac{2B}{2\pi} \int_{\delta \leqslant |y| \leqslant \pi} |K_n(y)| dy,$$

其中 B 是 f 的界. 由好核的第二个性质知第一项有界 $\varepsilon M / 2\pi$. 由第三个性质我们看到对所有大 n,第二项会比 ε 小. 因此,对充分大的 n,存在常数 $C > 0$,有

$$|(f * K_n)(x) - f(x)| \leqslant C\varepsilon,$$

从而证明了定理的第一个断言. 如果 f 处处连续,那么它一致连续,且 δ 的选取可独立于 x. 这就给出了想要的结论 $f * K_n$ 一致收敛于 f.

回忆 2.3 节开始讲到的

$$S_N(f)(x) = (f * D_N)(x),$$

其中 $D_N(x) = \sum_{n=-N}^{N} e^{inx}$ 是 Dirichlet 核. 现在我们很自然地要问 D_N 是否是好核,因为如果它是,定理 2.4.1 表明只要 f 在 x 点连续,那么 f 的 Fourier 级数就收敛于 f. 不巧的是,情况并非如此. 事实上,一个估计表明 D_N 不满足第二条性质;更确切地说,当 $N \to \infty$ 时,有(看问题 2)

$$\int_{-\pi}^{\pi} |D_N(x)| dx \geqslant c \log N.$$

然而,由 D_N 通过指数表示的形式立即就得到

$$\frac{1}{2\pi} \int_{-\pi}^{\pi} D_N(x) dx = 1,$$

所以好核的第一条性质得到了验证. 实际 D_N 的平均值是 1,但它的绝对值的积分

是大的，是一个抵消的结果. 事实上，图 2.5 表明了函数 $D_N(x)$ 具有正负值，并且随着 n 增大，其振荡速度非常快.

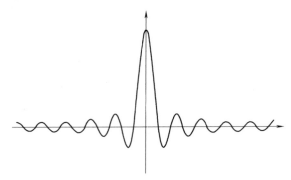

图 2.5　N 充分大时的 Dirichlet 核

这个观察表明 Fourier 级数逐点收敛是复杂的，甚至会在连续点不成立. 事实正是如此，我们在下一章将会看到这一点.

2.5　Cesàro 和 Abel 求和：Fourier 级数的应用

因为 Fourier 级数可能在个别点处发散，为了克服这种缺点，我们寻求通过另一种方式来表示极限

$$\lim_{N \to \infty} S_N(f) = f.$$

2.5.1　Cesàro 平均和加和

通过取普通部分和平均出发，我们现在来具体描述这种技巧.

假定给出一个复数级数

$$c_0 + c_1 + c_2 + \cdots = \sum_{k=0}^{\infty} c_k.$$

定义前 n 项和 s_n 为

$$s_n = \sum_{k=0}^{n} c_k,$$

如果 $\lim_{n \to \infty} s_n = s$，则称此级数收敛于 s. 这是最自然最普通的加和类型. 然而，要考虑级数例子

$$1 - 1 + 1 - 1 + \cdots = \sum_{k=0}^{\infty} (-1)^k. \tag{2.5.1}$$

它的部分和组成序列 $\{1, 0, 1, 0, \cdots\}$，没有极限. 因为这些部分和在 1 和 0 之间均等地变化，因此可以假设 "$\frac{1}{2}$" 是此序列的极限，这么一来 $\frac{1}{2}$ 就等同于那个特殊级数的 "和". 我们通过定义前 n 项和的平均值

$$\sigma_N = \frac{s_0 + s_1 + \cdots + s_{N-1}}{N}$$

来给出一个更精确的意义.

量 σ_N 被称为级数 $\{s_k\}$ 的 N 次 Cesàro 平均或级数 $\sum_{k=0}^{\infty} c_k$ 的 N 次 Cesàro 和.

如果当 N 趋于无限时，σ_N 收敛于一个极限 σ，我们就说级数 $\sum c_n$ 是 Cesàro 和于 σ 的. 在函数级数的情况下，我们应根据具体情况理解极限是逐点收敛的还是一致收敛的.

读者不难检查上面的例 3，级数是 Cesàro 和为 $\frac{1}{2}$. 进而，可以证明 Cesàro 求和比收敛包含得更广. 事实上，如果一个级数收敛于 s，那么它也是 Cesàro 和于相同的极限 s（练习 12）.

2.5.2 Fejér 定理

以 Fourier 级数为背景的 Cesàro 求和的有趣应用出现了.

我们早先提及 Dirichlet 核不属于好核的类. 但令人惊讶的是，它们的平均是性质很好的函数，在这个意义下它们形成一类好核.

为了看出这个，我们组成 Fourier 级数的 N 次 Cesàro 核，具体定义如下：

$$\sigma_N(f)(x) = \frac{S_0(f)(x) + \cdots + S_{N-1}(f)(x)}{N}.$$

因为 $S_n(f) = f * D_n$，故有

$$\sigma_N(f)(x) = (f * F_N)(x),$$

其中 $F_N(x)$ 是 N 次 Fejér 核，定义如下：

$$F_N(x) = \frac{D_0(x) + \cdots + D_{N-1}(x)}{N}.$$

引理 2.5.1 可以得到

$$F_N(x) = \frac{1}{N} \frac{\sin^2(Nx/2)}{\sin^2(x/2)},$$

且 Fejér 核是好核.

关于公式 F_N（一个简单的三角等式的应用）列出如下. 为了证明引理的剩余部分，注意到 F_N 是正的且 $\frac{1}{2\pi}\int_{-\pi}^{\pi} F_N(x)\mathrm{d}x = 1$，鉴于相似的等式对 Dirichlet 核 D_N 成立的事实. 然而 $\sin^2\frac{x}{2} \geqslant c_\delta > 0$，若 $\delta \leqslant |x| \leqslant \pi$，因此有 $F_N(x) \leqslant \frac{1}{Nc_\delta}$，从而得到，当 $N \to \infty$ 时，

$$\int_{\delta \leqslant |x| \leqslant \pi} |F_N(x)|\mathrm{d}x \to 0.$$

对这个好核应用定理 2.4.1 得到以下重要结果.

定理 2.5.2　如果 f 在圆周上可积，那么 f 的 Fourier 级数在 f 的每个连续点是 Cesàro 和于 f 的．并且，如果 f 在圆周上连续，那么 f 的 Fourier 级数是一致 Cesàro 和于 f 的．

现在给出两个推论．第一个是已经建立的结果．第二个是新的，并且是非常重要的．

推论 2.5.3　若 f 在圆周上可积且对所有 n，有 $\hat{f}(n)=0$，则在 f 的所有连续点处有 $f=0$.

这个证明是显然的，因为所有的部分和是零，所以其 Cesàro 平均是零．

推论 2.5.4　圆周上的连续函数可以被三角函数一致逼近．

这表明若 f 在区间 $[-\pi,\pi]$ 上连续且 $f(-\pi)=f(\pi)$ 和 $\varepsilon>0$，则存在一个三角级数 P，使对任意的 $-\pi\leqslant x\leqslant\pi$，

$$|f(x)-P(x)|<\varepsilon$$

成立．

由于部分和是三角多项式，故 Cesàro 平均也是三角多项式，从而此推论由定理 2.5.2 立即得出．推论 2.5.4 是周期函数的 Weierstrass 逼近定理，可以在练习 16 中找到．

2.5.3　Abel 平均与求和

另外一个求和方法是 Abel 首先给出的并且早于 Cesàro 方法．

如果对任意的 $0<r<1$，级数

$$A(r)=\sum_{k=0}^{\infty}c_{k}r^{k}$$

收敛，且

$$\lim_{r\to 1}A(r)=s,$$

则复数 s 称为级数 $\sum_{k=0}^{\infty}c_{k}$ 的 Abel 求和，$A(r)$ 称为此级数的 Abel 平均．读者可证明如果这个级数收敛于 s，那么它是 Abel 和于 s．另外，Abel 和方法甚至比 Cesàro 方法更强大：当级数是 Cesàro 和时，它总是 Abel 和于相同的数．然而，如果考虑级数

$$1-2+3-4+5-\cdots=\sum_{k=0}^{\infty}(-1)^{k}(k+1),$$

由于

$$A(r)=\sum_{k=0}^{\infty}(-1)^{k}(k+1)r^{k}=\frac{1}{(1+r)^{2}},$$

故可以证明它是 Abel 和于 $\dfrac{1}{4}$，但这个级数不是 Cesàro 和的；见练习 13.

2.5.4 Poisson 核和单位圆盘上的 Dirichlet 问题

为了把 Abel 和应用到 Fourier 级数上，定义函数

$$f(\theta) \sim \sum_{n=-\infty}^{\infty} a_n \mathrm{e}^{\mathrm{i}n\theta}$$

的 Abel 平均为

$$A_r(f)(\theta) = \sum_{n=-\infty}^{\infty} r^{|n|} a_n \mathrm{e}^{\mathrm{i}n\theta}.$$

因为指数 n 取正值和负值，很自然地写成 $c_0 = a_0$，并且当 $n>0$ 时，$c_n = a_n \mathrm{e}^{\mathrm{i}n\theta} + a_{-n} \mathrm{e}^{-\mathrm{i}n\theta}$，所以 Fourier 级数的 Abel 平均对应于上节的数项级数的定义.

因为 f 是可积的，$|a_n|$ 对 n 一致有界，所以对每个 $0 \leqslant r < 1$，$A_r(f)$ 绝对收敛且一致收敛. 正如 Cesàro 平均的情形，关键是这些 Abel 平均可以写成卷积

$$A_r(f)(\theta) = (f * P_r)(\theta)$$

的形式，其中 $P_r(\theta)$ 是 Poisson 核，定义如下：

$$P_r(\theta) = \sum_{n=-\infty}^{\infty} r^{|n|} \mathrm{e}^{\mathrm{i}n\theta}. \tag{2.5.2}$$

事实上，有

$$\begin{aligned}
A_r(f)(\theta) &= \sum_{n=-\infty}^{\infty} r^{|n|} a_n \mathrm{e}^{\mathrm{i}n\theta} \\
&= \sum_{n=-\infty}^{\infty} r^{|n|} \left(\frac{1}{2\pi} \int_{-\pi}^{\pi} f(\varphi) \mathrm{e}^{-\mathrm{i}n\varphi} \,\mathrm{d}\varphi \right) \mathrm{e}^{\mathrm{i}n\theta} \\
&= \frac{1}{2\pi} \int_{-\pi}^{\pi} f(\varphi) \left(\sum_{n=-\infty}^{\infty} r^{|n|} \mathrm{e}^{-\mathrm{i}n(\varphi-\theta)} \right) \mathrm{d}\varphi,
\end{aligned}$$

其中，交换积分和求和顺序是因为此级数一致收敛.

引理 2.5.5 如果 $0 \leqslant r < 1$，那么有

$$P_r(\theta) = \frac{1-r^2}{1-2r\cos\theta+r^2}.$$

当 r 趋于 1 时，Poisson 核是好核.

证明 等式 $P_r(\theta) = \dfrac{1-r^2}{1-2r\cos\theta+r^2}$ 已经从 1.1 节得出. 注意到

$$1 - 2r\cos\theta + r^2 = (1-r)^2 + 2r(1-\cos\theta).$$

因此如果 $1/2 \leqslant r < 1$，且 $\delta \leqslant |\theta| \leqslant \pi$，那么

$$1 - 2r\cos\theta + r^2 \geqslant c_\delta > 0.$$

于是当 $\delta \leqslant |\theta| \leqslant \pi$ 时，$P_r(\theta) \leqslant (1-r^2)/c_\delta$，从而好核的第三个性质验证完毕. 显然 $P_r(\theta) \geqslant 0$，对式（2.5.2）逐项积分（由于级数的绝对收敛性），得到

$$\frac{1}{2\pi} \int_{-\pi}^{\pi} P_r(\theta) \,\mathrm{d}\theta = 1,$$

因此证明了 P_r 是一个好核.   □

这个引理结合定理 2.4.1，可得到如下结果.

定理 2.5.6 在圆周上可积函数的 Fourier 级数在每个连续点 Abel 和于 f. 此外，如果 f 在圆周上连续，那么 f 的 Fourier 级数一致 Abel 和于 f.

现在回到第 1 章所讨论的问题，其中给出了在单位圆盘内满足 $\Delta u = 0$，在圆周上满足 $u = f$ 的稳态热传导方程的解. 用极坐标表示 Laplacian 算子，分离变量，希望给出形如

$$u(r,\theta) = \sum_{m=-\infty}^{\infty} a_m r^{|m|} \mathrm{e}^{im\theta} \qquad (2.5.3)$$

的解. 其中 a_m 是 f 的第 m 个 Fourier 系数. 也就是说，我们希望得到

$$u(r,\theta) = A_r(f)(\theta) = \frac{1}{2\pi} \int_{-\pi}^{\pi} f(\varphi) P_r(\theta - \varphi) \mathrm{d}\varphi.$$

我们现在要做的是证明事实上就是这样.

定理 2.5.7 若 f 是定义在单位圆周上的可积函数，则通过 Poisson 积分定义单位区域上的函数 u 为

$$u(r,\theta) = (f * P_r)(\theta), \qquad (2.5.4)$$

它具有下列性质：

（ⅰ） u 在单位圆周上有二阶连续偏导且满足 $\Delta u = 0$.

（ⅱ）如果 θ 是 f 任意连续点，那么

$$\lim_{r \to 1} u(r,\theta) = f(\theta).$$

如果 f 处处连续，那么极限是一致的.

（ⅲ）如果 f 连续，那么 $u(r,\theta)$ 是热稳态方程在区域上满足条件（ⅰ）和条件（ⅱ）的特定的解.

证明 对（ⅰ），函数 u 由级数 (2.5.3) 给出. 固定 $\rho < 1$；在每个以原点为中心、半径为 $r < \rho < 1$ 的区域里，u 的级数可以被逐项微分，逐项微分后的级数绝对收敛且一致收敛. 因此 u 可以微分两次（事实上可以无限多次），由于这对所有 $\rho < 1$ 成立，故得到在单位区域里 u 是二次可微的. 并且，在极坐标下，有

$$\Delta u = \frac{\partial^2 u}{\partial r^2} + \frac{1}{r} \frac{\partial u}{\partial r} + \frac{1}{r^2} \frac{\partial^2 u}{\partial \theta^2},$$

所以逐项微分可得到 $\Delta u = 0$.

（ⅱ）的证明是一个对前面定理的简单应用. 为了证明（ⅲ）讨论如下.

假设 v 满足区域上热稳态方程且当 r 趋于 1 时一致收敛于 f. 对每一个固定的 r 且 $0 < r < 1$，函数 $v(r,\theta)$ 有 Fourier 级数

$$\sum_{n=-\infty}^{\infty} a_n(r) \mathrm{e}^{in\theta}, \text{ 其中, } a_n(r) = \frac{1}{2\pi} \int_{-\pi}^{\pi} v(r,\theta) \mathrm{e}^{-in\theta} \mathrm{d}\theta.$$

考虑到 $v(r,\theta)$ 满足方程

$$\frac{\partial^2 v}{\partial r^2} + \frac{1}{r}\frac{\partial v}{\partial r} + \frac{1}{r^2}\frac{\partial^2 v}{\partial \theta^2} = 0, \tag{2.5.5}$$

我们发现

$$a_n''(r) + \frac{1}{r}a_n'(r) - \frac{n^2}{r^2}a_n(r) = 0. \tag{2.5.6}$$

事实上，可以先对式 (2.5.5) 乘上 $e^{-in\theta}$ 且对 θ 积分. 然后，因为 v 具有周期性，可以通过两次分部积分得到

$$\frac{1}{2\pi}\int_{-\pi}^{\pi} \frac{\partial^2 v}{\partial \theta^2}(r,\theta) e^{-in\theta}\, d\theta = -n^2 a_n(r).$$

最后，由于 v 是二次连续可微的，故可以交换微分和积分的顺序；这就得到式 (2.5.6). 因此，当 $n \neq 0$ 时，存在常数 A_n 和 B_n，使得 $a_n(r) = A_n r^n + B_n r^{-n}$ 成立 (见第 1 章练习 11). 为了得到常数 A_n 和 B_n，由于 v 有界，故 $a_n(r)$ 有界，因此 $B_n = 0$. 为了求出 A_n，注意到当 $r \to 1$ 时，v 一致收敛于 f，故令 $r \to 1$，得到

$$A_n = \frac{1}{2\pi}\int_{-\pi}^{\pi} f(\theta) e^{-in\theta}\, d\theta.$$

通过类似的讨论，可知该公式在 $n = 0$ 时也成立. 结论是对每个 $0 < r < 1$，v 的 Fourier 级数是由 $u(r,\theta)$ 的级数给出的，所以由连续函数 Fourier 级数的唯一性，得 $u = v$. $\qquad\square$

评注 通过定理的 (iii)，可得如果 u 在区域上满足 $\Delta u = 0$，且当 $r \to 1$ 时，一致收敛于 0，则 u 必定等于 0. 然而，如果一致收敛弱化为点态收敛，这个结论就不成立了 (见练习 18).

2.6 练习

1. 设 f 是以 2π 为周期的函数，且在任意有限区间上可积. 证明：若 $a, b \in \mathbb{R}$，则

$$\int_a^b f(x)\, dx = \int_{a+2\pi}^{b+2\pi} f(x)\, dx = \int_{a-2\pi}^{b-2\pi} f(x)\, dx,$$

且

$$\int_{-\pi}^{\pi} f(x+a)\, dx = \int_{-\pi}^{\pi} f(x)\, dx = \int_{-\pi+a}^{\pi+a} f(x)\, dx.$$

2. 在这个习题中证明函数的对称性可以得到其 Fourier 系数的某些性质. 令 f 为 $\mathbb{R}$ 上以 2π 为周期的 Riemann 可积函数.

(a) 证明：f 的 Fourier 级数可表示为

$$f(\theta) \sim \hat{f}(0) + \sum_{n \geq 1} [\hat{f}(n) + \hat{f}(-n)]\cos n\theta + i[\hat{f}(n) - \hat{f}(-n)]\sin n\theta.$$

(b) 证明：若 f 是偶函数，则 $\hat{f}(n) = \hat{f}(-n)$，因此得到了正弦系数.

(c) 证明：若 f 是奇函数，则 $\hat{f}(n) = -\hat{f}(-n)$，因此得到了余弦系数.

（d）假设对于任意的 $\theta \in \mathbb{R}$，有 $f(\theta+\pi)=f(\theta)$．证明：对于任意的奇数 n，有 $\hat{f}(n)=0$．

（e）证明：f 是实值的，当且仅当 $\overline{\hat{f}(n)}=\hat{f}(-n)$ 对于任意的 n 都成立．

3．回到第 1 章讨论的拨弦问题上来．证明：初态 f 等于它的 Fourier 系数

$$f(x)=\sum_{m=1}^{\infty}A_m\sin mx，\quad 其中\quad A_m=\frac{2h}{m^2}\frac{\sin mp}{p(\pi-p)}.$$

［提示：注意 $|A_m|\leqslant C/m^2$．］

4．考虑定义在 $[0,\pi]$ 上的以 2π 为周期的奇函数．

（a）画出 f 的图像．

（b）计算 f 的 Fourier 系数，证明：

$$f(\theta)=\frac{8}{\pi}\sum_{k\geqslant 1,为奇数}\frac{\sin k\theta}{k^3}.$$

5．在区间 $[-\pi,\pi]$ 上考虑函数

$$f(\theta)=\begin{cases}0,&若\ |\theta|>\delta,\\1-|\theta|/\delta,&若\ |\theta|\leqslant\delta.\end{cases}$$

得到 f 的图像是一个三角帐篷的样子．证明

$$f(\theta)=\frac{\delta}{2\pi}+2\sum_{n=1}^{\infty}\frac{1-\cos n\delta}{n^2\pi\delta}\cos n\theta.$$

6．令 f 是定义在 $[-\pi,\pi]$ 上的函数，满足 $f(\theta)=|\theta|$．

（a）画出 f 的图像．

（b）计算 f 的 Fourier 系数，并证明

$$\hat{f}(n)=\begin{cases}\dfrac{\pi}{2},&若\ n=0,\\[2mm]\dfrac{-1+(-1)^n}{\pi n^2},&若\ n\neq 0.\end{cases}$$

（c）f 的 Fourier 级数的正弦和余弦表示的是什么？

（d）令 $\theta=0$，证明：

$$\sum_{n\geqslant 1,为奇数}\frac{1}{n^2}=\frac{\pi^2}{8}\quad 和\quad \sum_{n=1}^{\infty}\frac{1}{n^2}=\frac{\pi^2}{6}.$$

见第 1 章第 1 节例 2．

7．假设 $\{a_n\}_{n=1}^{N}$ 和 $\{b_n\}_{n=1}^{N}$ 是两个有限的复数列．令 $B_k=\sum_{n=1}^{k}b_n$ 为序列 $\sum b_n$ 的部分和，且满足 $B_0=0$．

（a）证明部分和公式

$$\sum_{n=M}^{N}a_nb_n=a_NB_N-a_MB_{M-1}-\sum_{n=M}^{N-1}(a_{n+1}-a_n)B_n.$$

（b）从这个公式中可以推出 Dirichlet 序列收敛判别法：若 $\sum b_n$ 的部分和有界，$\{a_N\}$ 为单调收敛到 0 的实数列，则 $\sum a_n b_n$ 收敛.

8. 证明：$\dfrac{1}{2i}\sum\limits_{n\neq 0}\dfrac{e^{inx}}{n}$ 是图 2.6 中的以 2π 为周期的锯齿函数的 Fourier 级数，函数定义为 $f(0)=0$，且

$$f(x)=\begin{cases}-\dfrac{\pi}{2}-\dfrac{x}{2}, & \text{若}-\pi<x<0,\\[2mm] \dfrac{\pi}{2}-\dfrac{x}{2}, & \text{若}\ 0<x<\pi.\end{cases}$$

这个函数是不连续的. 证明它的级数是处处收敛的（此处意为它的对称部分和是收敛的）. 特别地，原点处的级数值是 $f(x)$ 从左或右逼近原点的函数值的平均. 〔提示：使用 Dirichlet 序列收敛判别法.〕

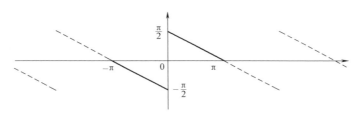

图 2.6 锯齿函数

9. 令 $f(x)=\chi_{[a,b]}(x)$ 为区间 $[a,b]\subset[-\pi,\pi]$ 的特征函数，即

$$\chi_{[a,b]}(x)=\begin{cases}1, & \text{若}\ x\in[a,b],\\ 0, & \text{其他}.\end{cases}$$

（a）证明：f 的 Fourier 级数为

$$f(x)\sim\frac{b-a}{2\pi}+\sum_{n\neq 0}\frac{e^{-ina}-e^{-inb}}{2\pi in}e^{inx}$$

这个求和取遍所有除零之外的正负整数.

（b）证明：如果 $a\neq-\pi$ 或者 $b\neq\pi$，且 $a\neq b$，则 Fourier 级数不是对任意 x 都绝对收敛的.

〔提示：证明对于许多 n，有 $|\sin n\theta_0|\geqslant c>0$，其中，$\theta_0=(b-a)/2$.〕

（c）证明它的 Fourier 级数是处处收敛的. 如果 $a=-\pi$ 或 $b=\pi$ 呢？

10. 假设 f 是 C^k 中以 2π 为周期的周期函数. 证明：

$$\hat{f}(n)=O(1/|n|^k),\quad \text{当}|n|\to\infty\text{时}.$$

这个符号表明存在常数 C 使得 $|\hat{f}(n)|\leqslant\dfrac{C}{|n|^k}$. 也可以写成 $|n|^k\hat{f}(n)=O(1)$ 的形式，其中 $O(1)$ 表示有界. 〔提示：分部积分.〕

11. 假设 $\{f_k\}_{k=1}^{\infty}$ 是定义在 $[0,1]$ 上的 Riemann 可积函数列，满足当 $k\to\infty$

时，有

$$\int_0^1 \mid f_k(x) - f(x) \mid \mathrm{d}x \to 0.$$

证明：当 $k \to \infty$ 时，$\hat{f}_k(n)$ 一致收敛于 $\hat{f}(n)$.

12. 证明：若复数列 $\sum c_n$ 收敛于 s，则 $\sum c_n$ 的 Cesàro 和为 s.

［提示：假设当 $n \to \infty$ 时，有 $s_n \to 0$.］

13. 这个习题的目的是证明 Abel 求和要比一般求和或者 Cesàro 求和要强.

(a) 证明：若复数列 $\displaystyle\sum_{n=1}^{\infty} c_n$ 收敛于一个有限数 s，则它的 Abel 和为 s.

［提示：为什么可以只考虑 $s = 0$ 的情况？假设 $s = 0$，证明：若 $s_N = c_1 + \cdots + c_N$，则

$$\sum_{n=1}^{N} c_n r^n = (1 - r) \sum_{n=1}^{N} s_n r^n + s_N r^{N+1}.$$

令 $N \to \infty$，证明：

$$\sum c_n r^n = (1 - r) \sum s_n r^n.$$

最后，证明右侧的极限收敛于 0，当 $r \to 1$ 时.］

(b) 证明存在可求 Abel 和，但是不收敛的序列.

［提示：尝试 $c_n = (-1)^n$，$\sum c_n$ 的 Abel 极限是什么？］

(c) 类似地，证明：若 $\displaystyle\sum_{n=1}^{\infty} c_n$ 的 Cesàro 和为 σ，它的 Abel 和也为 σ. ［提示：

$$\sum_{n=1}^{\infty} c_n r^n = (1 - r)^2 \sum_{n=1}^{\infty} n \sigma_n r^n,$$

假定 $\sigma = 0$.］

(d) 给出一个有 Abel 和但是 Cesàro 和发散的例子. ［提示：尝试 $c_n = (-1)^{n-1} n$，若 $\sum c_n$ 是 Cesàro 可加的，则 c_n / n 趋于 0.］

这些结果可以总结为：

$$\text{收敛} \Longrightarrow \text{Cesàro 可求和} \Longrightarrow \text{Abel 可求和},$$

其中的箭头无法逆向.

14. 这个习题是 Tauber 的一个定理，说明了在添加一个系数 c_n 的附加条件后，上述箭头是可以逆向的.

(a) 若 $\sum c_n$ 的 Cesàro 和为 σ，且 $c_n = o(1/n)$（即 $n c_n \to 0$），则 $\sum c_n$ 收敛到 σ.

［提示：$s_n - \sigma_n = [(n-1)c_n + \cdots + c_2]/n$.］

(b) 把 Cesàro 和换为 Abel 和，上述结论仍然正确. ［提示：估计 $\displaystyle\sum_{n=1}^{N} c_n$ 和 $\displaystyle\sum_{n=1}^{N} c_n r^n$ 的差，其中 $r = 1 - 1/N$.］

15. 证明：Fejér 核可由下式定义：

$$F_N(x) = \frac{1}{N} \frac{\sin^2(Nx/2)}{\sin^2(x/2)}.$$

[提示：$NF_N(x) = D_0(x) + \cdots + D_{N-1}(x)$，其中 $D_n(x)$ 是 Dirichlet 核. 因此，若 $\omega = e^{ix}$，则有

$$NF_N(x) = \sum_{n=0}^{N-1} \frac{\omega^{-n} - \omega^{n+1}}{1 - \omega}.]$$

16. Weierstrass 逼近定理断言：若 f 为一个在有界闭区间 $[a, b] \subset \mathbb{R}$ 上的连续函数，则对任意 $\varepsilon > 0$，存在一个多项式 P 使得

$$\sup_{x \in [a,b]} |f(x) - P(x)| < \varepsilon$$

成立. 使用 Fejér 定理的推论 2.5.4 以及在任意区间上指数函数 e^{ix} 可以通过多项式一致逼近来证明.

17. 在 2.5.4 节中，我们证明了 f 的 Abel 平均在所有的连续点上收敛于 f，即

$$\lim_{r \to 1} A_r(f)(\theta) = \lim_{r \to 1}(P_r * f)(\theta) = f(\theta), \qquad \text{且 } 0 < r < 1,$$

其中 f 在 θ 处连续. 在这个习题中，我们将研究某些不连续点上 $A_r(f)(\theta)$ 的情况.

若下述两个极限

$$\lim_{\substack{h \to 0 \\ h > 0}} f(\theta + h) = f(\theta^+) \quad \text{和} \quad \lim_{\substack{h \to 0 \\ h > 0}} f(\theta - h) = f(\theta^-)$$

存在，则称一个可积函数在 θ 处有**跳跃间断**.

(a) 证明：若 f 在 θ 处有跳跃间断，则

$$\lim_{r \to 1} A_r(f)(\theta) = \frac{f(\theta^+) + f(\theta^-)}{2}, \qquad \text{其中}, 0 \le r < 1.$$

[提示：说明为什么 $\frac{1}{2\pi} \int_{-\pi}^{0} P_r(\theta) d\theta = \frac{1}{2\pi} \int_{0}^{2\pi} P_r(\theta) d\theta = \frac{1}{2}$，则可以修正文中的证明.]

(b) 用类似的讨论，证明：若 f 在 θ 处有一个跳跃间断，则 f 在 θ 处的 Fourier 级数的 Cesàro 和为 $\frac{f(\theta^+) + f(\theta^-)}{2}$.

18. 若记 Poisson 核为 $P_r(\theta)$，证明：对 $0 \le r < 1$，$\theta \in \mathbb{R}$，定义函数

$$u(r, \theta) = \frac{\partial P_r}{\partial \theta},$$

它满足：

(1) 在圆盘上，有 $\Delta u = 0$.

(2) 对于任意的 θ，$\lim_{r \to 1} u(r, \theta) = 0$.

但是 u 不恒等于 0.

19. 在一侧有界的条状区域

$$S = \{(x,y) : 0 < x < 1, 0 < y\}$$

上求解 Laplace 方程 $\Delta u = 0$，其中边界条件为

$$\begin{cases} u(0,y) = 0, & \text{当 } 0 \leqslant y \text{ 时}, \\ u(1,y) = 0, & \text{当 } 0 \leqslant y \text{ 时}, \\ u(x,0) = f(x), & \text{当 } 0 \leqslant x \leqslant 1 \text{ 时}, \end{cases}$$

其中 f 为给定的函数，满足 $f(0) = f(1) = 0$．将其写为

$$f(x) = \sum_{n=1}^{\infty} a_n \sin(n\pi x),$$

将特解

$$u_n(x,y) = e^{-n\pi y} \sin(n\pi x)$$

延拓为一般解．

将 u 表示为 f 的积分，与 Poisson 积分公式 (2.5.4) 类似．

20. 考虑圆环上的 Dirichlet 问题，圆环定义为 $\{(r,\theta) : \rho < r < 1\}$，其中 $0 < \rho < 1$ 为内径．求解方程

$$\frac{\partial^2 u}{\partial r^2} + \frac{1}{r} \frac{\partial u}{\partial r} + \frac{1}{r^2} \frac{\partial^2 u}{\partial \theta^2} = 0,$$

其中边界条件为

$$\begin{cases} u(1,\theta) = f(\theta), \\ u(\rho,\theta) = g(\theta), \end{cases}$$

其中 f 和 g 为给定的连续函数．

如先前考虑的圆盘上的 Dirichlet 问题一样，记

$$u(r,\theta) = \sum c_n(r) e^{in\theta},$$

其中 $c_n(r) = A_n r^n + B_n r^{-n}$，$n \neq 0$，令

$$f(\theta) \sim \sum a_n e^{in\theta} \quad \text{和} \quad g(\theta) \sim \sum b_n e^{in\theta},$$

且 $c_n(1) = a_n$ 和 $c_n(\rho) = b_n$．这样得到它的解为

$$u(r,\theta) = \sum_{n \neq 0} \left(\frac{1}{\rho^n - \rho^{-n}} \right) \left[((\rho/r)^n - (r/\rho)^n) a_n + (r^n - r^{-n}) b_n \right] e^{in\theta}$$

$$+ a_0 + (b_0 - a_0) \frac{\log r}{\log \rho}.$$

证明：

$$u(r,\theta) - (P_r * f)(\theta) \to 0, \quad \text{当 } r \to 1 \text{ 时}, \quad \text{对 } \theta \text{ 一致成立},$$

且

$$u(r,\theta) - (P_{\rho/r} * g)(\theta) \to 0, \quad \text{当 } r \to \rho \text{ 时}, \quad \text{对 } \theta \text{ 一致成立}.$$

2.7　问题

1. 以如下方式构造一个有稠密的不连续点集的 Riemann 可积函数．

（a）当 $x<0$ 时，$f(x)=0$，当 $x\geqslant0$ 时 $f(x)=1$. 取定 $[0,1]$ 中的可数稠密序列 $\{r_n\}$. 证明函数

$$F(x)=\sum_{n=1}^{\infty}\frac{1}{n^2}f(x-r_n).$$

是可积的，且在 $\{r_n\}$ 的所有点上不连续. ［提示：F 是单调有界的.］

（b）考虑

$$F(x)=\sum_{n=1}^{\infty}3^{-n}g(x-r_n),$$

其中当 $x\neq0$ 时，有 $g(x)=\sin 1/x$，$g(0)=0$. 则 F 是可积的，在每一个 $x=r_n$ 上不连续，并且在 $[0,1]$ 的每一个子区间上都不是单调的. ［提示：利用 $3^{-k}>\sum\limits_{n>k}3^{-n}$.］

（c）Riemann 最初的例子是函数

$$F(x)=\sum_{n=1}^{\infty}\frac{(nx)}{n^2},$$

其中对任意的 $x\in\left(-\frac{1}{2},\frac{1}{2}\right]$，$(x)=x$，且 (x) 在 $\mathbb{R}$ 上是周期延续的，即 $(x+1)=(x)$. 可以证明当 $x=\dfrac{m}{2n}$ 时，F 是不连续的，其中 m，$n\in\mathbb{Z}$ 满足 m 是奇数，且 $n\neq0$.

2. 记 Dirichlet 核为 D_N，

$$D_N(\theta)=\sum_{k=-N}^{N}e^{ik\theta}=\frac{\sin[(N+1/2)\theta]}{\sin(\theta/2)},$$

定义

$$L_N=\frac{1}{2\pi}\int_{-\pi}^{\pi}|D_N(\theta)|\,d\theta.$$

（a）证明

$$L_N\geqslant c\log N$$

对于某个常数 $c>0$ 成立. ［提示：证明 $|D_N(\theta)|\geqslant c\,\dfrac{\sin[(N+1/2)\theta]}{|\theta|}$，通过变量替换，证明

$$L_N\geqslant c\int_{\pi}^{N\pi}\frac{|\sin\theta|}{|\theta|}\,d\theta+O(1).$$

将积分写作和式 $\sum\limits_{k=1}^{N-1}\int_{k\pi}^{(k+1)\pi}$. 利用 $\sum\limits_{k=1}^{n}1/k\geqslant c\log n$.］

我们还有更好的估计

$$L_N=\frac{4}{\pi^2}\log N+O(1).$$

（b）证明下述结果：对于每个 $n\geqslant1$，存在一个连续函数 f_n 使得 $|f_n|\leqslant1$ 和

$|S_n(f_n)(0)| \geqslant c' \log n$. [提示：函数 g_n，满足当 D_n 为正时等于 1，当 D_n 为负时等于 -1. g_n 有所需要的性质，但是并不连续. 在积分范数下（见引理 2.3.2）可用满足 $|h_k| \leqslant 1$ 的连续函数 h_k 逼近 g_n.]

3. *Littlewood 给出了 Tauber 定义的一个细化的版本：

（a）若 $\sum c_n$ 的 Abel 和为 s，且 $c_n = O(1/n)$，则 $\sum c_n$ 收敛于 s.

（b）从而，若 $\sum c_n$ 的 Cesàro 和为 s，且 $c_n = O(1/n)$，则 $\sum c_n$ 收敛于 s.

这些结果可以应用到 Fourier 级数上. 利用练习 17，若可积函数 f 满足 $\hat{f}(\nu) = O(1/|\nu|)$，则

（ⅰ）若 f 在 θ 处连续，则当 $N \to \infty$ 时，有
$$S_N(f)(\theta) \to f(\theta).$$

（ⅱ）若 f 在 θ 处跳跃间断，则当 $N \to \infty$ 时，有
$$S_N(f)(\theta) \to \frac{f(\theta^+) + f(\theta^-)}{2}.$$

（ⅲ）若 f 在 $[-\pi,\pi]$ 上连续，则 $S_N(f)$ 一致趋于 f.

第 4 章问题 5 有（b）的简单版本，从而有关于（ⅰ），（ⅱ），（ⅲ）的证明.

第 3 章 Fourier 级数的收敛性

> 　　在给定区间上的三角级数可以表示为关于 sine 和 cosine 的级数，它具有很好的收敛性. 这些性质没能逃脱伟大的几何学家（Fourier）的眼睛，他通过上述区间上的函数表示，从而开创了分析学应用的新领域. 这些结果是 Fourier 的回忆录中收录的，包括了他关于热学的初步研究. 但是，据我所知，迄今为止还没有人给出它的一般性证明……
>
> 　　　　　　　　　　　　　　　　　　　　G. Dirichlet，1829

　　本章将继续研究 Fourier 级数的收敛问题，并从两个不同角度来探讨它.

　　第一种是"整体"的观点，关注的是[0,2π]上函数 f 的整体性质. 考虑"均方收敛"问题，即如果函数 f 在圆周上可积，则有当 $N \to \infty$ 时，

$$\frac{1}{2\pi}\int_0^{2\pi} |f(\theta)-S_N(f)(\theta)|^2 \mathrm{d}\theta \to 0$$

成立.

　　这个问题的核心是"正交性"的基本概念，需要在具有内积的向量空间或它的无穷维推广（即 Hilbert 空间）中研究. 与之相关的结论是 Parseval 等式，即这个函数和其相应 Fourier 系数的均方"范数"相等. 正交性是基本的数学概念，它在分析领域有许多应用.

　　第二种是"局部"的观点，关注的是在给定点附近函数 f 的性质. 我们主要研究的问题是点态收敛问题：对于给定的 θ，函数 f 的 Fourier 级数是否收敛于 $f(\theta)$？首先证明当 f 在 θ 点可微时，这种收敛性的确是成立的. 作为推论，我们得到了 Riemann 局部化原理，它告诉我们：$S_N(f)(\theta) \to f(\theta)$ 是否成立完全是由 f 在关于 θ 的任意小的邻域的性质决定的. 由于 f 的 Fourier 系数依赖于在整个区间 $[0,2\pi]$ 上 f 的取值，故 f 的 Fourier 级数亦然.

　　尽管 f 的 Fourier 级数在其可微点处收敛，但如果仅假定 f 的连续性，则其收敛性是无法保证的. 在本章结尾将给出连续函数在给定点处不收敛的例子.

3.1　Fourier 级数的均方收敛

本节的主要目的是证明如下定理.

定理 3.1.1　设 f 在圆周上可积，则当 $N \to \infty$ 时，有

$$\frac{1}{2\pi} \int_0^{2\pi} |f(\theta) - S_N(f)(\theta)|^2 \, \mathrm{d}\theta \to 0.$$

正如之前所说，我们涉及的主要概念是正交性，这将在具有内积的向量空间中考虑.

3.1.1　向量空间和内积

回顾 $\mathbb{R}$ 或 $\mathbb{C}$ 上的向量空间、内积及其范数的定义. 在有限维向量空间 $\mathbb{R}^d$ 和 $\mathbb{C}^d$ 之外，考察两个无限维的例子，它们将在定理 3.1.1 的证明中起到关键作用.

向量空间的预备工作

$\mathbb{R}$ 上的向量空间 V 是一个集合，它的元素是通过向量的"加法""数乘"得到的. 更准确地讲，任意的 $X, Y \in V$，都有 V 中的元素与之对应，称为加法，用 $X + Y$ 表示. 这种加法符合通常运算法则，例如交换律 $X + Y = Y + X$ 和结合律 $X + (Y + Z) = (X + Y) + Z$ 等. 并且对于任意给定的元素 $X \in V$ 和实数 λ，可得元素 $\lambda X \in V$ 为 λ 与 X 的乘积. 这种数量乘法满足通常的性质，例如 $\lambda_1 (\lambda_2 X) = (\lambda_1 \lambda_2) X$ 和 $\lambda(X + Y) = \lambda X + \lambda Y$. 定义 $\mathbb{C}$ 中复数与向量的数量乘法，则称 V 是复数域上的向量空间.

例如，由 d 元组实数 $(x_1, x_2, \cdots, x_d)$ 组成的集合 $\mathbb{R}^d$ 是实数域上的向量空间. 其加法定义为逐点相加，即

$$(x_1, x_2, \cdots, x_d) + (y_1, y_2, \cdots, y_d) = (x_1 + y_1, x_2 + y_2, \cdots, x_d + y_d),$$

相对于 $\lambda \in \mathbb{R}$ 的数乘定义为

$$\lambda(x_1, x_2, \cdots, x_d) = (\lambda x_1, \lambda x_2, \cdots, \lambda x_d).$$

类似地，空间 $\mathbb{C}^d$（上面例子中的复数域）是由 d 元复数 $(z_1, z_2, \cdots, z_d)$ 组成的集合. 它是 $\mathbb{C}$ 上的向量空间，加法定义为

$$(z_1, z_2, \cdots, z_d) + (w_1, w_2, \cdots, w_d) = (z_1 + w_1, z_2 + w_2, \cdots, z_d + w_d).$$

对 $\lambda \in \mathbb{C}$ 的数乘定义：

$$\lambda(z_1, z_2, \cdots, z_d) = (\lambda z_1, \lambda z_2, \cdots, \lambda z_d).$$

$\mathbb{R}$ 上向量空间 V 中任意数对 X, Y 的内积用 (X, Y) 表示. 特别地，内积是对称的：$(X, Y) = (Y, X)$，且对每个变量都是线性的，即

$$(\alpha X + \beta Y, Z) = \alpha(X, Z) + \beta(Y, Z),$$

其中 $\alpha, \beta \in \mathbb{R}$，$X, Y, Z \in V$. 还要求内积是正定的，即对 V 中的所有元素 X，有 $(X, X) \geqslant 0$. 特别地，给定一个内积 $(\cdot, \cdot)$ 之后，可以给出 X 的范数的定义：

$$\|X\| = (X, X)^{\frac{1}{2}}.$$

如果由 $\|X\|=0$ 还能推出 $X=0$，那么称内积为严格正的.

例如在空间 $\mathbb{R}^d$ 中定义（严格正的）内积如下：
$$(X,Y)=x_1y_1+\cdots+x_dy_d,$$
其中 $X=(x_1,\cdots,x_d)$，$Y=(y_1,\cdots,y_d)$. 进而
$$\|X\|=(X,X)^{\frac{1}{2}}=\sqrt{x_1^2+\cdots+x_d^2},$$
即通常所说的 Euclidean 距离. 通常可以用符号 $|X|$ 代替 $\|X\|$.

对于复数上的向量空间，两个元素的内积是复数. 另外，这些内积被称为共轭对称（Hermitian）（不再是之前的对称），因为它们必须满足 $(X,Y)=\overline{(Y,X)}$. 因此，这种内积对于第一个变量是线性的，对于第二个变量则是共轭线性的：
$$(\alpha X+\beta Y,Z)=\alpha(X,Z)+\beta(Y,Z),$$
$$(X,\alpha Y+\beta Z)=\overline{\alpha}(X,Y)+\overline{\beta}(X,Z).$$

同样地，也必须有 $(X,X)\geqslant0$，X 的范数像之前一样定义为 $\|X\|=(X,X)^{\frac{1}{2}}$. 如果 $\|X\|=0$ 能推出 $X=0$，则此内积称为严格正的.

例如，$\mathbb{C}^d$ 中两个向量 $Z=(z_1,\cdots,z_d)$ 和 $W=(w_1,\cdots,w_d)$ 的内积定义如下：
$$(Z,W)=z_1\overline{w_1}+\cdots+z_d\overline{w_d}.$$
向量 Z 的范数定义如下：
$$\|Z\|=(Z,Z)^{\frac{1}{2}}=\sqrt{|z_1|^2+\cdots+|z_d|^2}.$$

向量空间中内积的存在使我们可以给出"正交"的几何表示. 令 V 是（$\mathbb{R}$ 或 $\mathbb{C}$ 上的）向量空间，它有内积 $(\cdot,\cdot)$ 以及范数 $\|\cdot\|$. 如果 $(X,Y)=0$，称两个元素 X,Y 正交，用 $X\perp Y$ 表示. 源于正交这一概念，我们有下面三个重要结果：

（ⅰ）勾股定理：如果 X，Y 正交，则
$$\|X+Y\|^2=\|X\|^2+\|Y\|^2.$$

（ⅱ）Cauchy-Schwarz 不等式：对于任意 $X,Y\in V$，有
$$|(X,Y)|\leqslant\|X\|\|Y\|.$$

（ⅲ）三角不等式：对于任意 $X,Y\in V$，有
$$\|X+Y\|\leqslant\|X\|+\|Y\|.$$

这些事实的证明比较容易. 对于（ⅰ），只要展开 $(X+Y,X+Y)$，再使用条件 $(X,Y)=0$ 就足够了.

对于（ⅱ），首先处理当 $\|Y\|=0$ 时的情况，它表明对于任意的 X，有 $(X,Y)=0$. 事实上，对于任意的实数 t，有
$$0\leqslant\|X+tY\|^2=\|X\|^2+2t\operatorname{Re}(X,Y),$$
并且 $\operatorname{Re}(X,Y)\neq0$ 将会产生矛盾，因为只要取正的（或负的）足够大的 t，就会与上述不等式产生矛盾. 类似地，考察 $X+itY$，有 $\operatorname{Im}(X,Y)=0$.

如果 $Y\neq0$，令 $c=\dfrac{(X,Y)}{(Y,Y)}$，从而 $X-cY$ 和 Y 正交，当然也和 cY 正交. 如果将 X 写为 $X=X-cY+cY$，并使用勾股定理，则有

$$\|X\|^2 = \|X - cY\|^2 + \|cY\|^2 \geqslant |c|^2 \|Y\|^2 .$$

两边开平方便得到需要的结果. 值得注意的是当 $X = cY$ 时等式成立.

对于（ⅲ），首先注意到

$$\|X + Y\|^2 = (X, X) + (X, Y) + (Y, X) + (Y, Y),$$

但 $(X, X) = \|X\|^2$，$(Y, Y) = \|Y\|^2$，再利用 Cauchy-Schwarz 不等式得到

$$|(X, Y) + (Y, X)| \leqslant 2\|X\|\|Y\|,$$

从而

$$\|X + Y\|^2 \leqslant \|X\|^2 + 2\|X\|\|Y\| + \|Y\|^2 = (\|X\| + \|Y\|)^2.$$

两个重要的例子

向量空间 $\mathbb{R}^d$ 和 $\mathbb{C}^d$ 都是有限维的. 在 Fourier 级数的研究中，还需要考虑两种无穷维向量空间.

例 1　$\mathbb{C}$ 上的向量空间 $l^2(\mathbb{Z})$ 是复的（双向无穷）序列的集合

$$(\cdots, a_{-n}, \cdots, a_{-1}, a_0, a_1, \cdots, a_n, \cdots)$$

满足

$$\sum_{n \in \mathbb{Z}} |a_n|^2 < \infty;$$

即此级数收敛.

向量的加法可以定义为对应分量相加，数乘也是如此. 向量 $A = (\cdots, a_{-1}, a_0, a_1, \cdots)$ 和 $B = (\cdots, b_{-1}, b_0, b_1, \cdots)$ 的内积定义为

$$(A, B) = \sum_{n \in \mathbb{Z}} a_n \overline{b_n}.$$

它是绝对收敛序列.

A 的范数由下式

$$\|A\| = (A, A)^{\frac{1}{2}} = \left(\sum_{n \in \mathbb{Z}} |a_n|^2 \right)^{\frac{1}{2}}$$

给出.

首先验证 $l^2(\mathbb{Z})$ 是向量空间. 即如果 A，B 是 $l^2(\mathbb{Z})$ 中的两个元素，则要求向量 $A + B$ 也是. 对于每个 $N > 0$ 的整数，令 A_N 表示截断向量：

$$A_N = (\cdots, 0, 0, a_{-N}, \cdots, a_{-1}, a_0, a_1, \cdots, a_N, 0, 0, \cdots),$$

其中，当 $|n| > N$ 时，$a_n = 0$. 同样地，定义截断向量 B_N. 借助三角不等式（在有限维欧氏空间中成立），有

$$\|A_N + B_N\| \leqslant \|A_N\| + \|B_N\| \leqslant \|A\| + \|B\|.$$

因此，

$$\sum_{|n| \leqslant N} |a_n + b_n|^2 \leqslant (\|A\| + \|B\|)^2,$$

令 N 趋向于无穷，即有 $\displaystyle\sum_{n \in \mathbb{Z}} |a_n + b_n|^2 < \infty$. 进而三角不等式 $\|A + B\| \leqslant \|A\| +$

$\|B\|$ 仍然成立. 类似地, Cauchy-Schwarz 不等式也可以由有穷维的情况推出, 因为 $\sum\limits_{n\in\mathbb{Z}} a_n\overline{b_n}$ 是绝对收敛的, 从而可得求和公式 $|(A,B)|\leqslant\|A\|\|B\|$ 成立.

在 $\mathbb{R}^d$, $\mathbb{C}^d$ 和 $l^2(\mathbb{Z})$ 中, 向量空间的内积和范数满足下面两个重要的性质:

（ⅰ）内积是严格正定的, 即由 $\|X\|=0$ 可推出 $X=0$.

（ⅱ）空间是完备的, 即每个柯西列都收敛, 且其极限依然在此空间中.

一个内积空间, 如果满足了上面两条性质, 则被称为 Hilbert 空间. 于是, $\mathbb{R}^d$ 和 $\mathbb{C}^d$ 是有限维 Hilbert 空间, 而 $l^2(\mathbb{Z})$ 是无穷维 Hilbert 空间（参见练习 1 和练习 2）. 如果其中的任意一个条件不满足, 则空间被称为**准 Hilbert 空间**.

现在给出一个重要的准 Hilbert 空间例子, 其中（ⅰ）和（ⅱ）都不满足.

例 2 令 $\mathcal{R}$ 表示 $[0,2\pi]$ 上复值 Riemann 可积函数（或等价的, 圆周上的可积函数）的集合, 它是 $\mathbb{C}$ 上的向量空间. 加法定义为

$$(f+g)(\theta)=f(\theta)+g(\theta).$$

自然的, 对 $\lambda\in\mathbb{C}$, 数乘定义为

$$(\lambda f)(\theta)=\lambda\cdot f(\theta).$$

内积定义为

$$(f,g)=\frac{1}{2\pi}\int_0^{2\pi} f(\theta)\overline{g(\theta)}\mathrm{d}\theta. \tag{3.1.1}$$

那么 f 的范数

$$\|f\|=\left(\frac{1}{2\pi}\int_0^{2\pi}|f(\theta)|^2\mathrm{d}\theta\right)^{\frac{1}{2}}.$$

我们需要验证相应的 Cauchy-Schwarz 不等式和三角不等式也成立: 即 $|(f,g)|\leqslant\|f\|\|g\|$ 和 $\|f+g\|\leqslant\|f\|+\|g\|$. 这些事实可以由上一个例子中相应的不等式推广得到, 但论证相对复杂, 我们可以换一种方法.

首先, 对于任意两个实数 A 和 B, 有 $2AB\leqslant(A^2+B^2)$, 如果令 $A=\lambda^{\frac{1}{2}}|f(\theta)|$ 以及 $B=\lambda^{-\frac{1}{2}}|g(\theta)|$, 其中 $\lambda>0$, 可以得到

$$|f(\theta)\overline{g(\theta)}|\leqslant\frac{1}{2}(\lambda|f(\theta)|^2+\lambda^{-1}|g(\theta)|^2).$$

接着对 θ 积分得到

$$|(f,g)|\leqslant\frac{1}{2\pi}\int_0^{2\pi}|f(\theta)||\overline{g(\theta)}|\mathrm{d}\theta\leqslant\frac{1}{2}(\lambda\|f\|^2+\lambda^{-1}\|g\|^2).$$

然后赋值 $\lambda=\dfrac{\|g\|}{\|f\|}$, 便可以得到 Cauchy-Schwarz 不等式, 而三角不等式则是其简单的推论. 当然, 在 λ 的选择中, 必须假设 $\|f\|\neq 0, \|g\|\neq 0$, 进而有如下讨论.

在 $\mathcal{R}$ 中, 条件（ⅰ）不满足, 从而不是 Hilbert 空间. 因为 $\|f\|=0$ 仅仅表明 f 在连续点上消失（函数值为 0）, 这并不是一个很严重的问题, 因为在附录中我

们知道，可积函数在一个"可忽略"的集合外都是连续的．所以 $\|f\|=0$ 表明 f 在一个测度为 0 的集合外都是消失的．为了避开"f 不是完全的零函数"这一困难，我们约定这样几乎处处为 0 的函数就是零函数．因为从积分角度看，几乎处处为 0 的函数和零函数是几乎是一致的．

更加本质的问题是空间 $\mathcal{R}$ 不是完备的．为了看清这一事实，引入下面的函数

$$f(\theta)=\begin{cases}0, & \text{当 } \theta=0 \text{ 时,}\\ \log(1/\theta), & \text{当 } 0<\theta\leqslant 2\pi \text{ 时.}\end{cases}$$

因为 f 不是有界的，所以 f 不属于空间 $\mathcal{R}$．进一步地，截断函数列 f_n 定义为

$$f_n(\theta)=\begin{cases}0, & \text{当 } 0<\theta\leqslant\dfrac{1}{n},\\[2mm] f(\theta), & \text{当 } \dfrac{1}{n}<\theta\leqslant 2\pi.\end{cases}$$

很容易可以看出，f_n 组成了一个 $\mathcal{R}$ 中的 Cauchy 列（见习题 5）．但这一函数列不能收敛到 $\mathcal{R}$ 中的一个元素，因为极限如果存在，则一定是函数 f．有关其他的例子，参见习题 7．

这些以及其他更为复杂的例子促使我们开始研究 $\mathcal{R}$，即（$[0,2\pi]$ 上的 Riemann 可积函数）的完备化．对于 Lebesgue 可测函数类 $L^2[0,2\pi]$，完备化的构造及认知可以看作分析领域发展过程中的一次重要转折点（这与之前从整数集 $\mathbb{Q}$ 到实数集 $\mathbb{R}$ 的完备化类似）．这一根本问题的进一步研究，我们放在之后的《实分析》中与积分的 Lebesgue 理论一同讨论．

下面开始证明定理 3.1.1.

3.1.2　均方收敛的证明

考虑圆周上的可积函数空间 $\mathcal{R}$，内积定义为

$$(f,g)=\frac{1}{2\pi}\int_0^{2\pi}f(\theta)\overline{g(\theta)}\mathrm{d}\theta.$$

范数 $\|f\|$ 定义为

$$\|f\|^2=(f,f)=\frac{1}{2\pi}\int_0^{2\pi}|f(\theta)|^2\mathrm{d}\theta.$$

有了这些记号，我们需要证明当 N 趋向于无穷时，$\|f-S_N(f)\|\to 0$．

对于每个整数 n，令 $e_n(\theta)=\mathrm{e}^{in\theta}$，注意到序列 $\{e_n\}_{n\in\mathbb{Z}}$ 是标准正交的，即

$$(e_n,e_m)=\begin{cases}1, \text{当 } n=m \text{ 时,}\\ 0, \text{当 } n\neq m \text{ 时.}\end{cases}$$

令 f 是圆周上的可积函数，再令 a_n 表示其 Fourier 系数．可以看出，这些 Fourier 系数可以由函数 f 和正交集 $\{e_n\}_{n\in\mathbb{Z}}$ 中的元素作内积表示：

$$(f,e_n)=\frac{1}{2\pi}\int_0^{2\pi}f(\theta)\mathrm{e}^{-in\theta}\mathrm{d}\theta=a_n.$$

特别地，$S_N(f) = \sum\limits_{|n| \leqslant N} a_n e_n$. 利用标准正交集 $\{e_n\}$ 的性质以及 $a_n = (f, e_n)$ 这一事实，可以看出对所有的 $|n| \leqslant N$，$f - \sum\limits_{|n| \leqslant N} a_n e_n$ 和 e_n 是正交的. 因此，有

$$\left(f - \sum_{|n| \leqslant N} a_n e_n\right) \perp \sum_{|n| \leqslant N} b_n e_n \tag{3.1.2}$$

对于任意复数 b_n 成立. 从这一事实可以得出两个结论.

首先，对如下分解运用勾股定理

$$f = f - \sum_{|n| \leqslant N} a_n e_n + \sum_{|n| \leqslant N} a_n e_n,$$

选取 $b_n = a_n$，得到

$$\|f\|^2 = \left\| f - \sum_{|n| \leqslant N} a_n e_n \right\|^2 + \left\| \sum_{|n| \leqslant N} a_n e_n \right\|^2.$$

因为集族 $\{e_n\}_{n \in \mathbf{Z}}$ 是标准正交的，故有

$$\left\| \sum_{|n| \leqslant N} a_n e_n \right\|^2 = \sum_{|n| \leqslant N} |a_n|^2,$$

进而

$$\|f\|^2 = \|f - S_N(f)\|^2 + \sum_{|n| \leqslant N} |a_n|^2. \tag{3.1.3}$$

从式（3.1.2）中得到的结论是下面这个简单的引理.

引理 3.1.2（最佳逼近） 如果 f 是圆周上可积函数，其 Fourier 系数为 a_n，则有

$$\|f - S_N(f)\| \leqslant \left\| f - \sum_{|n| \leqslant N} c_n e_n \right\|$$

对任意复数 c_n 都成立. 进一步地，当且仅当 $c_n = a_n$ 时，等式严格成立.

证明 对下式

$$f - \sum_{|n| \leqslant N} c_n e_n = f - S_N(f) + \sum_{|n| \leqslant N} b_n e_n$$

使用勾股定理，其中 $b_n = a_n - c_n$，立即可以得到所要结论. □

这一引理有很明确的几何解释，即部分和 $S_N(f)$ 是次数小于等于 N 的三角多项式中距离 f 最近的. 这一几何解释可用图 3.1 来表示，$S_N(f)$ 就是 f 在平面上的正交投影，它由 $\{e_{-N}, \cdots, e_0, \cdots, e_N\}$ 张成.

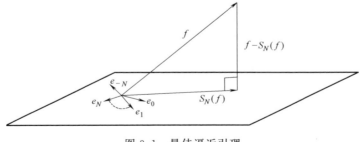

图 3.1 最佳逼近引理

现在可以应用最佳逼近引理来证明$\|S_N(f)-f\|\to 0$，当然，证明还需要一个重要的事实，即三角多项式在圆周上连续函数空间中是稠密的.

假设 f 在圆周上是连续的. 给定 $\varepsilon>0$，存在（由第 2 章推论 2.5.4）一个三角多项式 P，次数为 M，满足，对任意 θ，

$$|f(\theta)-P(\theta)|<\varepsilon.$$

特别地，对其取平方然后积分可以得到 $\|f-P\|<\varepsilon$，由最佳逼近引理推断，当 $N\geqslant M$ 时，

$$\|f-S_N(f)\|<\varepsilon.$$

这样即在 f 连续情形下证明了定理 3.1.1.

如果 f 仅仅是可积的，就不能用三角级数一致逼近 f. 取而代之的是，使用第 2 章引理 2.3.2，并取圆周上连续函数 g 满足

$$\sup_{\theta\in[0,2\pi]}|g(\theta)|\leqslant\sup_{\theta\in[0,2\pi]}|f(\theta)|=B,$$

且

$$\int_0^{2\pi}|f(\theta)-g(\theta)|\,\mathrm{d}\theta<\varepsilon^2.$$

进而得到

$$
\begin{aligned}
\|f-g\|^2 &=\frac{1}{2\pi}\int_0^{2\pi}|f(\theta)-g(\theta)|^2\,\mathrm{d}\theta\\
&=\frac{1}{2\pi}\int_0^{2\pi}|f(\theta)-g(\theta)|\,|f(\theta)-g(\theta)|\,\mathrm{d}\theta\\
&\leqslant\frac{2B}{2\pi}\int_0^{2\pi}|f(\theta)-g(\theta)|\,\mathrm{d}\theta\\
&\leqslant C\varepsilon^2.
\end{aligned}
$$

现在使用三角多项式 P 来逼近 g，使得 $\|g-P\|<\varepsilon$. 进而 $\|f-P\|<C'\varepsilon$，并且我们可以同样使用最佳逼近引理得到想要的结果. 这样，就完整证明了 f 的 Fourier 级数部分和均方收敛于 f.

这一结果结合关系式（3.1.3）得到，如果 a_n 是可积函数 f 的 n 次 Fourier 系数，那么级数 $\displaystyle\sum_{-\infty}^{\infty}|a_n|^2$ 收敛，事实上，有 Parseval 恒等式

$$\sum_{n=-\infty}^{\infty}|a_n|^2=\|f\|^2.$$

该式在两个向量空间 $l^n(\mathbb{Z})$ 和 $\mathcal{R}$ 的范数之间建立起一个重要的联系.

现在我们对本节的结果做一个总结.

定理 3.1.3　令 f 是圆周上可积函数，且有 $f\sim\displaystyle\sum_{n=-\infty}^{\infty}a_n\mathrm{e}^{in\theta}$，则有：

（ⅰ）Fourier 级数的均方收敛即当 $N\to\infty$ 时，有

$$\frac{1}{2\pi}\int_0^{2\pi}|f(\theta)-S_N(f)(\theta)|^2\,\mathrm{d}\theta\to 0.$$

（ⅱ）Parseval 恒等式

$$\sum_{n=-\infty}^{\infty}|a_n|^2=\frac{1}{2\pi}\int_0^{2\pi}|f(\theta)|^2\,\mathrm{d}\theta.$$

注记 1　如果 $\{e_n\}$ 是圆周上函数的任意正交族，且 $a_n=(f,e_n)$，从而可以从关系式（3.1.3）得到

$$\sum_{n=-\infty}^{\infty}|a_n|^2\leqslant\|f\|^2.$$

55

这就是我们熟知的 Bessel **不等式**. 等号成立（即 Parseval 恒等式）的条件是正交族 $\{e_n\}$ 恰好也是一组 "基"，即当 $n\to\infty$ 时，有 $\|\sum_{|n|\leqslant N}a_ne_n-f\|\to 0$.

注记 2　我们可以将每个可积函数与其 Fourier 系数序列 $\{a_n\}$ 联系在一起. Parseval 恒等式保证 $\{e_n\}\in l^2(\mathbb{Z})$. 因为 $l^2(\mathbb{Z})$ 是 Hilbert 空间，即具有完备性，但由前面的讨论，$\mathcal{R}$ 是不完备的，可以这样理解：存在序列 $\{a_n\}$，满足 $\sum_{n\in\mathbb{Z}}|a_n|^2<\infty$，但不存在 Riemann 可积函数 F，使得它的 n（对于所有的 n）阶 Fourier 系数等于 a_n（对所有的 n），练习 6 中将给出示例.

结合条件 "收敛级数趋于 0"，可从 Parseval 恒等式或者 Bessel 不等式推断出下列结果.

定理 3.1.4（Riemann-Lebesgue 引理）　如果 f 是圆周上可积函数，那么当 $|n|\to\infty$ 时，$\hat{f}(n)\to 0$.

关于这条性质的等价描述是：如果 f 在 $[0,2\pi]$ 上可积，那么当 $N\to\infty$ 时，

$$\int_0^{2\pi}f(\theta)\sin(N\theta)\,\mathrm{d}\theta\to 0,$$

并且当 $N\to\infty$ 时，

$$\int_0^{2\pi}f(\theta)\cos(N\theta)\,\mathrm{d}\theta\to 0.$$

在本小节的最后，我们给出 Parseval 恒等式更加一般的形式，并在下一章有所应用.

引理 3.1.5　假设 F 和 G 在圆周上可积，且有

$$F\sim\sum a_n\mathrm{e}^{in\theta}\ \text{和}\ G\sim\sum b_n\mathrm{e}^{in\theta}.$$

那么

$$\frac{1}{2\pi}\int_0^{2\pi}F(\theta)\overline{G(\theta)}\,\mathrm{d}\theta=\sum_{n=-\infty}^{\infty}a_n\overline{b_n}.$$

回顾例 1 中的讨论，级数 $\displaystyle\sum_{n=-\infty}^{\infty}a_n\overline{b_n}$ 是绝对收敛的.

证明　这个证明可以由 Parseval 恒等式以及下面式子

$$(F,G) = \frac{1}{4}\left[\|F+G\|^2 - \|F-G\|^2 + \mathrm{i}(\|F+\mathrm{i}G\|^2 - \|F-\mathrm{i}G\|^2)\right]$$

得到，上式在每个 Hermitian 的内积空间中成立. 验证则留给读者自己去完成. □

3.2　逐点收敛

均方收敛定理并不能让我们在逐点收敛问题上看得更远. 事实上，定理 3.1.1 并不能保证 Fourier 级数对于任意的 θ 都收敛，练习 3 给出了反例. 但是，如果一个函数在 θ_0 点是可微的，那么它的 Fourier 级数在 θ_0 点则是收敛的. 在证明这一结果以后，将给出一个例子，在这个例子中，连续函数的 Fourier 级数在一点处是发散的. 这些现象显示了 Fourier 级数在点态收敛问题上的复杂性.

3.2.1　一个局部的结果

定理 3.2.1　令 f 是在圆周上的可积函数，且在 θ_0 点可微. 那么当 N 趋于无穷时，$S_N(f)(\theta_0) \to f(\theta_0)$.

证明　定义

$$F(t) = \begin{cases} \dfrac{f(\theta_0 - t) - f(\theta_0)}{t}, & \text{若 } t \neq 0 \text{ 且 } |t| < \pi, \\ -f'(\theta_0), & \text{若 } t = 0. \end{cases}$$

首先，因为 f 在 θ 点附近是可微的，所以 F 也是有界的. 其次，对于所有足够小的 δ，函数 F 在 $[-\pi, -\delta] \cup [\delta, \pi]$ 上是可积的，因为在 $|t| > \delta$ 时，f 在 $[-\pi, -\delta] \cup [\delta, \pi]$ 上是可积的. 由附录中命题 1.4 可知，函数 F 在整个区间 $[-\pi, \pi]$ 上是可积的. $S_N(f)(\theta_0) = (f * D_N)(\theta_0)$，其中，$D_N$ 是 Dirichlet 核. 因为 $\frac{1}{2\pi}\int D_N = 1$，故有

$$\begin{aligned} S_N(f)(\theta_0) - f(\theta_0) &= \frac{1}{2\pi}\int_{-\pi}^{\pi} f(\theta_0 - t) D_N(t)\mathrm{d}t - f(\theta_0) \\ &= \frac{1}{2\pi}\int_{-\pi}^{\pi} [f(\theta_0 - t) - f(\theta_0)] D_N(t)\mathrm{d}t \\ &= \frac{1}{2\pi}\int_{-\pi}^{\pi} F(t) t D_N(t)\mathrm{d}t. \end{aligned}$$

再回顾一下结论

$$t D_N(t) = \frac{t}{\sin(t/2)}\sin((N+1/2)t),$$

其中，$\dfrac{t}{\sin(t/2)}$ 在区间 $[-\pi, \pi]$ 上是连续的. 又因为

$$\sin((N+1/2)t) = \sin(Nt)\cos(t/2) + \cos(Nt)\sin(t/2),$$

将 Riemann-Lebesgue 引理应用于 Riemann 可积函数 $F(t)t\cos(t/2)$ 及 $F(t)t\sin(t/2)$，便可完成该定理的证明. □

可以看出，如果仅假设 f 在 θ_0 点满足 Lipschitz **条件**，该定理的结论仍然是成立的，Lipschitz 条件是：对任意的 θ，存在 $M>0$，使

$$|f(\theta)-f(\theta_0)| \leqslant M|\theta-\theta_0|$$

成立. 或者称 f 满足一阶 Hölder 条件.

Riemann 局部化原理可以看作上述定理的一个显著推论. 即 $S_N(f)(\theta_0)$ 的收敛仅仅依赖于 f 在 θ_0 附近的表现. 这在一开始并不十分明显，因为在开始构造 Fourier 级数时是对 f 在整个圆周上进行整体处理.

定理 3.2.2 假设 f 和 g 是定义在圆周上的两个可积函数，且对于某个 θ_0，存在包含 θ_0 的开区间 I，满足

$$f(\theta)=g(\theta)$$

对任意的 $\theta \in I$ 成立. 那么当 $N \to \infty$ 时，有 $S_N(f)(\theta_0)-S_N(g)(\theta_0) \to 0$.

证明 函数 $f-g$ 在 I 上是 0，所以在 θ_0 处是可微的，进而可以使用之前的定理来完成证明. $\square$

3.2.2 具有发散 Fourier 级数的连续函数的例子

现在开始关注一个连续的周期函数，它的 Fourier 级数在某点处发散. 因而如果将"可微"这一假设替换为弱一些的"连续"，则定理 3.2.1 不成立. 反例说明"连续"这一看起来有道理的假设实际上是错误的，而且，反例的构造过程将阐述这一理论的重要原理.

这里讲的原理将被称为"对称破缺". 我们思维中的对称是 $e^{in\theta}$ 与 $e^{-in\theta}$ 之间的对称，它们出现在函数的 Fourier 展开式中. 例如，部分和算子 S_N 就反映了这种对称. 同样地，Dirichlet，Fejèr，Poisson 核也是这种意义下的对称. 当破坏这种对称，即当把 Fourier 级数 $\sum\limits_{n=-\infty}^{\infty} a_n e^{in\theta}$ 分成两部分 $\sum\limits_{n \geqslant 0} a_n e^{in\theta}$ 和 $\sum\limits_{n<0} a_n e^{in\theta}$ 时，我们便会逐渐涉及一些崭新且深刻的东西.

下面给出一个简单的例子，锯齿函数 f，它关于 θ 是奇函数，当 $0<\theta<\pi$ 时，等于 $i(\pi-\theta)$. 在第 2 章练习 8 中，有

$$f(\theta)=\sum_{n \neq 0} \frac{e^{in\theta}}{n}. \tag{3.2.1}$$

现在考虑对称性被破坏的结果

$$\sum_{n=-\infty}^{n=-1} \frac{e^{in\theta}}{n}.$$

和式（3.2.1）不同，上式不是某个 Riemann 可积函数的 Fourier 级数. 事实上，假设它是某个可积函数的 Fourier 级数，记为 $\widetilde{f}$，特别地，$\widetilde{f}$ 是有界的. 使用 Abel 平均，有

$$|A_r(\widetilde{f})(0)| = \sum_{n=1}^{\infty} \frac{r^n}{n},$$

因为 $\sum \dfrac{1}{n}$ 发散，所以当 r 趋于 1 时，它趋于无穷．于是得到了想要的矛盾，因为

$$|A_r(\widetilde{f})(0)| \leqslant \frac{1}{2\pi} \int_{-\pi}^{\pi} |\widetilde{f}(\theta)| P_r(\theta) \mathrm{d}\theta \leqslant \sup_{\theta} |\widetilde{f}(\theta)|,$$

其中，$P_r(\theta)$ 表示上一章提到的 Poisson 核．

锯齿函数将是显然的反例，描述如下：对于每个 $N \geqslant 1$，在 $[-\pi, \pi]$ 上定义如下两个函数

$$f_N(\theta) = \sum_{1 \leqslant |n| \leqslant N} \frac{\mathrm{e}^{\mathrm{i}n\theta}}{n},$$

和

$$\widetilde{f}_N(\theta) = \sum_{-N \leqslant n \leqslant -1} \frac{\mathrm{e}^{\mathrm{i}n\theta}}{n}.$$

我们断言：

（ⅰ）　$|\widetilde{f}_N(0)| \geqslant c \log N$．

（ⅱ）　$f_N(\theta)$ 关于 N 和 θ 是一致有界的．

第一个结论是 $\displaystyle\sum_{n=1}^{N} \frac{1}{n} \geqslant \log N$ 的推论，容易得到（见图 3.2）：

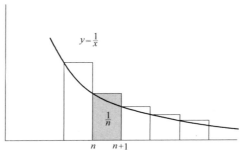

图 3.2　积分与求和的比较

$$\sum_{n=1}^{N} \frac{1}{n} \geqslant \sum_{n=1}^{N-1} \int_{n}^{n+1} \frac{\mathrm{d}x}{x} \geqslant \int_{1}^{N} \frac{\mathrm{d}x}{x} = \log N.$$

为了证明（ⅱ），采用证明 Tauber 定理一样的思路，即是说，如果级数 $\sum c_n$ 是 Abel 可求和的（和为 s），且 $c_n = o\left(\dfrac{1}{n}\right)$，那么 $\sum c_n$ 收敛于 s（见第 2 章练习 14）．事实上，Tauber 定理的证明和下面引理的证明非常相似．

引理 3.2.3　假设级数 $\displaystyle\sum_{n=1}^{\infty} c_n$ 的 Abel 平均 $A_r = \displaystyle\sum_{n=1}^{\infty} r^n c_n$ 在 r 趋于 1（$r < 1$）时是有界的．如果 $c_n = O\left(\dfrac{1}{n}\right)$，那么，部分和 $S_N = \displaystyle\sum_{n=1}^{N} c_n$ 是有界的．

证明　令 $r = 1 - \dfrac{1}{N}$，并选择 M 满足 $n|c_n| \leqslant M$，对于

$$S_N - A_r = \sum_{n=1}^{N} (c_n - r^n c_n) - \sum_{n=N+1}^{\infty} r^n c_n,$$

有如下估计：

$$|S_N - A_r| \leqslant \sum_{n=1}^{N} |c_n|(1 - r^n) + \sum_{n=N+1}^{\infty} r^n |c_n|$$

$$\leqslant M \sum_{n=1}^{N} (1-r) + \frac{M}{N} \sum_{n=N+1}^{\infty} r^n$$

$$\leqslant MN(1-r) + \frac{M}{N} \frac{1}{1-r}$$

$$= 2M,$$

其中用到了下面这个简单的结论

$$1 - r^n = (1-r)(1+r+\cdots+r^{n-1}) \leqslant n(1-r).$$

所以，如果 M 满足 $A_r \leqslant M$ 和 $n|c_n| \leqslant M$，那么 $|S_N| \leqslant 3M$. □

将此引理应用在下面这个级数上

$$\sum_{n \neq 0} \frac{\mathrm{e}^{in\theta}}{n},$$

即上文提到的锯齿函数 f 的 Fourier 级数. 这里 $c_n = \mathrm{e}^{in\theta}/n + \mathrm{e}^{-in\theta}/(-n)$, $n \neq 0$, 所以很明显 $c_n = O\left(\dfrac{1}{|n|}\right)$. 此级数的 Abel 平均是 $A_r(f)(\theta) = (f * P_r)(\theta)$. 但由于 f 是有界的, 且 P_r 是好核, 所以 $S_N(f)(\theta)$ 关于 N 和 θ 是一致有界的.

现在我们开始涉及核心内容, 注意到 f_N 和 $\widetilde{f}_N$ 是 N 次三角多项式 (即当 $|n| \leqslant N$ 时, 它们的 Fourier 系数才不为 0). 据此, 通过把 f_N 和 $\widetilde{f}_N$ 的频率分成 $2N$ 个单位, 就得到了两个三角多项式 P_N 和 $\widetilde{P}_N$, 次数分别为 $3N$ 和 $2N-1$. 也就是说, 令 $P_N(\theta) = \mathrm{e}^{\mathrm{i}(2N)\theta} f_N(\theta)$ 和 $\widetilde{P}_N(\theta) = \mathrm{e}^{\mathrm{i}(2N)\theta} \widetilde{f}_N(\theta)$. 所以只要 f_N 在 $0 < |n| \leqslant N$ 时有非消失的 Fourier 系数, P_N 这一项在 $N \leqslant n \leqslant 3N$, $n \neq 2N$ 时就有非消失的 Fourier 系数. 进而, 因为 $n = 0$ 是 f_N 的对称中心, 从而 $n = 2N$ 是 P_N 的对称中心. 下面考察部分和 S_M.

引理 3.2.4

$$S_M(P_N) = \begin{cases} P_N, & \text{若 } M \geqslant 3N, \\ \widetilde{P}_N, & \text{若 } M = 2N, \\ 0, & \text{若 } M < N. \end{cases}$$

通过之前的描述以及图 3.3, 我们很容易得到结论.

值得注意的是, 当 $M = 2N$ 时, 算子 S_M 破坏了 P_N 的对称性, 但对其余情况, S_M 的性质还是很好的, 要么取 P_N 要么取 0.

最后, 需得到一组收敛的正项级数 $\sum \alpha_k$ 以及一组整数序列 N_k, 它是迅速增长的, 满足:

（i）$N_{k+1} > 3N_k$,

（ii）当 $k \rightarrow \infty$ 时, $\alpha_m \log N_k \rightarrow \infty$.

例如, 令 $\alpha_k = \dfrac{1}{k^2}$, $N_k = 3^{2^k}$, 容易验证, 它们满足上述条件.

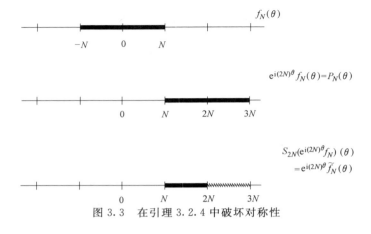

图 3.3　在引理 3.2.4 中破坏对称性

$$f(\theta) = \sum_{k=1}^{\infty} \alpha_k P_{N_k}(\theta)$$

就是我们想要的函数. 因为 P_N 的一致有界性（回顾一下等式 $|P_N(\theta)| = |f_N(\theta)|$），上面的级数一致收敛于一个连续周期函数. 但是，由引理得，当 $m \to \infty$ 时，

$$|S_{2N_m}(f)(0)| \geqslant c\alpha_m \log N_m + O(1) \to \infty.$$

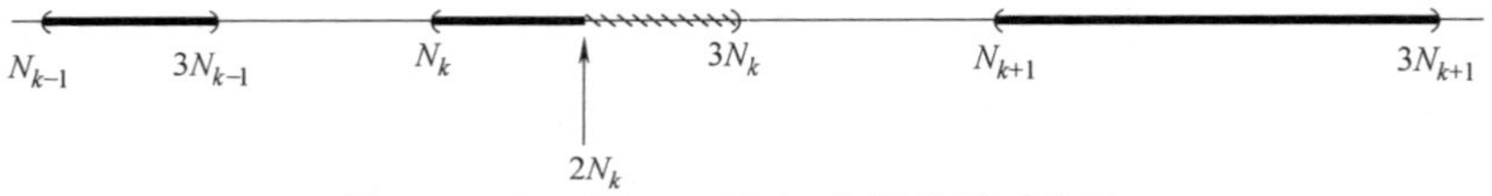

图 3.4　在（N_k，$3N_k$）中间破坏对称性

　　实际上，下标 N_k（$k < m$ 或者 $k > m$）对应的项分别对应 $O(1)$ 或者 0（因为 P_N 的值一直有界），而下标为 N_m 这一项的绝对值是大于 $c\alpha_m \log N_m$ 的，因为 $|\widetilde{P}_N(\theta)| = |\widetilde{f}_N(\theta)| \geqslant c \log N$. 所以 f 的 Fourier 级数部分和不是有界的，鉴于 f 的 Fourier 级数在 $\theta = 0$ 处是发散的，从而完成了证明. 对于任意预先指定的 $\theta = \theta_0$，可以构造出一个函数，它的 Fourier 级数在此点发散，这是容易的，只要考虑函数 $f(\theta - \theta_0)$ 即可.

3.3　练习

　　1. 证明最前面两个内积空间的例子，即 $\mathbb{R}^d$ 和 $\mathbb{C}^d$ 是完备的.［提示：$\mathbb{R}$ 中任意 Cauchy 列有极限.］

　　2. 证明向量空间 $l^2(\mathbb{Z})$ 是完备的.［提示：假定 $A_k = \{a_{n,k}\}_{n \in \mathbb{Z}}, k = 1, 2, \cdots$ 是 Cauchy 列. 证明，对于任意的 $n, \{a_{k,n}\}_{k=1}^{\infty}$ 是复值的 Cauchy 序列，因此它收敛到一个极限，不妨设为 b_n. 取部分和 $\|A_k - A_{k'}\|$，并令 $k' \to \infty$，证明当 $k \to \infty$ 时，$\|A_k - B\| \to 0$，其中 $B = (\cdots, b_{-1}, b_0, b_1, \cdots)$. 最后，证明 $B \in l^2(\mathbb{Z})$］

　　3. 在 $[0, 2\pi]$ 上构造一个可积函数序列 f_k 满足

$$\lim_{k \to \infty} \frac{1}{2\pi} \int_0^{2\pi} |f_k(\theta)|^2 d\theta = 0,$$

但是，对于任意 θ，$\lim\limits_{k \to \infty} f_k(\theta)$ 都不存在．〔提示：选择一个区间序列 $I_k \subset [0, 2\pi]$，它的长度趋于 0，因而每个点都属于它们中的无穷多个，然后令 $f_k = \chi I_k$．〕

4. 回顾可积函数空间 $\mathcal{R}$ 的内积及范数

$$\|f\| = \left(\frac{1}{2\pi} \int_0^{2\pi} |f(x)|^2 dx \right)^{\frac{1}{2}}.$$

(a) 证明存在非零可积函数 f，满足 $\|f\| = 0$．

(b) 对于满足 $\|f\| = 0$ 的可积函数 $f \in \mathcal{R}$，若在 x 处连续，则 $f(x) = 0$ 成立．

(c) 反之，证明可积函数 $f \in \mathcal{R}$ 如果在所有连续点处都为 0，则 $\|f\| = 0$．

5. 令

$$f(\theta) = \begin{cases} 0, & \text{当 } \theta = 0 \text{ 时,} \\ \log(1/\theta), & \text{当 } 0 < \theta \leqslant 2\pi \text{ 时,} \end{cases}$$

并定义 $\mathcal{R}$ 中的函数序列：

$$f_n(\theta) = \begin{cases} 0, & \text{当 } 0 \leqslant \theta \leqslant \frac{1}{n} \text{时,} \\ f(\theta), & \text{当 } \frac{1}{n} < \theta \leqslant 2\pi \text{ 时,} \end{cases}$$

证明：$\{f_n\}_{n=1}^{\infty}$ 在 $\mathcal{R}$ 中是 Cauchy 列．但 f 不属于 $\mathcal{R}$．〔提示：只要指出当 $0 < a < b$ 并且 $b \to 0$ 时，$\int_a^b (\log\theta)^2 d\theta \to 0$，基于如下事实：$\theta(\log\theta)^2 - 2\theta\log\theta + 2\theta$ 的导数等于 $(\log\theta)^2$．〕

6. 考虑数列 $\{a_k\}_{k=-\infty}^{\infty}$：

$$a_k = \begin{cases} \dfrac{1}{k}, & \text{若 } k \geqslant 1, \\ 0, & \text{若 } k \leqslant 0, \end{cases}$$

注意到 $\{a_k\} \in l^2(\mathbb{Z})$，但是不存在 Riemann 可积函数，使得对任意的 $k \in \mathbb{Z}$，它的 k 次 Fourier 展开系数恰好等于 a_k．

7. 证明：三角函数序列

$$\sum_{n \geqslant 2} \frac{1}{\log n} \sin nx$$

对任意的 x 收敛，然而它却不能构成任何一个 Riemann 可积函数的 Fourier 系数．对级数 $\sum \dfrac{\sin nx}{n^\alpha}$，$0 < \alpha < 1$，有同样的结果；但是，当 $\dfrac{1}{2} < \alpha < 1$ 时，这种情况更复杂．参见问题 1．

8. 在第 2 章的习题 6 中，求出了如下两个级数的和：

$$\sum_{\text{奇数} n \geqslant 1} \frac{1}{n^2} \quad \text{和} \quad \sum_{n=1}^{\infty} \frac{1}{n^2}.$$

类似地，可以用本章的方法求出这两个级数的和.

（a）令 f 是定义在 $[-\pi,\pi]$ 上的函数，且 $f(\theta)=|\theta|$. 运用 Parseval 恒等式求出下面两个函数级数的和：

$$\sum_{n=0}^{\infty} \frac{1}{(2n+1)^4} \quad \text{和} \quad \sum_{n=1}^{\infty} \frac{1}{n^4}.$$

事实上，它们分别是 $\dfrac{\pi^4}{96}$ 和 $\dfrac{\pi^4}{90}$.

（b）考虑以 2π 为周期的函数，在 $[0,\pi]$ 上定义为 $f(\theta)=\theta(\pi-\theta)$.

证明

$$\sum_{n=0}^{\infty} \frac{1}{(2n+1)^6} = \frac{\pi^6}{960} \quad \text{和} \quad \sum_{n=0}^{\infty} \frac{1}{n^6} = \frac{\pi^6}{945}.$$

注记　对于一般的偶数 k，在问题 4 中，我们将证明级数 $\displaystyle\sum_{n=1}^{\infty} \frac{1}{n^k}$ 的求和结果是 π^k 的常数倍. 然而，找到一个合适的方程来计算 $\displaystyle\sum_{n=1}^{\infty} \frac{1}{n^3}$ 的和，或者 k 为奇数时，$\displaystyle\sum_{n=1}^{\infty} \frac{1}{n^k}$ 的和依然是一个悬而未决的问题.

9. 证明：对一个非整数 α，函数

$$\frac{\pi}{\sin\pi\alpha} e^{i(\pi-x)\alpha}$$

在 $[0,2\pi]$ 上的 Fourier 级数展开为

$$\sum_{n=-\infty}^{\infty} \frac{e^{inx}}{n+\alpha}.$$

运用 Parseval 恒等式证明

$$\sum_{n=-\infty}^{\infty} \frac{1}{(n+\alpha)^2} = \frac{\pi^2}{(\sin\pi\alpha)^2}.$$

10. 考虑我们在第 1 章分析的弦振动. 弦在时刻 t 时的位置 $u(x,t)$ 满足波动方程

$$\frac{1}{c^2} \frac{\partial^2 u}{\partial t^2} = \frac{\partial^2 u}{\partial x^2}, \quad c^2 = \frac{\tau}{\rho}.$$

其中弦满足初始条件

$$u(x,0)=f(x) \quad \text{和} \quad \frac{\partial u}{\partial t}(x,0)=g(x),$$

这里假设 $f\in C^1$，并且 g 是连续的. 定义弦的总能量为

$$E(t)=\frac{1}{2}\rho\int_0^L \left(\frac{\partial u}{\partial t}\right)^2 \mathrm{d}x + \frac{1}{2}\tau\int_0^L \left(\frac{\partial u}{\partial x}\right)^2 \mathrm{d}x.$$

我们把第一项称作弦的动能（类似于 $\dfrac{1}{2}mv^2$，一个质量为 m、速度为 v 的粒子的动

能），第二项称作弦的势能. 证明：弦的总能量是不变的；也就是说，$E(t)$ 是一个常数. 因此，

$$E(t) = E(0) = \frac{1}{2}\rho\int_0^L g(x)^2\mathrm{d}x + \frac{1}{2}\tau\int_0^L f'(x)^2\mathrm{d}x.$$

11. Wirtinger-Poincaré 不等式建立了函数的范数和其导数之间的关系.

（a）如果 f 是一个以 T 为周期的连续函数，并且逐点可微，满足 $\int_0^T f(t)\mathrm{d}t = 0$，证明：

$$\int_0^T |f(t)|^2\mathrm{d}t \leqslant \frac{T^2}{4\pi^2}\int_0^T |f'(t)|^2\mathrm{d}t,$$

其中等号成立当且仅当 $f(t) = A\sin(2\pi t/T) + B\cos(2\pi t/T)$.

［提示：运用 Parseval 恒等式］

（b）如果函数 f 如上所述，g 仅仅是以 T 为周期的 C^1 函数，证明：

$$\left|\int_0^T \overline{f(t)}g(t)\mathrm{d}t\right|^2 \leqslant \frac{T^2}{4\pi^2}\int_0^T |f(t)|^2\mathrm{d}t\int_0^T |g'(t)|^2\mathrm{d}t.$$

（c）对于任意一个紧区间 $[a,b]$ 和一个连续可微的函数 f，满足 $f(a) = f(b) = 0$，证明：

$$\int_a^b |f(t)|^2\mathrm{d}t \leqslant \frac{(b-a)^2}{\pi^2}\int_a^b |f'(t)|^2\mathrm{d}t.$$

考虑等式成立的情况，并证明常数 $\dfrac{(b-a)^2}{\pi^2}$ 不可能取到. ［提示：把函数 f 以 a 点作周期为 $T = 2(b-a)$ 的奇延拓，使得它在长度为 T 的区间上的积分为 0. 运用（a）来得到这个不等式，并能得出等号成立当且仅当 $f(t) = A\sin\left(\pi\dfrac{t-a}{b-a}\right)$.］

12. 证明：$\displaystyle\int_0^\infty \frac{\sin x}{x}\mathrm{d}x = \frac{\pi}{2}$.

［提示：首先 $D_N(\theta)$ 的积分等于 2π，且 $(1/\sin(\theta/2)) - 2/\theta$ 在 $[-\pi,\pi]$ 上连续. 运用 Riemann-Lebesgue 引理.］

13. 假设 f 是周期的 C^k 函数. 证明：
$$\hat{f}(n) = o(1/|n|^k),$$
也就是说，当 $n\to\infty$ 时，$|n|^k\hat{f}(n)\to 0$. 这是第 2 章练习 10 的一个提升. ［提示：运用 Riemann-Lebesgue 引理.］

14. 证明：一个连续可微的函数 f 的 Fourier 级数展开在圆周上是绝对收敛的.

［提示：运用 Cauchy-Schwarz 不等式和 Parseval 恒等式.］

15. 令 f 是定义在 $[-\pi,\pi]$ 上的以 2π 为周期的 Riemann 可积函数.

（a）证明：

$$\hat{f}(n) = -\frac{1}{2\pi}\int_{-\pi}^\pi f(x + \pi/n)\mathrm{e}^{-\mathrm{i}nx}\mathrm{d}x,$$

因此

$$\widehat{f}(n) = \frac{1}{4\pi} \int_{-\pi}^{\pi} \left[f(x) - f(x + \pi/n) \right] e^{-inx} \, dx.$$

（b）现在假设 f 满足 α 阶 Hölder 条件，也就是说，

$$|f(x+h) - f(x)| \leqslant C|h|^\alpha$$

对某个 $0 < \alpha \leqslant 1$ 和常数 $C > 0$，以及任意的 x，h 成立．运用（a）证明

$$\widehat{f}(n) = O(1/|n|^\alpha),$$

（c）证明：当 $0 < \alpha < 1$ 时，函数

$$f(x) = \sum_{k=0}^{\infty} 2^{-k\alpha} e^{i2^k x}$$

满足

$$|f(x+h) - f(x)| \leqslant C|h|^\alpha,$$

并且当 $N = 2^k$ 时，$\widehat{f}(N) = \dfrac{1}{N^\alpha}$．这说明以上结果不可以被改进．〔提示：对（c），

把求和分成两项 $f(x+h) - f(x) = \displaystyle\sum_{2^k \leqslant 1/|h|} + \sum_{2^k > 1/|h|}$．估计第一部分求和时用到

了当 θ 充分小时，$|1 - e^{i\theta}| \leqslant |\theta|$ 这个简单的事实．估计第二部分求和时，直接利用了一个显然的不等式 $|e^{ix} - e^{iy}| \leqslant 2$．〕

16．令 f 是一个以 2π 为周期的函数，满足常数为 K 的 Lipschitz 条件；也就是说，对任意的 x，y，有

$$|f(x) - f(y)| \leqslant K|x - y|.$$

这是一个弱化的 Hölder 条件（$\alpha = 1$），因此，通过前面的练习可以看出 $\widehat{f}(n) = O(1/|n|)$．因为调和级数 $\sum 1/n$ 发散，故不能保证任何关于函数 f 的 Fourier 级数的绝对收敛性质．下面几点将能证明函数 f 的 Fourier 级数是绝对收敛且一致收敛的．

（a）对任意的正数 h，定义 $g_h(x) = f(x+h) - f(x-h)$．证明：

$$\frac{1}{2\pi} \int_0^{2\pi} |g_h(x)|^2 \, dx = \sum_{n=-\infty}^{\infty} 4|\sin nh|^2 |\widehat{f}(n)|^2,$$

并证明：

$$\sum_{n=-\infty}^{\infty} |\sin nh|^2 |\widehat{f}(n)|^2 \leqslant K^2 h^2.$$

（b）令 p 是一个正整数．选取 $h = \pi/2^{p+1}$，证明：

$$\sum_{2^{p-1} < |n| \leqslant 2^p} |\widehat{f}(n)|^2 \leqslant \frac{K^2 \pi^2}{2^{2p+1}}.$$

（c）估计 $\displaystyle\sum_{2^{p-1} < |n| \leqslant 2^p} |\widehat{f}(n)|$，并推出 f 的 Fourier 级数绝对收敛，因此是一致收敛的．〔提示：运用 Cauchy-Schwarz 不等式来估计求和．〕

（d）事实上，稍微修正一下这个结论就可以得到 Bernstein 定理：如果 f 满足

α 阶 Hölder 条件，其中 $\alpha > \dfrac{1}{2}$，则 f 的 Fourier 级数绝对收敛.

17. 如果 f 是 $[-\pi,\pi]$ 上的单调有界函数，则

$$\widehat{f}(n) = O(1/|n|).$$

[提示：假设 f 是单调递增的，并且 $|f| \leqslant M$. 首先验证 $[a,b]$ 上的特征函数的 Fourier 系数满足衰减 $O(1/|n|)$. 下面证明如下形式

$$\sum_{k=1}^{N} \alpha_k \chi_{[a_k, a_{k+1}]}$$

的求和的 Fourier 系数关于 N 满足一致的衰减估计 $O(1/|n|)$，其中 $-\pi = a_1 < a_2 < \cdots < a_N < a_{N+1} = \pi$ 和 $-M \leqslant a_1 \leqslant \cdots \leqslant a_N \leqslant M$. 分部求和可得，$\sum (\alpha_{k+1} - \alpha_k)$ 以 $2M$ 为界. 然后用上面形式的函数逼近 f 即可.]

18. 下面是已经学过的 Fourier 系数的衰减估计.

(a) 如果 f 属于 C^k，那么 $\widehat{f}(n) = O(1/|n|^k)$；

(b) 如果 f 是 Lipschitz 函数，那么 $\widehat{f}(n) = O(1/|n|)$；

(c) 如果 f 是单调的，那么 $\widehat{f}(n) = O(1/|n|)$；

(d) 如果 f 满足 α 阶 Hölder 条件，那么 $\widehat{f}(n) = O(1/|n|^\alpha)$；

(e) 如果 f 仅仅是 Riemann 可积的，那么 $\sum |\widehat{f}(n)|^2 < \infty$，因此 $\widehat{f}(n) = o(1)$.

然而，证明连续函数的 Fourier 系数可以以任意慢的速度趋近于 0，需要证明对任意趋向于 0 的非负正数列 $\{\varepsilon_n\}$，都存在一个连续函数 f，使得对无限多的 n，都满足 $|\widehat{f}(n)| \geqslant \varepsilon_n$. [提示：选取一个子序列 $\{\varepsilon_{n_k}\}$，使得 $\sum_k \varepsilon_{n_k} < \infty$.]

19. 用另一种方法证明求和 $\displaystyle\sum_{0 < |n| \leqslant N} \mathrm{e}^{\mathrm{i}nx}/n$ 关于 N 和 $x \in [-\pi,\pi]$ 是一致有界的. 这里用到

$$\frac{1}{2\mathrm{i}} \sum_{0 < |n| \leqslant N} \frac{\mathrm{e}^{\mathrm{i}nx}}{n} = \sum_{n=1}^{N} \frac{\sin nx}{n} = \frac{1}{2} \int_0^x (D_N(t) - 1)\mathrm{d}t,$$

其中 D_N 的 Dirichlet 核. 再运用练习 12 中证明的 $\displaystyle\int_0^\infty \frac{\sin t}{t}\mathrm{d}t < \infty$ 即可.

20. 令 f 为锯齿函数，在 $(0,2\pi)$ 上定义为 $f(x) = (\pi - x)/2$，且 $f(0) = 0$，把它周期地延拓到整个 $\mathbb{R}$ 上，那么 f 的 Fourier 级数为

$$f(x) \sim \frac{1}{2\mathrm{i}} \sum_{|n| \neq 0} \frac{\mathrm{e}^{\mathrm{i}nx}}{n} = \sum_{n=1}^{\infty} \frac{\sin nx}{n},$$

并且 f 在 0 点是跳跃间断点，满足 $f(0^+) = \dfrac{\pi}{2}$，$f(0^-) = -\dfrac{\pi}{2}$，因此

$$f(0^+) - f(0^-) = \pi.$$

证明

$$\max_{0 < x \leqslant \pi/N} S_N(f)(x) - \frac{\pi}{2} = \int_0^\pi \frac{\sin t}{t}\mathrm{d}t - \frac{\pi}{2},$$

距离 π 有大约 9% 的跳跃. 这个结果是 Gibbs 现象的一个解释. 在跳跃间断点附近, Fourier 级数在间断点处大概有 9% 的跳跃（向上或者向下）.

［提示：运用习题 19 中 $S_N(f)$ 的表示.］

3.4　问题

1. 对任意的 $0<\alpha<1$, 级数

$$\sum_{n=1}^{\infty} \frac{\sin nx}{n^{\alpha}}$$

对任意的 x 都收敛, 但它不是任何一个 Riemann 可积函数的 Fourier 级数.

（a）如果把共轭 Dirichlet 核定义为

$$\widetilde{D}_N(x) = \sum_{|n| \leqslant N} \text{sign}(x) e^{inx},$$

其中

$$\text{sign}(x) = \begin{cases} 1, & \text{若 } x>0, \\ 0, & \text{若 } x=0, \\ -1, & \text{若 } x<0, \end{cases}$$

那么

$$\widetilde{D}_N(x) = \frac{\cos(x/2) - \cos((N+1/2)x)}{\sin(x/2)},$$

并且

$$\int_{-\pi}^{\pi} |\widetilde{D}_N(x)| \, dx \leqslant c \log N.$$

（b）如果 f 是 Riemann 可积的, 那么

$$(f * \widetilde{D}_N)(0) = O(\log N).$$

（c）在这种情况下, 能推出

$$\sum_{n=1}^{N} \frac{1}{n^{\alpha}} = O(\log N),$$

这就得出了矛盾.

2. 之前证明了一个重要性质：空间 $\mathcal{R}$ 中的集合 $\{e^{inx}\}_{n \in \mathbb{Z}}$ 是正交的, 并且在 f 的 Fourier 级数依范数收敛于 f 的意义下是完备的. 在练习中, 我们将考虑一个具有类似性质的例子.

在 $[-1,1]$ 上定义

$$L_n(x) = \frac{d^n}{dx^n}(x^2-1)^n, \quad n=0,1,2,\cdots,$$

那么 L_n 是一个 n 次多项式, 称作 n 次 Legendre 多项式.

（a）证明：如果函数 f 在 $[-1,1]$ 上是无限次可微的, 则

$$\int_{-1}^{1} L_n(x) f(x) dx = (-1)^n \int_{-1}^{1} (x^2-1)^n f^{(n)}(x) dx.$$

特别地，当 $m < n$ 时，证明：L_n 和 x^m 是正交的，因此 $\{L_n\}_{n=0}^{\infty}$ 是正交族.

（b）证明：

$$\|L_n\|^2 = \int_{-1}^{1} |L_n(x)|^2 \, dx = \frac{(n!)^2 2^{2n+1}}{2n+1}.$$

［提示：首先，注意到 $\|L_n\|^2 = (-1)^n (2n)! \int_{-1}^{1} (x^2-1)^n dx$. 记 $(x^2-1)^n = (x-1)^n (x+1)^n$ 并用 n 次分部积分，就得到了结果.］

（c）证明：任何和 $1, x, x^2, \cdots, x^{n-1}$ 都正交的 n 次多项式一定是 L_n 的常数倍.

（d）令 $\mathcal{L}_n = L_n / \|L_n\|$ 为标准的 Legendre 多项式. 证明：$\{\mathcal{L}_n\}$ 是通过对 $\{1, x, x^2, \cdots, x^n, \cdots\}$ 使用 Gram-Schmidt 过程得到的，并且每一个定义在 $[-1, 1]$ 上的 Riemann 可积函数 f 都有一个 Legendre 展开

$$\sum_{n=0}^{\infty} \langle f, \mathcal{L}_n \rangle \mathcal{L}_n,$$

它在均方收敛的意义下收敛于 f.

3. 令 α 是不为整数的复数.

（a）计算定义在 $[-\pi, \pi]$ 上的以 2π 为周期的函数 $f(x) = \cos(\alpha x)$ 的 Fourier 级数展开.

（b）证明下面的 Euler 公式：

$$\sum_{n=1}^{\infty} \frac{1}{n^2 - \alpha^2} = \frac{1}{2\alpha^2} - \frac{\pi}{2\alpha \tan(\alpha \pi)}.$$

对所有的 $u \in \mathbb{C} - \pi \mathbb{Z}$，

$$\cot u = \frac{1}{u} + 2 \sum_{n=1}^{\infty} \frac{u}{u^2 - n^2 \pi^2}.$$

（c）对任意的 $\alpha \in \mathbb{C} - \mathbb{Z}$，有

$$\frac{\alpha \pi}{\sin(\alpha \pi)} = 1 + 2\alpha^2 \sum_{n=1}^{\infty} \frac{(-1)^{n-1}}{n^2 - \alpha^2}.$$

（d）对所有的 $0 < \alpha < 1$，证明：

$$\int_{0}^{\infty} \frac{t^{\alpha-1}}{t+1} dt = \frac{\pi}{\sin(\alpha \pi)}.$$

［提示：把积分分成两部分 $\int_{0}^{1} + \int_{1}^{\infty}$，并对第二项做变量替换 $t = 1/u$. 那么这两个积分都化成

$$\int_{0}^{1} \frac{t^{\gamma-1}}{1+t} dt, \qquad 0 < \gamma < 1$$

的形式，可以证明它等于 $\sum_{k=0}^{\infty} \frac{(-1)^k}{k+\gamma}$. 运用（c）便能完成证明.］

4. 在这个问题中，找出一个方程来计算级数

$$\sum_{n=1}^{\infty} \frac{1}{n^k}$$

的和，其中 k 为一个偶数. 这些求和可以表示为 Bernoulli 数；与之相关的 Bernoulli 多项式，将在下一个问题中讨论.

定义 Bernoulli 数 B_n 为

$$\frac{z}{e^z - 1} = \sum_{n=0}^{\infty} \frac{B_n}{n!} z^n.$$

（a）证明：$B_0 = 1$，$B_1 = -\dfrac{1}{2}$，$B_2 = \dfrac{1}{6}$，$B_3 = 0$，$B_4 = -\dfrac{1}{30}$，并且 $B_5 = 0$.

（b）证明：对 $n \geqslant 1$，有

$$B_n = -\frac{1}{n+1} \sum_{k=0}^{n-1} \binom{n+1}{k} B_k.$$

（c）通过

$$\frac{z}{e^z - 1} = 1 - \frac{z}{2} + \sum_{n=2}^{\infty} \frac{B_n}{n!} z^n,$$

证明：当 n 是奇数且 $n > 1$ 时，$B_n = 0$. 并且有

$$z \cot z = 1 + \sum_{n=1}^{\infty} (-1)^n \frac{2^{2n} B_{2n}}{(2n)!} z^{2n}.$$

（d）zeta 函数定义为

$$\zeta(s) = \sum_{n=1}^{\infty} \frac{1}{n^s}, \qquad s > 1.$$

由结论（c），以及在上面的一个问题中得到的余切函数表示，可得

$$x \cot x = 1 - 2 \sum_{m=1}^{\infty} \frac{\zeta(2m)}{\pi^{2m}} x^{2m}.$$

（e）证明

$$2\zeta(2m) = (-1)^{m+1} \frac{(2\pi)^{2m}}{(2m)!} B_{2m}.$$

5. 定义 Bernoulli 多项式 $B_n(x)$ 为

$$\frac{z e^{xz}}{e^z - 1} = \sum_{n=0}^{\infty} \frac{B_n(x)}{n!} z^n.$$

（a）函数 $B_n(x)$ 是关于 x 的多项式，并且

$$B_n(x) = \sum_{k=0}^{n} \binom{n}{k} B_k x^{n-k}.$$

证明：$B_0(x) = 1, B_1(x) = x - 1/2, B_2(x) = x^2 - x + 1/6, B_3(x) = x^3 - \dfrac{3}{2} x^2 + \dfrac{1}{2} x.$

（b）如果 $n \geqslant 1$，那么

$$B_n(x+1) - B_n(x) = nx^{n-1},$$

如果 $n \geqslant 2$，那么

$$B_n(0) = B_n(1) = B_n.$$

（c）定义 $S_m(n) = 1^m + 2^m + \cdots + (n-1)^m$．证明

$$(m+1)S_m(n) = B_{m+1}(n) - B_{m+1}.$$

（d）证明：Bernoulli 多项式是满足如下条件的唯一不等式：

（ⅰ）$B_0(x) = 1$，（ⅱ）当 $n \geqslant 1$ 时，$B_n'(x) = nB_{n-1}(x)$，（ⅲ）当 $n \geqslant 1$ 时，

$\int_0^1 B_n(x)\mathrm{d}x = 0$，由（b），可以推出

$$\int_x^{x+1} B_n(t)\mathrm{d}t = x^n.$$

（e）计算 $B_1(x)$ 的 Fourier 级数，可以得出，对 $0 < x < 1$，有

$$B_1(x) = x - 1/2 = \frac{-1}{\pi}\sum_{k=1}^{\infty}\frac{\sin(2\pi kx)}{k}.$$

积分可得

$$B_{2n}(x) = (-1)^{n+1}\frac{2(2n)!}{(2\pi)^{2n}}\sum_{k=1}^{\infty}\frac{\cos(2\pi kx)}{k^{2n}},$$

$$B_{2n+1}(x) = (-1)^{n+1}\frac{2(2n+1)!}{(2\pi)^{2n+1}}\sum_{k=1}^{\infty}\frac{\sin(2\pi kx)}{k^{2n+1}}.$$

最后，证明当 $0 < x < 1$ 时，

$$B_n(x) = -\frac{n!}{(2\pi\mathrm{i})^n}\sum_{k \neq 0}\frac{\mathrm{e}^{2\pi\mathrm{i}kx}}{k^n}.$$

可以观察到：通过标准化和锯齿函数的可积性，可以得出 Bernoulli 多项式是可积的．

第 4 章　Fourier 级数的一些应用

> Fourier 级数以及相似的展开式很自然地涉及了曲线与曲面的一般理论. 实际上, 从分析的观点来考虑, 这一理论显然是用于处理一般函数. 因此, 我在一些几何问题中使用了 Fourier 级数, 并且在这个方向得到了一些结果, 其将在以下的文章中给出. 可以注意到我的工作只给出了一系列主要研究的开端, 这些研究无疑还可以得到更多的结果.
>
> A. Hurwitz, 1902

在之前的章节中, 通过物理学中的问题, 我们介绍了 Fourier 级数的一些基本内容. 悬锤运动与热扩散是很自然地引出一个函数的 Fourier 级数展开的两个例子. 接下来给读者介绍一些更广泛的 Fourier 分析的应用, 并且说明这些想法如何延伸到数学中的其他领域. 特别地, 考虑如下三个问题:

Ⅰ. 在 $\mathbb{R}^2$ 平面上所有简单闭曲线 l 中, 哪一条围住的面积最大?

Ⅱ. 给定一个无理数 γ, 对于数列 $n\gamma(n=1,2,3,\cdots)$ 的分数部分的分布, 有什么规律?

Ⅲ. 是否存在处处不可微的连续函数?

第一个问题显然是几何问题, 并且乍一看和 Fourier 级数没有关系. 第二个问题与数论和动力系统都有关系, 并且给出了关于 "遍历" 概念的最简单的例子. 第三个问题, 无疑是分析的问题, 经历过多次尝试后才被最终解决. 这三个问题可以利用 Fourier 级数简单直接地解决, 这一点是不平凡的.

在这一章余下的小节中, 我们回到最初引起我们兴趣的问题上来. 考虑圆上与时间有关的热方程. 这里我们的研究指向了重要但是复杂的圆上的热核. 然而, 围绕着它的基本性质的谜团要直到应用下一章中讲到的 Poisson 求和公式, 才能完全地解决.

4.1　等周不等式

令 Γ 为平面上一条没有自相交的闭曲线. 同时, 记 l 为 Γ 的长度, A 为 Γ 包围的区域的面积. 现在的问题就是判断对于给定 l 的 Γ, 哪一条闭曲线有最大的 A

（若这样的曲线存在）.

图 4.1 同胚问题

些许的尝试与直觉表明答案应该是圆. 这一论断可由如下的探索过程得到. 曲线可被视为桌子上放平的一段闭合的线. 如果曲线围成的区域不是凸的，可以翻转这部分来增加区域的面积. 并且，通过计算一些简单的例子，可以确信曲线的某一部分越 "平"，它在围成的面积中的影响越小. 因此我们希望最大化曲线上每一点的 "圆度". 虽然圆是一个正确的猜想，但是将上述的想法严格化是一件困难的事情. 解决等周问题的关键想法包含了 Fourier 级数的 Parseval 等式. 不过，在得到问题的答案之前，必须定义简单闭曲线以及它的长度的概念，还有它围成的区域的面积是什么含义.

4.1.1 曲线、长度和面积

一条参数化的曲线 γ 为一个映射

$$\gamma : [a,b] \to \mathbb{R}^2.$$

γ 的图像为平面上的一个点集，称为一条曲线，记为 Γ. 若 Γ 不是自相交的，称其为简单曲线. 若它的两个端点重合，称其为闭曲线. 在上述的参数化形式下，两种情况可表示为 $\gamma(s_1) \neq \gamma(s_2)$（除非 $s_1 = a$ 和 $s_2 = b$，此时有 $\gamma(a) = \gamma(b)$）. 可以将 γ 延拓为 $\mathbb{R}$ 上周期为 $b-a$ 的周期函数，因此可以把 γ 视为圆上的函数. 可以假定这些曲线有一定的连续性，比如 γ 是 C^1 类的，以及它的导数 γ' 满足 $\gamma'(s) \neq 0$. 总之，这些假设保证 Γ 每一点处切线存在，并且随着曲线的变化而连续变化. 进一步地，当参数 s 从 a 变化到 b 时，参数式 γ 在 Γ 上诱导了一个方向.

对于任意 C^1 的双射 $s : [c,d] \to [a,b]$，通过公式

$$\eta(t) = \gamma(s(t))$$

可以给出 Γ 的另一种参数式，显然，对于给定的参数式，Γ 是否为闭的或是简单的是独立于参数表达式的. 称两个参数式 γ 和 η 是等价的，若对于所有的 t，$s'(t) > 0$；这意味着 γ 和 η 在曲线 Γ 上诱导了相同的方向. 如果 $s'(t) < 0$，则 η 是反向的.

若 Γ 通过 $\gamma(s) = (x(s), y(s))$ 参数化定义，则曲线 Γ 的长度定义为

$$l = \int_a^b |\gamma'(s)| \, \mathrm{d}s = \int_a^b (x'(s)^2 + y'(s)^2)^{1/2} \, \mathrm{d}s.$$

曲线 Γ 的长度是它的固有属性，不依赖于参数式. 为表明这一点，假定 $\eta(t) =$

$\gamma(s(t))$. 通过变量替换公式与链式法则，有

$$\int_a^b |\gamma'(s)|\,\mathrm{d}s = \int_c^d |\gamma'(s(t))||s'(t)|\,\mathrm{d}t = \int_c^d |\eta'(t)|\,\mathrm{d}t,$$

正如上述. 在下面定理的证明中，我们将使用 Γ 参数式的一种特殊形式. 称 γ 是弧长化的参数式，若对于所有的 s，$|\gamma'(s)|=1$. 这意味着，$\gamma(s)$ 以一个常速变化，从而，Γ 的长度精确地为 $b-a$. 因此，经过一个可行的变换，一个弧长化的参数式可以在 $[0,l]$ 上定义. 任意曲线都有一个弧长化的参数式（练习 1）.

现在回到等周问题上来. 给出一条简单闭曲线围成的区域 $\mathcal{A}$ 的面积的准确公式的工作涉及许多艰深的问题. 在许多简单情况下，很显然面积可由如下的积分式

$$\mathcal{A} = \frac{1}{2}\left|\int_\Gamma (x\,\mathrm{d}y - y\,\mathrm{d}x)\right|$$

$$= \frac{1}{2}\left|\int_a^b (x(s)y'(s) - y(s)x'(s))\,\mathrm{d}s\right|; \tag{4.1.1}$$

给出例子见练习 3.

因此在计算其结果时，为了简便，采用式（4.1.1）作为面积的定义式. 这种方法可以给出等周不等式的一个快速简洁的证明. 在证明之后会发现这种简化遗留下来的一系列未解决的问题.

4.1.2　等周不等式的内容与证明

定理 4.1.1　假定 Γ 是 $\mathbb{R}^2$ 中一条长为 l 的简单闭曲线，记 $\mathcal{A}$ 为这条曲线围成的区域的面积. 则

$$\mathcal{A} \leqslant \frac{l^2}{4\pi},$$

等号当且仅当 Γ 为圆时成立.

首先，可以重新构造这一问题. 也就是可按照如下的因子 $\delta > 0$ 改变测量的单位. 考虑映射 $(x,y) \to (\delta x, \delta y)$，它把平面 $\mathbb{R}^2$ 映射到自身. 观察曲线长度的公式，可知若曲线 Γ 的长度为 l，则它在这个映射下的象长度为 δl. 因此这一操作将长度扩大或缩小了 δ 倍（取决于 $\delta > 1$ 或 $\delta < 1$）. 类似地，可以看出这一映射将面积扩大或缩小了 δ^2. 令 $\delta = 2\pi/l$，则只需证明若 $l = 2\pi$，则 $\mathcal{A} \leqslant \pi$，等号当且仅当 Γ 为圆时成立.

令 $\gamma : [0,2\pi] \to \mathbb{R}^2$，满足 $\gamma(s) = (x(s), y(s))$ 为曲线 Γ 的弧长化的参数式，也就是说，$x'(s)^2 + y'(s)^2 = 1$，对所有的 $s \in [0,2\pi]$. 这表明

$$\frac{1}{2\pi}\int_0^{2\pi} (x'(s)^2 + y'(s)^2)\,\mathrm{d}s = 1. \tag{4.1.2}$$

因为曲线是闭的，函数 $x(s)$ 和 $y(s)$ 是以 2π 为周期的，所以可以考虑其 Fourier 级数

$$x(s) \sim \sum a_n \mathrm{e}^{ins} \quad 和 \quad y(s) \sim \sum b_n \mathrm{e}^{ins}.$$

然后，根据第 2 章第 2 节的注记，有

$$x'(s) \sim \sum a_n \, \mathrm{in} \, \mathrm{e}^{\mathrm{i}ns} \quad \text{和} \quad y'(s) \sim \sum b_n \, \mathrm{in} \, \mathrm{e}^{\mathrm{i}ns}.$$

对式（4.1.2）应用 Parseval 等式，得到

$$\sum_{n=-\infty}^{\infty} |n|^2 (|a_n|^2 + |b_n|^2) = 1. \tag{4.1.3}$$

现在对 $\mathcal{A}$ 的定义式应用 Parseval 等式的双线性形式（第 3 章引理 3.1.5）. 因为 $x(s)$ 和 $y(s)$ 是实值的，故有 $a_n = \overline{a_{-n}}$ 和 $b_n = \overline{b_{-n}}$，因此可知

$$\mathcal{A} = \frac{1}{2} \left| \int_0^{2\pi} (x(s)y'(s) - y(s)x'(s)) \mathrm{d}s \right| = \pi \left| \sum_{n=-\infty}^{\infty} n(a_n \overline{b_n} - b_n \overline{a_n}) \right|.$$

接下来观察到

$$|a_n \overline{b_n} - b_n \overline{a_n}| \leqslant 2|a_n||b_n| \leqslant |a_n|^2 + |b_n|^2. \tag{4.1.4}$$

因为 $|n| \leqslant |n|^2$，用式（4.1.3）得

$$\mathcal{A} \leqslant \pi \sum_{n=-\infty}^{\infty} |n|^2 (|a_n|^2 + |b_n|^2) \leqslant \pi.$$

当 $\mathcal{A} = \pi$ 时，因为 $|n| \geqslant 2$ 故有 $|n| \leqslant |n|^2$，从上述讨论中可知

$$x(s) = a_{-1}\mathrm{e}^{-\mathrm{i}s} + a_0 + a_1 \mathrm{e}^{\mathrm{i}s} \quad \text{和} \quad y(s) = b_{-1}\mathrm{e}^{-\mathrm{i}s} + b_0 + b_1 \mathrm{e}^{\mathrm{i}s}.$$

可知 $x(s)$ 和 $y(s)$ 是实值的，所以 $a_{-1} = \overline{a_1}$ 和 $b_{-1} = \overline{b_1}$. 式（4.1.3）表明 $2(|a_1|^2 + |b_1|^2) = 1$. 式（4.1.4）中等号成立，则 $|a_1| = |b_1| = 1/2$. 记

$$a_1 = \frac{1}{2}\mathrm{e}^{\mathrm{i}\alpha} \quad \text{和} \quad b_1 = \frac{1}{2}\mathrm{e}^{\mathrm{i}\beta},$$

$1 = 2|a_1 \overline{b_1} - \overline{a_1} b_1|$ 表明 $|\sin(\alpha - \beta)| = 1$，因此当 k 为奇数时，$\alpha - \beta = k\pi/2$. 从中可得

$$x(s) = a_0 + \cos(\alpha + s) \quad \text{和} \quad y(s) = b_0 \pm \sin(\alpha + s).$$

其中 $y(s)$ 表达式中的符号取决于 $(k-1)/2$ 的奇偶性. 可以看出无论哪种情况，等号成立仅当 Γ 是一个圆. 证明完毕.

上述的证明（1901 年由 Hurwitz 给出）十分简洁，但是也遗留了一些未解决的重要问题. 下面列举一些. 假定 Γ 是一条简单的闭曲线.

（1）如何定义"Γ 围成的区域"？

（2）这一区域的"面积"的几何定义是什么？它与式（4.1.1）中的定义一致吗？

（3）这些结果能推广到更一般的"可求长"曲线，也就是说长度有限的，简单闭曲线上去吗？

这些问题的解释与其他许多分析中有意义的观点有关. 在这系列丛书的随后内容中，我们还会讨论这些问题.

4.2 Weyl 等分布定理

现在将 Fourier 级数中的想法应用到一个与无理数性质有关的问题上来. 先讨

论同余，一个与主要问题有关的概念.

4.2.1　实数以整数取模

若 x 为一个实数，记 $[x]$ 为不大于 x 的最大整数，称量 $[x]$ 为 x 的整数部分，x 的分数部分则定义为 $<x>=x-[x]$. 特别地，对所有 $x\in\mathbb{R}$，$<x>\in[0,1)$. 举个例子，2.7 的整数部分和分数部分分别为 2 和 0.7，-3.4 的整数部分和分数部分分别为 -4 和 0.6. 定义 $\mathbb{R}$ 上的一个等价关系，或者说同余关系为：若 $x-y\in\mathbb{Z}$，则记

$$x=y\mod\mathbb{Z}\quad 或\quad x=y\mod1.$$

这意味着如果两个实数相差一个整数，则把它们看作是一样的. 观察到每个实数恰好与 $[0,1)$ 区间中唯一一个实数等价，也就恰好是它的分数部分. 实际上，考虑一个实数以整数取模意味着只考虑它的分数部分而忽视整数部分.

现在考虑一个不为零的实数 $\gamma\neq0$，观察序列 $\gamma,2\gamma,3\gamma,\cdots$. 一个有趣的问题是如果将序列以整数取模会有什么影响，即考虑分数部分的序列

$$<\gamma>,<2\gamma>,<3\gamma>,\cdots.$$

这里有一些简单的结果：

（1）如果 γ 是有理数，那么只有有限多个不同的数出现在 $<n\gamma>$ 中.

（2）如果 γ 是无理数，那么 $<n\gamma>$ 中所有的数都不同.

实际上，对于（1），若 $\gamma=p/q$，则序列的前 q 项为

$$<p/q>,<2p/q>,\cdots,<(q-1)p/q>,<qp/q>=0.$$

之后序列开始循环前 q 项，因为

$$<(q+1)p/q>=<1+p/q>=<p/q>,$$

练习 6 给出了更好的结果.

对于（2），假设存在两个相同的数，立即有对于某些 $n_1\neq n_2$，存在 $<n_1\gamma>=<n_2\gamma>$. 则 $n_1\gamma-n_2\gamma\in\mathbb{Z}$，因此 γ 是有理数. 事实上，Kronecker 证明了，如果 γ 是无理数，那么 $<n\gamma>$ 在 $[0,1)$ 中是稠密的. 换句话说，$<n\gamma>$ 与 $[0,1)$ 的每个子集都相交（而且相交无穷次）. 我们将把它作为一个更深入的研究 $<n\gamma>$ 分布的定理的一个推论给出.

称 $[0,1)$ 中的序列 $\xi_1,\xi_2,\cdots,\xi_n,\cdots$ 是等分布的，若对于任意区间 $(a,b)\subset[0,1)$，

$$\lim_{N\to\infty}\frac{\#\{1\leqslant n\leqslant N:\xi_n\in(a,b)\}}{N}=b-a,$$

此处 $\#A$ 意为有限集 A 的基数. 这意味着，对于足够大的 N，当 $n\leqslant N$ 时，$\xi_n\in(a,b)$ 的比例等于区间 (a,b) 的长度与区间 $[0,1)$ 的长度之比. 换句话说，序列 ξ_n 平均的扫过了整个区间，每个子集中有相同的分布. 显然，序列的排序十分重要. 下面两个例子说明了这一点.

例 4.2.1　序列

$$0, \frac{1}{2}, 0, \frac{1}{3}, \frac{2}{3}, 0, \frac{1}{4}, \frac{2}{4}, \frac{3}{4}, 0, \frac{1}{5}, \frac{2}{5}, \cdots$$

显然是等分布的, 因为它平均地遍历了 $[0,1)$ 区间. 当然这不是一个证明, 请读者给出一个严格的证明. 有关的例子请见练习 8 中 $\sigma=1/2$ 的情况.

例 4.2.2 令 $\{r_n\}_{n=1}^{\infty}$ 为 $[0,1)$ 区间中有理数的排序, 序列定义为

$$\xi_n = \begin{cases} r_{n/2}, n \text{ 为偶数}, \\ 0, \quad n \text{ 为奇数}, \end{cases}$$

它不是等分布的, 因为序列的 "一半" 都是零. 然而, 这个序列显然是稠密的.

下面是本节的主要定理.

定理 4.2.3 若 γ 是无理数, 则分数部分的序列 $<\gamma>, <2\gamma>, <3\gamma>, \cdots$ 在 $[0,1)$ 中是等分布的.

特别地, $<n\gamma>$ 在 $[0,1)$ 中是稠密的. Kronecker 的定理可以作为它的推论. 在图 4.2 中, 当 $\gamma=\sqrt{2}$ 时, 给出了在三个不同的 N 下, 点集 $<\gamma>, <2\gamma>, \cdots, <N\gamma>$ 的情况.

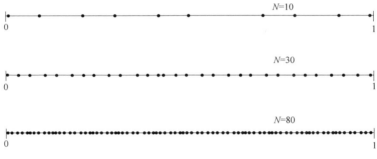

图 4.2 $\gamma=\sqrt{2}$ 时的序列 $\langle\gamma\rangle, \langle2\gamma\rangle, \langle3\gamma\rangle, \cdots, \langle N\gamma\rangle$

固定 $(a,b) \subset [0,1)$, 令 $\chi_{(a,b)}(x)$ 为 (a,b) 的特征函数. 即函数在 (a,b) 为 1, 在 $[0,1)-(a,b)$ 为 0. 将其以 1 为周期延拓到 $\mathbb{R}$ 上, 把这一延拓仍然记为 $\chi_{(a,b)}(x)$. 容易得到

$$\#\{1 \leqslant n \leqslant N : <n\gamma> \in (a,b)\} = \sum_{n=1}^{N} \chi_{(a,b)}(n\gamma).$$

于是定理成立, 等价于当 $N \to \infty$ 时,

$$\frac{1}{N} \sum_{n=1}^{N} \chi_{(a,b)}(n\gamma) \to \int_0^1 \chi_{(a,b)}(x) \mathrm{d}x.$$

这一步操作简化了处理分数部分的难度, 并将数论问题变为分析问题.

问题的核心在于以下的结果.

引理 4.2.4 若 f 是连续函数, 且以 1 为周期. γ 为无理数, 则当 $N \to \infty$ 时,

$$\frac{1}{N} \sum_{n=1}^{N} f(n\gamma) \to \int_0^1 f(x) \mathrm{d}x.$$

引理的证明分为三步.

第一步：首先验证 f 为指数函数 1，$e^{2\pi ix}$，$\cdots$，$e^{2\pi ikx}$，$\cdots$ 时极限的存在性. 若 $f=1$，则极限显然存在. 若 $f=e^{2\pi ikx}$（$k\neq 0$），则积分为零. 因为 γ 是无理数，有 $e^{2\pi ik\gamma}\neq 1$. 因此，当 $N\to\infty$ 时，

$$\frac{1}{N}\sum_{n=1}^{N}f(n\gamma)=\frac{e^{2\pi ik\gamma}}{N}\,\frac{1-e^{2\pi ikN\gamma}}{1-e^{2\pi ik\gamma}}$$

趋于 0.

第二步：若 f 和 g 满足引理，显然对于任意 A，$B\in\mathbb{C}$，$Af+Bg$ 也满足引理. 因此，第一步意味着引理对于所有的三角多项式成立.

第三步：令 $\varepsilon>0$. f 为任意周期为 1 的连续函数. 选定三角多项式 P 满足 $\sup\limits_{x\in\mathbb{R}}|f(x)-P(x)|<\varepsilon/3$（根据第 2 章推论 2.5.4）. 则由第一步，对于足够大的 N，有

$$\left|\frac{1}{N}\sum_{n=1}^{N}P(n\gamma)-\int_{0}^{1}P(x)\,\mathrm{d}x\right|<\varepsilon/3.$$

因此

$$\begin{aligned}
\left|\frac{1}{N}\sum_{n=1}^{N}f(n\gamma)-\int_{0}^{1}f(x)\,\mathrm{d}x\right|\leqslant{}&\frac{1}{N}\sum_{n=1}^{N}|f(n\gamma)-P(n\gamma)|\\
&+\left|\frac{1}{N}\sum_{n=1}^{N}P(n\gamma)-\int_{0}^{1}P(x)\,\mathrm{d}x\right|\\
&+\int_{0}^{1}|P(x)-f(x)|\,\mathrm{d}x\\
&<\varepsilon,
\end{aligned}$$

从而引理得证.

现在完成定理的证明. 选择两个周期为 1 的连续函数 f_{ε}^{+} 和 f_{ε}^{-}，使得它们分别从上下逼近 $\chi_{(a,b)}(x)$；f_{ε}^{+} 和 f_{ε}^{-} 均以 1 为界，并且除了一个长度不大于 2ε 的区间之外与 $\chi_{(a,b)}(x)$ 相等（见图 4.3）.

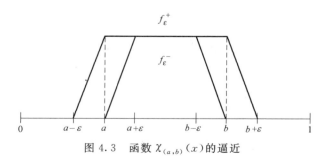

图 4.3　函数 $\chi_{(a,b)}(x)$ 的逼近

特别地，$f_{\varepsilon(x)}^{-}<\chi_{(a,b)}(x)<f_{\varepsilon(x)}^{+}$，

$$b - a - 2\varepsilon \leqslant \int_0^1 f_\varepsilon^-(x)\,\mathrm{d}x \quad \text{和} \quad \int_0^1 f_\varepsilon^+(x)\,\mathrm{d}x \leqslant b - a + 2\varepsilon.$$

若 $S_N = \dfrac{1}{N}\sum_{n=1}^N \chi_{(a,b)}(n\gamma)$，则有

$$\frac{1}{N}\sum_{n=1}^N f_\varepsilon^-(n\gamma) \leqslant S_N \leqslant \frac{1}{N}\sum_{n=1}^N f_\varepsilon^+(n\gamma).$$

因此，

$$b - a - 2\varepsilon \leqslant \liminf_{N\to\infty} S_N \quad \text{和} \quad \limsup_{N\to\infty} S_N \leqslant b - a + 2\varepsilon.$$

因为对所有 $\varepsilon > 0$ 这都是对的，所以 $\lim\limits_{N\to\infty} S_N$ 存在且必等于 $b-a$. 这样就完成了等分布定理的证明.

推论 4.2.5　引理式（4.2.4）的结论对于所有周期为 1 的，在 $[0,1]$ 上 Riemann 可积的函数都成立.

证明　假设 f 是实值的，考虑 $[0,1]$ 区间的一个划分 $0 = x_0 < x_1 < \cdots < x_N = 1$. 定义 $f_U(x) = \sup\limits_{x_{j-1}\leqslant y\leqslant x_j} f(y)$，若 $x \in [x_{j-1}, x_j)$ 以及 $f_L(x) = \inf\limits_{x_{j-1}\leqslant y\leqslant x_j} f(y)$，若 $x \in (x_{j-1}, x_j)$. 则显然有 $f_L \leqslant f \leqslant f_U$，且

$$\int_0^1 f_L(x)\,\mathrm{d}x \leqslant \int_0^1 f(x)\,\mathrm{d}x \leqslant \int_0^1 f_U(x)\,\mathrm{d}x.$$

进一步地，选择合适的划分，可以保证对于给定的 $\varepsilon > 0$，

$$\int_0^1 f_U(x)\,\mathrm{d}x - \int_0^1 f_L(x)\,\mathrm{d}x \leqslant \varepsilon,$$

但是

$$\frac{1}{N}\sum_{n=1}^N f_L(n\gamma) \to \int_0^1 f_L(x)\,\mathrm{d}x.$$

根据定理，因为每个 f_L 是区间的特征函数的有限线性组合；类似地，有

$$\frac{1}{N}\sum_{n=1}^N f_U(n\gamma) \to \int_0^1 f_U(x)\,\mathrm{d}x.$$

根据这两点，可以用和先前类似的方法证明推论. □

对于动力系统，上述引理和推论有一个有趣的事实. 在这个例子中，基本空间是极坐标化的圆. 考虑这个空间到自身的映射：这里，选择将圆旋转角度 $2\pi\gamma$ 的映射 ρ，即变换 $\rho : \theta \mapsto \theta + 2\pi\gamma$.

接下来考虑这个空间在 ρ 的作用下如何变化. 也就是说，考虑 ρ 的迭代 ρ，ρ^2，ρ^3，$\cdots$，ρ^n，即

$$\rho^n = \rho \circ \rho \circ \cdots \circ \rho : \mapsto \theta + 2\pi n\gamma,$$

此时看作作用 ρ^n 发生在时间 $t = n$.

对于圆上的黎曼可积函数，考虑相应的旋转 ρ 的影响. 得到函数序列

$$f(\theta), f(\rho(\theta)), f(\rho^2(\theta)), \cdots, f(\rho^n(\theta)), \cdots,$$

此处 $f(\rho^n(\theta)) = f(\theta + 2\pi n\gamma)$. 在这种特殊情况下，这个系统的遍历性是，当 γ 为无理数时，它的"时间平均"

$$\lim_{N\to\infty}\frac{1}{N}\sum_{n=1}^{N}f(\rho^n(\theta))$$

对于每一个 θ 都存在，且等于"空间平均"

$$\frac{1}{2\pi}\int_0^{2\pi}f(\theta)\,\mathrm{d}\theta.$$

事实上，这一论断只是对推论式（4.2.5）的复述，我们只需作变量替换 $\theta = 2\pi x$.

回到等分布序列的问题上来. 定理式（4.2.3）的证明给出了如下的性质.

Weyl 准则：一个 $[0,1)$ 中的实数序列是等分布的，当且仅当对于所有的整数 $k \neq 0$，当 $N \to \infty$ 时，可得

$$\frac{1}{N}\sum_{n=1}^{N}e^{2\pi ik\xi_n} \to 0.$$

定理的一个方向已经在上文证明，另一方向见练习 7. 特别地，考虑序列 ξ_n 的等分布性质，等价于估计"指数和" $\sum_{n=1}^{N}e^{2\pi ik\xi_n}$ 的大小. 举个例子，利用 Weyl 准则，可以发现当 γ 是无理数时，序列 $<n^2\gamma>$ 是等分布的. 这个例子以及其他一些例子可以在练习 8、9，问题 2、3 中找到.

我们来看一个序列 $<n\gamma>$ 的等分布性质的漂亮的几何解释作为最后的注解. 假设一个正方形的边都是反射镜，一束光从正方形中某一点出发. 光走的路径将会是怎样的？

解决这一问题的主要想法是考虑由最初的正方形不断翻转构成的网格. 选取合适的坐标轴，光在正方形中的路径等价于平面中的直线 $P + (t, \gamma t)$. 从而，读者可以发现这一路径要么是闭合且周期往复的，要么是在正方形中稠密的. 第一种情况当且

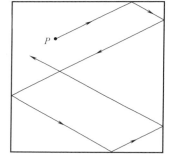

图 4.4　在方体中射线光的反射

仅当光最初的方向斜率 γ（与正方形的一边有关）为有理数，第二种情况，即 γ 是无理数，稠密性来源于 Kronecker 定理. 那么，从等分布定理能推出的更强的结论是什么呢？

4.3　处处不可微的连续函数

有很多显然在某一点处不可微的连续函数的例子，如 $f(x) = |x|$. 构造一个在给定的有限点集上不可微的连续函数也是简单的，甚至在可数多的点集上也是可以构造的. 一个有趣的问题是，是否存在处处不可微的连续函数. 在 1861 年，Riemann 猜想下述函数

$$R(x) = \sum_{n=1}^{\infty} \frac{\sin(n^2 x)}{n^2} \tag{4.3.1}$$

是处处不可微的. 他考虑这一函数是因为它与第 5 章介绍的 θ 函数的紧密关系. Riemann 没有给出证明，但是在他的报告中提及了这个例子. 这引起了 Weierstrass 寻找证明的兴趣，最终给出了第一个处处不可微的连续函数的例子. 1872 年他证明，给定 $0<b<1$ 和整数 $a>1$，如果 $ab>1+3\pi/2$，则函数

$$W(x) = \sum_{n=1}^{\infty} b^n \cos(a^n x)$$

处处不可微.

但是在对 Riemann 的例子给出结论之前，这件事情还没结束. 1916 年，Hardy 证明在 π 的所有无理数倍上，R 不可微，在特定的 π 的有理数倍上也不可微. 直到 1969 年，Gerver 彻底解决了这个问题，证明了在形如 $\pi p/q$（p 和 q 为奇数）的 π 的有理数倍上，R 是可微的，同时其余情况下，R 不可微.

这一节中，我们将证明如下定理.

定理 4.3.1　若 $0<\alpha<1$，则函数

$$f_\alpha(x) = f(x) = \sum_{n=0}^{\infty} 2^{-n\alpha} e^{i2^n x}$$

连续但是处处不可微.

由级数的绝对收敛性，连续性是显然的. f 的关键性质是它的大多数 Fourier 系数为零. 像上式或 $W(x)$ 那样缺少很多项的 Fourier 级数，称为一个缺项 Fourier 级数.

这个定理的证明实际上是 Fourier 级数的三种求和方式. 首先，对于部分和有一个平凡的收敛 $S_N(g) = g * D_N$. 其次，有 Cesàro 求和 $\sigma_N(g) = g * F_N$，其中 F_N 是 Fejér 核. 第三种方法，与第二种是有关系的，考虑推延平均

$$\Delta_N(g) = 2\sigma_{2N}(g) - \sigma_N(g).$$

则有 $\Delta_N(g) = g * [2F_{2N} - F_N]$. 这些方法由图 4.5 直观表示.

假定 $g(x) \sim \sum a_n e^{inx}$. 则

（1）S_N 在 $|n| \leqslant N$ 时，增加 $a_n e^{inx}$ 的 1 倍，在 $|n|>N$ 时，增加 0 倍.

（2）σ_N 在 $|n| \leqslant N$ 时，增加 $a_n e^{inx}$ 的 $1 - |n|/N$ 倍，在 $|n|>N$ 时，增加 0 倍.

（3）Δ_N 在 $|n| \leqslant N$ 时，增加 $a_n e^{inx}$ 的 1 倍，在 $N \leqslant |n| \leqslant 2N$ 时，增加 $2(1 - |n|/(2N))$ 倍，在 $|n|>2N$ 时，增加 0 倍.

例如，

$$\sigma_N(g)(x) = \frac{S_0(g)(x) + S_1(g)(x) + \cdots + S_{N-1}(g)(x)}{N}$$

$$= \frac{1}{N} \sum_{l=0}^{N-1} \sum_{|k| \leqslant l} a_k e^{ikx}$$

$$= \frac{1}{N} \sum_{|n| \leqslant N} (N - |n|) a_n \mathrm{e}^{\mathrm{i}nx}$$

$$= \sum_{|n| \leqslant N} \left(1 - \frac{|n|}{N}\right) a_n \mathrm{e}^{\mathrm{i}nx}.$$

对其他情况的证明类似.

推延平均有两个特点. 一方面, 它的性质与 Cesàro 平均中好的性质有关, 另一方面, 对于像 f 这样的缺项的级数, 推延平均基本上和部分和是相等的. 特别地, 对函数 $f = f_a$ 有

$$S_N(f) = \Delta_{N'}(f), \quad (4.3.2)$$

其中 N' 是不大于 N 的符合 2^k 形式的最大整数. 观察图 4.5 和 f 的定义, 这一点是显然的.

下面使用反证法证明, 即假设对于某些 x_0, $f'(x_0)$ 存在.

引理 4.3.2　令 g 为任意的在 x_0 处可微的连续函数. 则其 Cesàro 平均满足 $\sigma_N(g)'(x_0) = O(\log N)$. 因此

$$\Delta_N(g)'(x_0) = O(\log N).$$

证明　首先, 有

$$\sigma_N(g)'(x_0) = \int_{-\pi}^{\pi} F_N'(x_0 - t) g(t) \mathrm{d}t$$

$$= \int_{-\pi}^{\pi} F_N'(t) g(x_0 - t) \mathrm{d}t.$$

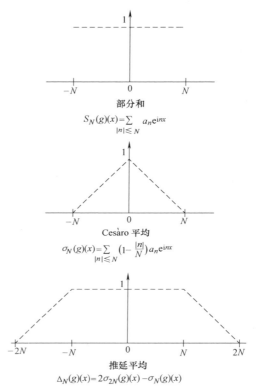

部分和

$$S_N(g)(x) = \sum_{|n| \leqslant N} a_n \mathrm{e}^{\mathrm{i}nx}$$

Cesàro 平均

$$\sigma_N(g)(x) = \sum_{|n| \leqslant N} \left(1 - \frac{|n|}{N}\right) a_n \mathrm{e}^{\mathrm{i}nx}$$

推延平均

$$\Delta_N(g)(x) = 2\sigma_{2N}(g)(x) - \sigma_N(g)(x)$$

图 4.5　三种求和方式

其中 F_N 是 Fejér 核. 因为 F_N 是周期性的, 故有 $\int_{-\pi}^{\pi} F_N'(t) \mathrm{d}t = 0$. 这意味着

$$\sigma_N(g)'(x_0) = \int_{-\pi}^{\pi} F_N'(t) [g(x_0 - t) - g(x_0)] \mathrm{d}t.$$

假设 g 在 x_0 处可微, 则有

$$|\sigma_N(g)'(x_0)| \leqslant C \int_{-\pi}^{\pi} |F_N'(t)| |t| \mathrm{d}t.$$

现在注意到 F_N' 有两个估计

$$|F_N'(t)| \leqslant AN^2 \quad \text{和} \quad |F_N'(t)| \leqslant \frac{A}{|t|^2}.$$

从第一个不等式, 联想到 F_N 是一个系数界为 1 的, N 度的三角不等式. 因此,

F'_N 是一个系数不大于 N 的，N 度的三角不等式. 从而 $|F'(t)| \leqslant (2N+1)N \leqslant AN^2$.

从第二个不等式，联想到

$$F_N(t) = \frac{1}{N} \frac{\sin^2(Nt/2)}{\sin^2(t/2)},$$

两边取微分

$$\frac{\sin(Nt/2)\cos(Nt/2)}{\sin^2(t/2)} - \frac{1}{N} \frac{\cos(t/2)\sin^2(Nt/2)}{\sin^3(t/2)}$$

利用 $|\sin(Nt/2)| \leqslant CN|t|$ 和 $|\sin(t/2)| \geqslant c|t|$（对 $|t| \leqslant \pi$），即可得到对 $F'_N(t)$ 的想要的估计.

综合上述所有估计，有

$$|\sigma_N(g)'(x_0)| \leqslant C \int_{|t| \geqslant 1/N} |F'_N(t)||t|\,\mathrm{d}t + C \int_{|t| \leqslant 1/N} |F'_N(t)||t|\,\mathrm{d}t$$

$$\leqslant CA \int_{|t| \geqslant 1/N} \frac{\mathrm{d}t}{|t|} + CAN \int_{|t| \leqslant 1/N} \mathrm{d}t$$

$$= O(\log N) + O(1)$$

$$= O(\log N).$$

联系 $\triangle_N(g)$ 的定义，引理的证明即可完成 □

引理 4.3.3 若 $2N = 2^n$，则

$$\triangle_{2N}(f) - \triangle_N(f) = 2^{-na} \mathrm{e}^{\mathrm{i}2^n x}.$$

因为 $\triangle_{2N}(f) = S_{2N}(f)$ 和 $\triangle_N(f) = S_N(f)$，这个结论容易从先前的式 (4.3.2) 中得出.

现在，由第一个引理，得

$$\triangle_{2N}(f)'(x_0) - \triangle_N(f)'(x_0) = O(\log N).$$

由第二个引理，得

$$|\triangle_{2N}(f)'(x_0) - \triangle_N(f)'(x_0)| = 2^{n(1-a)} \geqslant cN^{1-a}.$$

这就有了矛盾，因为 N^{1-a} 的增长速度比 $\log N$ 快.

下面是对于函数 $f_a(x) = \sum_{n=0}^{\infty} 2^{-na} \mathrm{e}^{\mathrm{i}2^n x}$ 的一些附加的注解.

它与上面例子中的 R 和 W 不同，是复值的. 所以 f_a 的处处不可微性不意味着它的实部和虚部也有相同的性质. 但是，稍稍改动证明过程，可以得到，f_a 的实部

$$\sum_{n=0}^{\infty} 2^{-na} \cos 2^n x$$

以及虚部，都是处处不可微的. 为得到这一点，首先注意到用同样的方法，可以证明引理有一般化的结果：若 g 是在 x_0 处可微的连续函数，则

$$\triangle_N(g)'(x_0+h) = O(\log N), \quad 只要，|h| \leqslant c/N.$$

现在看 $F(x)=\sum\limits_{n=0}^{\infty}2^{-na}\cos 2^{n}x$，$\Delta_{2N}(F)-\Delta_{N}(F)=2^{-na}\cos 2^{n}x$. 所以，假设 F 在 x_0 处是可微的，有

$$|2^{n(1-a)}\sin(2^n(x_0+h))|=O(\log N).$$

当 $2N=2^n$ 时，$|h|\leqslant c/N$. 为了得到矛盾，只需选择 h 满足 $|\sin(2^n(x_0+h))|=1$，这一点可以通过令 δ 为 $2^n x_0$ 到 $(k+1/2)\pi$，$k\in\mathbb{Z}$ 的距离，再令 $h=\pm\delta/2^n$ 得到.

　　显然，当 $\alpha>1$，f_α 是可微的连续函数，因为可以逐项求微分. 最后，通过一个合适的改进，可以将 $\alpha<1$ 时的处处不可微性推广到 $\alpha=1$ 的情况（见第 5 章问题 8）. 事实上，利用更复杂的方法，可以证明 Weierstrass 函数在 $ab\geqslant 1$ 时是处处不可微的.

4.4　圆上的热方程

　　作为最后的例子，让我们回到 Fourier 最开始考虑的热扩散问题上来.

　　假设给定环上 $t=0$ 时最初的温度分布，现在考虑描述 $t>0$ 时环上点的温度.

　　这个环由单位圆构成. 圆上的一点用它的角度 $\theta=2\pi x$ 描述，此时变量 x 的范围是 0 到 1. 若记 $u(x,t)$ 为 θ 代表的点在 t 时刻的温度，则用第 1 章中类似的做法，有 u 满足微分方程

$$\frac{\partial u}{\partial t}=c\frac{\partial^2 u}{\partial x^2}, \tag{4.4.1}$$

此处常数是与环的材料有关的一个正物理常数（见第 1 章 2.1 节）. 可以调节合适的时间变量，为此可以假定 $c=1$. 如果 f 是初始状态，即有初态

$$u(x,0)=f(x),$$

为了解决问题，分离变量，考虑特殊形式的解

$$u(x,t)=A(x)B(t).$$

将 u 代入热方程，有

$$\frac{B'(t)}{B(t)}=\frac{A''(x)}{A(x)}.$$

两边都是常数，不妨设为 λ. 因为 A 是以 1 为周期的，则唯一的可能是 $\lambda=-4\pi^2 n^2$，$n\in\mathbb{Z}$. 那么 A 是指数函数 $e^{2\pi inx}$ 和 $e^{-2\pi inx}$ 的线性组合，$B(t)$ 是 $e^{-4\pi^2 n^2 t}$ 的倍数. 考虑所有的情况，则有

$$u(x,t)=\sum_{n=-\infty}^{\infty}a_n e^{-4\pi^2 n^2 t}e^{2\pi inx}. \tag{4.4.2}$$

此时，令 $t=0$，可以看到 $\{a_n\}$ 是 f 的 Fourier 系数.

　　注意到 f 是 Riemann 可积的，系数 a_n 是有界的. 因为因子 $e^{-4\pi^2 n^2 t}$ 快速地趋于 0，因此 u 的定义式是收敛的. 事实上，在这种情况下，u 是二阶可微的，并且是方程（4.4.1）的解.

与有界性相关的一个自然的问题如下：当 t 趋于 0 时，是否有 $u(x,t) \to f(x)$，并且是在什么意义下收敛？简单的应用 Parseval 等式，可知这个极限在均方意义下收敛（练习 11）. 为了更好地理解式（4.4.2）的性质，将其写为

$$u(x,t) = (f * H_t)(x),$$

其中 H_t 是圆的热核，定义为

$$H_t(x) = \sum_{n=-\infty}^{\infty} e^{-4\pi^2 n^2 t} e^{2\pi i n x}, \qquad (4.4.3)$$

此处周期为 1 的函数的卷积定义为

$$(f * g)(x) = \int_0^1 f(x-y)g(y)\mathrm{d}y.$$

热核与 Poisson 核的一个相似之处由练习 12 给出. 但是，不同于 Poisson 核，热核没有初等公式. 然而，它却是一个好核. 这个证明不是显然的，需要应用第 5 章中的著名的 Poisson 求和公式. 作为推论，可知 H_t 处处为正，这并不能从定义式（4.4.3）中直接看出. 我们还可以对 H_t 的正性做进一步的讨论. 假设我们从一个处处为负的初始温度态 f 出发. 从物理上考虑，因为温度是由热向冷传递，可以预计 $u(x,t)$ 对于所有 t 都是负的. 那么

$$u(x,t) = \int_0^1 f(x-y)H_t(y)\mathrm{d}y.$$

如果 H_t 对于某些 x_0 是负的，可以选择只在 x_0 附近的 $f \leq 0$，这样会有 $u(x_0,t) > 0$，出现了矛盾.

4.5 练习

1. 令 $\gamma : [a,b] \to \mathbb{R}^2$ 为闭曲线 Γ 的参数式.

（a）证明：γ 是弧长化的参数式，当且仅当曲线上 $\gamma(a)$ 到 $\gamma(s)$ 的长度恰好为 $s-a$，即

$$\int_a^s |\gamma'(t)| \mathrm{d}t = s-a.$$

（b）证明：任意曲线 Γ 存在一个弧长化的参数式. ［提示：设 η 为任意一个参数式，令 $h(s) = \int_a^s |\eta'(t)| \mathrm{d}t$，考虑 $\gamma = \eta \circ h^{-1}$.］

2. 假定 $\gamma : [a,b] \to \mathbb{R}^2$ 为闭曲线 Γ 的参数式，有 $\gamma(t) = (x(t),y(t))$.

（a）证明：

$$\frac{1}{2}\int_a^b (x(s)y'(s) - y(s)x'(s))\mathrm{d}s = \int_a^b x(s)y'(s)\mathrm{d}s = -\int_a^b y(s)x'(s)\mathrm{d}s.$$

（b）定义 γ 的反向参数式为 $\gamma^- : [a,b] \to \mathbb{R}^2$，$\gamma^-(t) = \gamma(b+a-t)$. 除了 $\gamma^-(t)$ 与 $\gamma(t)$ 反向外，γ^- 的图像恰好是 Γ. 因此 γ^- 是曲线的"反向".

证明：

$$\int_{\gamma} (x\,\mathrm{d}y - y\,\mathrm{d}x) = -\int_{\gamma^-} (x\,\mathrm{d}y - y\,\mathrm{d}x).$$

特别地，假定

$$\mathcal{A} = \frac{1}{2}\int_a^b (x(s)y'(s) - x'(s)y(s))\,\mathrm{d}s = \int_a^b x(s)y'(s)\,\mathrm{d}s.$$

3. 假设 Γ 为平面上的曲线. 存在一组坐标 x 和 y，使得 x 轴将曲线分为两个连续函数 $y = f(x)$ 和 $y = g(x)(0 \leqslant x \leqslant 1)$ 的图像的并，且有 $f(x) \geqslant g(x)$（见图 4.6）. 令 Ω 为两个函数图像间的区域：

$$\Omega = \{(x,y): 0 \leqslant x \leqslant 1, g(x) \leqslant y \leqslant f(x)\}.$$

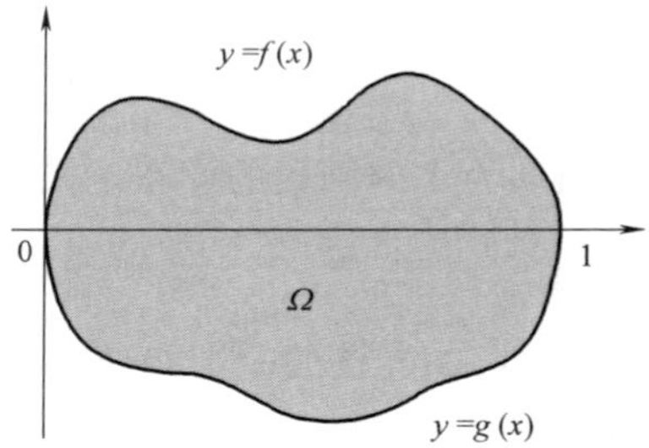

与用 $\int h(x)\,\mathrm{d}x$ 定义函数 h 的图像下方的

面积类似，定义 Ω 的面积为 $\int_0^1 f(x)\,\mathrm{d}x -$

图 4.6　区域方程的直观图像

$\int_0^1 g(x)\,\mathrm{d}x$. 证明这个定义与文中给出的面积公式 $\mathcal{A}$ 等价，即

$$\int_0^1 f(x)\,\mathrm{d}x - \int_0^1 g(x)\,\mathrm{d}x = \left|-\int_{\Gamma} y\,\mathrm{d}x\right| = \mathcal{A}.$$

并且，如果曲线的方向取定，使得 Ω 在 Γ 的"左侧"，则上述公式在没有绝对值的情况下也成立.

这一公式可以推广到任意可以表示为有限区域的集合上去.

4. 注意到使用文中给出的 l 和 $\mathcal{A}$ 的定义，等周不等式在 Γ 不是简单时也成立.

证明：加强的等周不等式等价于 Wirtinger 不等式，即若 f 是以 2π 为周期的，C^1，满足 $\int_0^{2\pi} f(t)\,\mathrm{d}t = 0$ 的，则

$$\int_0^{2\pi} |f(t)|^2\,\mathrm{d}t \leqslant \int_0^{2\pi} |f'(t)|^2\,\mathrm{d}t,$$

等号当且仅当 $f(t) = A\sin t + B\cos t$ 时成立（第 3 章练习 11）.

[提示：一方面，注意到曲线长为 2π，γ 为一个合适的弧长化参数式时，则

$$2(\pi - \mathcal{A}) = \int_0^{2\pi} [x'(s) + y(s)]^2\,\mathrm{d}s + \int_0^{2\pi} (y'(s)^2 - y(s)^2)\,\mathrm{d}s.$$

变量替换可以保证 $\int_0^{2\pi} y(s)\,\mathrm{d}s = 0$. 另一方面，考虑一个满足 Wirtinger 不等式条件的实值函数 f，构造以 2π 为周期的 g，使得括号中的项为零.]

5. 证明：序列 $\{\gamma_n\}_{n=1}^{\infty}$ 在 $[0,1]$ 上不是等分布的，其中 γ 为

$$\left(\frac{1+\sqrt{5}}{2}\right)^n$$

的分数部分［提示：证明：$U_n = \left(\dfrac{1+\sqrt{5}}{2}\right)^n + \left(\dfrac{1-\sqrt{5}}{2}\right)^n$ 是差分方程 $U_{r+1} = U_r + U_{r-1}$ 且 $U_0 = 2$，$U_1 = 1$ 的解．则 U_n 满足斐波那契数列的差分方程．］

6. 令 $\theta = p/q$ 是一个有理数，其中 p 和 q 不可约．不失一般性，假设 $q > 0$．定义 $[0,1)$ 中的一列数 $\xi_n = \langle n\theta \rangle$，其中 $\langle\,\cdot\,\rangle$ 表示分数部分．证明：序列 $\{\xi_1, \xi_2, \cdots\}$ 在点

$$0, 1/q, 2/q, \cdots, (q-1)/q$$

上是等分布的．

事实上，可以证明对于任意 $0 \leqslant a < q$，有

$$\frac{\#\{n : 1 \leqslant n \leqslant N, \langle n\theta \rangle = a/q\}}{N} = \frac{1}{q} + O\left(\frac{1}{N}\right).$$

［提示：对于每一个整数 $k \geqslant 0$，存在唯一的整数 n 满足 $kq \leqslant n < (k+1)q$，使得 $\langle n\theta \rangle = a/q$．为何可以假定 $k = 0$？利用如果 p 和 q 是不可约的，则存在整数 x 和 y 使得 $xp + yq = 1$ 这一点来证明 n 的存在性．接下来，做 N 关于 q 的带余除法，即写为 $N = lq + r$，其中 $0 \leqslant l$ 和 $0 \leqslant r < q$．建立不等式

$$l \leqslant \#\{n : 1 \leqslant n \leqslant N, \langle n\theta \rangle = a/q\} \leqslant l + 1.\,]$$

7. 证明 Weyl 准则的第二部分：若存在 $[0,1)$ 上等分布的一列数 $\xi_1, \xi_2, \cdots$，则对于所有 $k \in \mathbb{Z} - \{0\}$，

$$\frac{1}{N}\sum_{n=1}^{N} e^{2\pi i k \xi_n} \to 0, \text{当 } N \to \infty \text{ 时．}$$

［提示：只需证明对于所有连续函数 f，$\dfrac{1}{N}\displaystyle\sum_{n=1}^{N} f(\xi_n) \to \displaystyle\int_0^1 f(x)\,dx$．首先证明 f 是特征函数的情况．］

8. 证明：对于任意 $a \neq 0$，σ 满足 $0 < \sigma < 1$，序列 $\langle an^\sigma \rangle$ 在 $[0,1)$ 上是等分布的．

［提示：证明：若 $b \neq 0$，$\displaystyle\sum_{n=1}^{N} e^{2\pi i b n^\sigma} = O(N^\sigma) + O(N^{1-\sigma}).\,]$

实际上，注意如下事实

$$\sum_{n=1}^{N} e^{2\pi i b n^\sigma} - \int_1^N e^{2\pi i b x^\sigma}\,dx = O\left(\sum_{n=1}^{N} n^{-1+\sigma}\right).$$

9. 与练习 8 相反，证明：对于任意 a，$\langle a \log n \rangle$ 不是等分布的．

［提示：比较 $\displaystyle\sum_{n=1}^{N} e^{2\pi i b \log n}$ 和与其对应的积分．］

10. 假设 f 是 $\mathbb{R}$ 上周期为 1 的周期函数，$\{\xi_n\}$ 是 $[0,1)$ 上等分布的序列，求证：

(a) 若 f 是连续的且满足 $\displaystyle\int_0^1 f(x)\,dx = 0$，则

$$\lim_{N\to\infty} \frac{1}{N}\sum_{n=1}^{N} f(x+\xi_n) = 0, \qquad 对\ x\ 一致收敛.$$

［提示：先对三角多项式建立类似的结果.］

(b) 若 f 只是在 $[0,1]$ 上可积，并满足 $\int_0^1 f(x)\mathrm{d}x = 0$. 则

$$\lim_{N\to\infty}\int_0^1 |\frac{1}{N}\sum_{n=1}^{N} f(x+\xi_n)|^2 \mathrm{d}x = 0.$$

11. 证明：若 $u(x,t)=(f*H_t)(x)$，其中 H_t 为热核，f 是 Riemann 可积的，有

$$\int_0^1 |u(x,t)-f(x)|^2\mathrm{d}x \to 0, 当\ t\to 0\ 时.$$

12. 对式 (4.4.2) 做变量替换，可得到边界为 $u(\theta,0)=f(\theta)\sim\sum a_n \mathrm{e}^{\mathrm{i}n\theta}$ 的方程

$$u(\theta,\tau)=\sum a_n \mathrm{e}^{-n^2\tau}\mathrm{e}^{\mathrm{i}n\theta}=(f*h_\tau)(\theta)$$

的解

$$\frac{\partial u}{\partial \tau}=\frac{\partial^2 u}{\partial \theta^2}, \quad 0\leqslant\theta\leqslant 2\pi, \tau>0,$$

其中 $h_\tau(\theta)=\sum_{n=-\infty}^{\infty} \mathrm{e}^{-n^2\tau}\mathrm{e}^{\mathrm{i}n\theta}=(f*h_\tau)(\theta)$，这里 $[0,2\pi]$ 上的热核，与 Poisson 核的形式 $P_r(\theta)=\sum_{n=-\infty}^{\infty}\mathrm{e}^{-|n|\tau}\mathrm{e}^{\mathrm{i}n\theta}, r=\mathrm{e}^{-\tau}$（因此 $0<r<1$ 相对于 $\tau>0$）类似.

13. 热核是一个好核，这一事实是不容易证明的，下一章将说明这一点. 然而，可以利用如下事实，证明：当 $t\to 0$ 时，$H_t(x)$ 在 $x=0$ 处"最大".

(a) 证明：$\int_{-1/2}^{1/2} |H_t(x)|^2\mathrm{d}x$ 在 $t\to 0$ 时，与 $t^{-1/2}$ 同阶，更准确地说，证明 $t^{1/2}\int_{-1/2}^{1/2} |H_t(x)|^2\mathrm{d}x$ 在 $t\to 0$ 时，有非零的极限.

(b) 证明：$t\to 0$ 时，$\int_{-1/2}^{1/2} x^2 |H_t(x)|^2\mathrm{d}x=O(t^{1/2})$.

［提示：对于 (a)，比较 $\sum_{-\infty}^{\infty} \mathrm{e}^{-cn^2 t}$ 与积分 $\int_{-\infty}^{\infty} \mathrm{e}^{-cx^2 t}\mathrm{d}x$，其中 $c>0$，对于 (b)，利用 $x^2\leqslant C(\sin\pi x)^2$，$-1/2\leqslant x\leqslant 1/2$，并且对 $\mathrm{e}^{-cx^2 t}$ 使用均值定理.］

4.6　问题

1. * 这个问题加深了曲线几何与 Fourier 级数的关系. $[-\pi,\pi]$ 上的曲线 Γ 的参数式为 $\gamma(t)=(x(t),y(t))$，其直径定义为

$$d=\sup_{P,Q\in\Gamma}|P-Q|=\sup_{t_1,t_2\in[-\pi,\pi]}|\gamma(t_1)-\gamma(t_2)|.$$

若 a_n 为 $\gamma(t)=x(t)+\mathrm{i}y(t)$ 的第 n 个 Fourier 系数，l 为 Γ 的长度. 则

(a) 对于所有的 $n\neq 0$, $2|a_n|\leqslant d$.

(b) 当 Γ 是凸的时, $l\leqslant\pi d$.

性质 (a) 源于 $2a_n=\dfrac{1}{2\pi}\displaystyle\int_{-\pi}^{\pi}[\gamma(t)-\gamma(t+\pi/n)]\mathrm{e}^{-int}\,\mathrm{d}t$.

当 Γ 为圆时, 有等式 $l=\pi d$. 令人惊讶的是, 这并不是唯一的情况. 事实上, $l=\pi d$ 等价于 $2|a_1|=d$. 我们重新参数化 γ, 使得对于 $[-\pi,\pi]$ 中每个 t, 曲线都有一条与 y 轴交角为 t 的曲线. 则若 $a_1=1$, 有

$$\gamma'(t)=\mathrm{i}\mathrm{e}^{\mathrm{i}t}(1+r(t)),$$

其中 r 是满足 $r(t)+r(t+\pi)=0$, $|r(t)|\leqslant 1$ 的实值函数. 图 4.7 (a) 给出了 $r(t)=\cos 5t$ 的情况, 图 4.7 (b) 给出了 $r(t)=h(3t)$ 的情况, 其中, 当 $-\pi\leqslant s\leqslant 0$ 时, $h(s)=-1$; 当 $0<s\leqslant\pi$, $h(s)=1$. 这条曲线 (仅是分段 C^1 的) 称为 Reuleaux 三角形, 是一个有定宽但不是圆的曲线的经典例子.

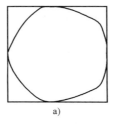 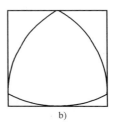

图 4.7　给定直径的曲线的最大长度

2. * 这里给出 Weyl 的一个可以引出许多有趣结果的估计.

(a) 令 $S_N=\displaystyle\sum_{n=1}^{N}\mathrm{e}^{2\pi\mathrm{i}f(n)}$, 证明: 对于 $H\leqslant N$, 有

$$|S_N|^2\leqslant c\,\frac{H}{N}\sum_{h=0}^{H}\left|\sum_{n=1}^{N-h}\mathrm{e}^{2\pi\mathrm{i}(f(n+h)-f(n))}\right|.$$

此处 $c>0$ 为与 N, H, f 无关的常数

(b) 利用这一估计, 证明: 当 γ 是无理数时, 序列 $\langle n^2\gamma\rangle$ 是等分布的.

(c) 更一般地, 证明: 如果实数数列 $\{\xi_n\}$ 使得对于所有正整数 h, 差 $\langle\xi_{n+h}-\xi_n\rangle$ 在 $[0,1)$ 上是等分布的, 则 $\langle\xi_n\rangle$ 在 $[0,1)$ 上也是等分布的.

(d) 设 $P(x)=c_nx^n+\cdots+c_0$ 是实系数的多项式, 其中至少一个系数是无理数, 则序列 $\langle P(n)\rangle$ 在 $[0,1)$ 上是等分布的.

[提示: 对于 (a), 令 $a_n=\mathrm{e}^{2\pi\mathrm{i}f(n)}$, 则有 $H\displaystyle\sum_n a_n=\sum_{k=1}^{H}\sum_n a_{n+k}$, 应用 Cauchy-Schwarz 不等式. 对于 (b), 注意到 $(n+h)^2\gamma-n^2\gamma=2nh\gamma+h^2\gamma$, 利用对于每一个整数 h, $\langle 2nh\gamma\rangle$ 是等分布的. 最后, 要证 (d), 先假设 $P(x)=Q(x)+c_1x+c_0$, 其中 c_1 是无理数, 再估计和式 $\displaystyle\sum_{n=1}^{N}\mathrm{e}^{2\pi\mathrm{i}kP(n)}$. 考虑有无理系数的更高次项时, 利用 (c).]

3. * 若 $\sigma>0$ 不是整数, $a\neq 0$, 则 $\langle an^\sigma\rangle$ 在 $[0,1)$ 上是等分布的. 也可见练习 8.

4. 对于处处不可微的连续函数的基本讨论是 "除去奇异性", 具体如下:

在 $[-1,1]$ 上考虑函数

$$\varphi(x) = |x|,$$

将 φ 以 2 为周期延拓到 $\mathbb{R}$ 上. 显然，φ 在 $\mathbb{R}$ 上是连续的，且对于所有 x，$|\varphi(x)| \leqslant 1$. 所以函数

$$f(x) = \sum_{n=0}^{\infty} \left(\frac{3}{4}\right)^n \varphi(4^n x)$$

在 $\mathbb{R}$ 上连续.

（a）固定 $x_0 \in \mathbb{R}$，对于任意正整数 m，令 $\delta_m = \pm \frac{1}{2} 4^{-m}$，其中选取合适的符号使得 $4^m x_0$ 和 $4^m(x_0 + \delta_m)$ 间没有整数. 考虑分式

$$\gamma_n = \frac{\varphi(4^n(x_0 + \delta_m)) - \varphi(4^n x_0)}{\delta_m},$$

证明：若 $n > m$，则 $\gamma_n = 0$. 且对于 $0 \leqslant n \leqslant m$，有 $|\gamma_n| \leqslant 4^n$，满足 $|\gamma_m| = 4^m$.

（b）从以上结论，证明估计

$$\left| \frac{f(x_0 + \delta_m) - f(x_0)}{\delta_m} \right| \geqslant \frac{1}{2}(3^m + 1),$$

并且证明 f 在 x_0 处不可微.

5. 令 f 为区间 $[-\pi, \pi]$ 上 Riemann 可积的函数. 定义 f 的 Fourier 级数的一般推延平均为

$$\sigma_{N,K} = \frac{S_N + \cdots + S_{N+K-1}}{K}.$$

注意到特殊情况

$$\sigma_{0,N} = \sigma_N, \qquad \sigma_{N,1} = S_N, \qquad \sigma_{N,N} = \Delta_N,$$

其中 Δ_N 为 4.3 节中用到的特别的推延平均.

（a）证明

$$\sigma_{N,K} = \frac{1}{K}((N+K)\sigma_{N+K} - N\sigma_N)$$

和

$$\sigma_{N,K} = S_N + \sum_{N+1 \leqslant |\nu| \leqslant N+K-1} \left(1 - \frac{|\nu| - N}{K}\right) \hat{f}(\nu) e^{i\nu\theta}.$$

由上式可得，对于所有的 $N \leqslant M < N+K$，有

$$|\sigma_{N,K} - S_M| \leqslant \sum_{N+1 \leqslant |\nu| \leqslant N+K-1} |\hat{f}(\nu)|.$$

（b）利用以上公式和 Fejér 定理，证明：当 $N = kn$，$K = n$ 时，若 f 在 θ 处连续，有

$$\sigma_{kn,n}(f)(\theta) \to f(\theta), \quad 当 n \to \infty 时.$$

若 θ 为间断点，有

$$\sigma_{kn,n}(f)(\theta) \to \frac{f(\theta^+)+f(\theta^-)}{2}, \quad 当\ n \to \infty时,$$

此时若 f 在$[-\pi,\pi]$上是连续的，就有 $n \to \infty$时，$\sigma_{kn,n}(f)$ 一致趋于 f.

(c) 利用 (a)，证明：若 $\hat{f}(\nu)=O(1/|\nu|)$ 和 $kn \leqslant m < (k+1)n$，有

$$|\sigma_{kn,n}-S_m| \leqslant \frac{C}{k}, \quad 对于某些常数\ C>0.$$

(d) 假设 $\hat{f}(\nu)=O(1/|\nu|)$. 证明：若 f 在 θ 处连续，则

$$S_N(f)(\theta) \to f(\theta), \quad 当\ N \to \infty时.$$

若 θ 为间断点，则

$$S_N(f)(\theta) \to \frac{f(\theta^+ + f(\theta)^-)}{2}, \quad 当\ N \to \infty时.$$

同时，证明：若 f 在$[-\pi,\pi]$上是连续的，则 $S_N(f)$ 一致趋于 f.

(e) 上述结果表明若 s 是 $\sum c_n$ 的 Cesàro 和，且 $c_n=O(1/n)$，则 $\sum c_n$ 收敛于 s. 这是 Littlewood 定理（第 2 章，问题 3）的较弱形式.

6. Dirichlet 定理表明一个实值周期的，仅有有限个极大极小值点的连续函数 f 的 Fourier 级数处处收敛于 f（也是一致收敛于 f）.

通过证明这样的函数满足 $\hat{f}(n)=O(1/|n|)$，证明这一定理.

［提示：用第 3 章练习 17 中相似的方法，然后用问题 5 中的结论（d）.］

89

第 5 章 $\mathbb{R}$ 上的 Fourier 变换

> Fourier 级数和积分理论存在各种难题，并且需要用到大量解决收敛性问题的工具．这便促进了求和理论的发展，但却仍不能找到一个令人完全满意的解决这些问题的方法……对于 Fourier 变换，无论从显式或隐式而言，分布（空间 $\mathcal{S}$）的引入是不可避免的……从而可以得到所有我们希望的关于 Fourier 变换的连续性和反演的性质．
>
> L. Schwartz，1950

Fourier 级数理论被用于研究圆环上的函数，或者等价地说，$\mathbb{R}$ 上的周期函数．本章介绍应用在 $\mathbb{R}$ 上的非周期函数的一个类似的理论．考虑这类函数在无穷远处适当地"小"．有几种方法可以定义类似的"小"的概念，然而，不妨先考虑那些在无穷远处趋于零的一类函数．

一方面，一个周期函数的 Fourier 级数把这个函数和一系列数即 Fourier 系数联系起来．另一方面，给定一个 $\mathbb{R}$ 上适当的函数 f，Fourier 变换把这个函数和一个相应的目标，即 $\mathbb{R}$ 上的另一个函数 $\hat{f}$ 联系起来．把这个相应的函数称为 f 的 Fourier 变换．由于 $\mathbb{R}$ 上的一个函数的 Fourier 变换依然是 $\mathbb{R}$ 上的一个函数．我们可以观察这两个函数之间的对称性，但是这个对称性并不像 Fourier 级数那样明显．

粗略地讲，Fourier 变换是 Fourier 级数的连续化．如前所述，定义在圆环 f 的一个函数 f 的 Fourier 系数 a_n 为

$$a_n = \int_0^1 f(x) \mathrm{e}^{-2\pi \mathrm{i} n x}\, \mathrm{d}x \ , \tag{5.0.1}$$

而且在某些意义下，有

$$f(x) = \sum_{n=-\infty}^{\infty} a_n \mathrm{e}^{2\pi \mathrm{i} n x} . \tag{5.0.2}$$

在这里我们把 θ 替换成 $2\pi x$，就像以前经常做的那样．

现在考虑一种类似的情形：把那些离散的记号（比如整数和求和），替换成相应的连续的记号（比如实数和积分）．换句话说，给定 $\mathbb{R}$ 上的一个函数 f，定义它的 Fourier 变换如下：把积分区域从圆环变为整个 $\mathbb{R}$，同时把式（5.0.1）中的 $n \in \mathbb{Z}$

变为 $\xi \in \mathbb{R}$，即

$$\widehat{f}(\xi) = \int_{-\infty}^{\infty} f(x) \mathrm{e}^{-2\pi \mathrm{i} x \xi} \, \mathrm{d}x. \tag{5.0.3}$$

进一步地，我们推广一个类似于式（5.0.2）的结果：把求和号变成积分号，同时把 a_n 变成 $\widehat{f}(\xi)$，最终得到 Fourier 反演公式

$$f(x) = \int_{-\infty}^{\infty} \widehat{f}(\xi) \mathrm{e}^{2\pi \mathrm{i} x \xi} \, \mathrm{d}\xi. \tag{5.0.4}$$

事实上，如果对 f 做某些假设，式（5.0.4）是成立的，并且本章的大部分内容都在证明这种联系. 可以通过一个简单的结论来看出 Fourier 反演定理是成立的. 假设 f 是支撑在包含于 $I = [-L, L]$ 上的一个有限区间上的函数. 把 f 展成定义在 I 上的一个 Fourier 级数. 再令 L 趋于无穷，就可以得到式（5.0.4）（见练习 1）.

Fourier 变换的一些特殊性质使得它成为研究偏微分方程的一个非常有用的工具. 比如，利用 Fourier 反演定理来分析定义在实数轴上的一些方程. 特别地，利用在圆环情形中建立的思想，我们解决了一个无限杆上时间依赖性的热传导方程和上半平面稳态热传导方程. 在本章的最后一部分，我们讨论了一个与 Poisson 和有联系的一个等式

$$\sum_{n \in \mathbb{Z}} f(n) = \sum_{n \in \mathbb{Z}} \widehat{f}(n),$$

这个等式给出另外一个实直线上的周期性函数（以及它的 Fourier 变换）与非周期性函数（以及它的 Fourier 变换）之间明显的联系. 这个等式允许我们解决前面提出的一个假设，即热核 $H_t(x)$ 满足好核的那些性质. 另外，Poisson 和定理在其他场合也经常出现，特别是在数论中，我们将在第二册《复分析》中看到这一点.

最后再评论一下刚才选择的方法. 在对 Fourier 级数的研究中，我们发现圆环上的 Riemann 可积函数是非常有用的. 特别地，对这类函数的某些不连续点同样可以由这个理论处理. 相反，我们所期望的 Fourier 变换的性质却是基于 Schwartz 空间 $\mathcal{S}$ 上的示性函数来讨论的. 这类函数是无限可导的，而且各阶导数都是在无穷远处迅速下降的. 有赖于这个函数空间我们能方便地讨论 Fourier 变换的主要结论，把它们以一种直接明显的形式表达出来. 一旦这些结论被确立，就能在更大的集合上做简单的推广. 关于 Fourier 变换更一般的理论（该理论当然是建立在 Lebesgue 积分的基础上）将在第三册《实分析》中介绍.

5.1 Fourier 变换的基本理论

我们先把积分的定义拓展至定义在整个实直线上的函数.

5.1.1 实数域上函数的积分

由于已经给出定义在有界闭集上函数积分的定义，$\mathbb{R}$ 上连续函数积分的自然延拓是

$$\int_{-\infty}^{\infty} f(x) \, \mathrm{d}x = \lim_{N \to \infty} \int_{-N}^{N} f(x) \, \mathrm{d}x.$$

当然，该极限不一定存在. 例如，假如 $f(x)=1$，或者甚至 $f(x)=1/(1+|x|)$，则很显然上述极限不存在.

稍微思考一下就会发现，如果假设随着 $|x|$ 的增加 f 下降得足够快时，那么上述极限存在. 下面是一个有用的情形. 如果对于定义在 R 上的连续函数 f 存在 $A>0$ 满足

$$|f(x)| \leqslant \frac{A}{1+x^2}, \quad \text{对任意 } x \in \mathbb{R},$$

则称 f 是适度下降的. 该定义说明 f 是有界（A 是 f 的一个上界）的，并且由于 $A/(1+x^2) \leqslant A/x^2$，在无穷远处它至少与 $1/x^2$ 的下降速度一样快.

例如，当 $n \geqslant 2$ 时函数 $1/(1+|x|^n)$ 是适度下降的. 另外一个例子是函数 $\mathrm{e}^{-a|x|}$，其中 $a>0$.

记 R 上全体适度下降的函数为 $\mathcal{M}(\mathbb{R})$，作为一个练习读者可以试着去证明在通常的函数求和和标量乘积下，$\mathcal{M}(\mathbb{R})$ 是 C 上的一个向量空间.

下面将看到对于 $\mathcal{M}(\mathbb{R})$ 中的函数 f，定义它的积分为

$$\int_{-\infty}^{\infty} f(x)\mathrm{d}x = \lim_{N \to \infty} \int_{-N}^{N} f(x)\mathrm{d}x, \tag{5.1.1}$$

此时，极限是存在的. 事实上，由 f 的连续性可知对每个 N，积分 $I_N = \int_{-N}^{N} f(x)\mathrm{d}x$ 是存在的. 现在只需证明 $\{I_N\}$ 是 Cauchy 列即可. 而当 $N \to \infty$ 时，通过下式

$$|I_M - I_N| \leqslant \left| \int_{N \leqslant |x| \leqslant M} f(x)\mathrm{d}x \right|$$

$$\leqslant A \int_{N \leqslant |x| \leqslant M} \frac{\mathrm{d}x}{x^2}$$

$$\leqslant \frac{2A}{N} \to 0$$

可以看出这个结果是成立的.

需要指出的是，当 $N \to \infty$ 时，$\int_{|x| \geqslant N} f(x)\mathrm{d}x \to 0$. 在此，要提醒大家根据适度性的定义，可以将指数 2 替换成 $1+\varepsilon$；即对任意的 $x \in \mathbb{R}$，有

$$|f(x)| \leqslant \frac{A}{1+|x|^{1+\varepsilon}}.$$

这个定义仅是出于方便讨论本章理论的需要而提出. 而选择 $\varepsilon=1$ 是为了方便考虑. 下面总结 R 上积分的一些基本性质.

命题 5.1.1 式（5.1.1）中定义的适度下降函数的积分满足如下性质：

（i）线性性：如果 $f, g \in \mathcal{M}(\mathbb{R})$ 且 $a, b \in \mathbb{C}$，则

$$\int_{-\infty}^{\infty} (af(x)+bg(x))\mathrm{d}x = a\int_{-\infty}^{\infty} f(x)\mathrm{d}x + b\int_{-\infty}^{\infty} g(x)\mathrm{d}x.$$

（ii）平移不变性：对每个 $h \in \mathbb{R}$ 有

$$\int_{-\infty}^{\infty} f(x-h)\,\mathrm{d}x = \int_{-\infty}^{\infty} f(x)\,\mathrm{d}x.$$

（iii）伸缩性：如果 $\delta > 0$，则

$$\delta \int_{-\infty}^{\infty} f(\delta x)\,\mathrm{d}x = \int_{-\infty}^{\infty} f(x)\,\mathrm{d}x.$$

（iv）连续性：如果 $f \in \mathcal{M}(\mathbb{R})$，则当 $h \to 0$ 时，有

$$\int_{-\infty}^{\infty} |f(x-h) - f(x)|\,\mathrm{d}x \to 0.$$

我们大略提一下该命题的证明.

性质（i）是显然的. 通过当 $N \to \infty$ 时，

$$\int_{-N}^{N} f(x-h)\,\mathrm{d}x - \int_{-N}^{N} f(x)\,\mathrm{d}x \to 0,$$

可以证明性质（ii）. 而 $\int_{-N}^{N} f(x-h)\,\mathrm{d}x = \int_{-N-h}^{N-h} f(x)\,\mathrm{d}x$，则当 N 足够大时，上述减式可以被

$$\left| \int_{-N-h}^{-N} f(x)\,\mathrm{d}x \right| + \left| \int_{N-h}^{N} f(x)\,\mathrm{d}x \right| \leqslant \frac{A'}{1+N^2}$$

控制. 通过此式可以看出，当 N 趋于无穷时，该式趋于 0.

性质（iii）的证明类似，只需注意到 $\delta \int_{-N}^{N} f(\delta x)\,\mathrm{d}x = \int_{-\delta N}^{\delta N} f(x)\,\mathrm{d}x$.

对于性质（iv）只需假设 $|h| \leqslant 1$ 即可. 对给定的 $\varepsilon > 0$，取足够大的 N 使得

$$\int_{|x| \geqslant N} |f(x)|\,\mathrm{d}x \leqslant \varepsilon/4, \qquad \int_{|x| \geqslant N} |f(x-h)|\,\mathrm{d}x \leqslant \varepsilon/4,$$

固定 N，注意这个事实：如果 f 连续，则在 $[-N-1, N+1]$ 上一致连续. 因此当 $h \to 0$ 时，函数 $\sup_{|x| \leqslant N} |f(x-h) - f(x)| \to 0$ 趋于零. 从而可以选取 h 足够小使得这个上确界小于 $\varepsilon/4N$. 综合上式，得到

$$\int_{-\infty}^{\infty} |f(x-h) - f(x)|\,\mathrm{d}x \leqslant \int_{-N}^{N} |f(x-h) - f(x)|\,\mathrm{d}x +$$

$$\int_{|x| \geqslant N} |f(x-h)|\,\mathrm{d}x + \int_{|x| \geqslant N} |f(x)|\,\mathrm{d}x$$

$$\leqslant \varepsilon/2 + \varepsilon/4 + \varepsilon/4 = \varepsilon,$$

性质 iv 证明完毕.

5.1.2 Fourier 变换的定义

如果 $f \in \mathcal{M}(\mathbb{R})$，在 $\xi \in \mathbb{R}$ 处定义它的 Fourier 变换为

$$\widehat{f}(\xi) = \int_{-\infty}^{\infty} f(x)\mathrm{e}^{-2\pi \mathrm{i} x \xi}\,\mathrm{d}x.$$

当然，由于 $|\mathrm{e}^{-2\pi \mathrm{i} x \xi}| = 1$，这是一个关于适当下降函数的积分，从而积分有意义.

事实上，通过这个观察我们可以看出 $\hat{f}$ 是有界的. 进一步地，经过简单的讨论可以看出当 $|\xi|\to\infty$ 时，函数 $\hat{f}$ 趋于 0（练习 5）. 然而，从上面的定义并不能看出 $\hat{f}$ 是适度下降的，甚至是下降的. 特别地，本书并没有明确指出怎样使得积分 $\displaystyle\int_{-\infty}^{\infty}\hat{f}(\xi)\mathrm{e}^{2\pi i nx\xi}\mathrm{d}\xi$ 是有意义的，而该式与 Fourier 反演定理有着密切的关系. 作为补救，我们介绍由 Schwartz 引入的一些更加精细的函数空间. 这个空间在建立 Fourier 变换的本质性质上发挥着重要的作用.

我们之所以选择 Schwartz 空间是受到 $\hat{f}$ 的下降性与 f 的连续性及可微性之间的密切联系影响（反之亦然）：随着 $|\xi|\to\infty$，$\hat{f}(\xi)$ 下降得越快，f 就越"光滑". 在练习 3 中有一个例子正好可以反映这一点. f 和 $\hat{f}$ 之间的这种关系自然使我们联想到圆环上函数的光滑性与其 Fourier 系数下降之间的相似关系；请看第 2 章推论 2.4 的讨论.

5.1.3　Schwartz 空间

R 上的 **Schwartz 空间**由满足下面性质的函数 f 组成：f 是无穷可导的，并且 $f', f'', \cdots, f^{(l)}, \cdots$ 在对任意的 k，$l\geqslant 0$，

$$\sup_{x\in\mathbb{R}}|x|^{k}|f^{(l)}(x)|<\infty$$

意义下是速降的. 记这个空间为 $\mathcal{S}=\mathcal{S}(\mathbb{R})$，并且读者需要再次证明这个空间是 $\mathbb{C}$ 上的向量空间. 进一步地，如果 $f\in\mathcal{S}(\mathbb{R})$，则有

$$f'(x)=\frac{\mathrm{d}f}{\mathrm{d}x}\in\mathcal{S}(\mathbb{R}),\quad xf(x)\in\mathcal{S}(\mathbb{R}).$$

这表明一个重要事实，Schwartz 空间在求导以及与多项式作乘积下是封闭的.

$\mathcal{S}(\mathbb{R})$ 中一个简单的例子是 Gauss 函数，定义如下：

$$f(x)=\mathrm{e}^{-x^{2}}.$$

这个函数在 Fourier 变换理论以及其他领域（例如概率论和物理）中发挥着关键作用. 读者可以验证 f 的高阶导数具有形式 $P(x)\mathrm{e}^{-x^{2}}$，其中 P 是多项式，这就说明 $f\in\mathcal{S}(\mathbb{R})$. 事实上，当 $a>0$ 时，$\mathrm{e}^{-ax^{2}}$ 属于

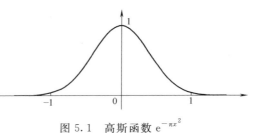

图 5.1　高斯函数 $\mathrm{e}^{-\pi x^{2}}$

$\mathcal{S}(\mathbb{R})$. 下面通过取 $a=\pi$，就可以将 Gaussian 进行正规化.

$\mathcal{S}(\mathbb{R})$ 中另一类重要的函数是支撑在有界区间上的"凸函数"（练习 4）.

最后需要说明的是，尽管函数 $\mathrm{e}^{-|x|}$ 在无穷远处是快速下降的，但它在 0 处并不可导，因而并不属于 $\mathcal{S}(\mathbb{R})$.

5.1.4　$\mathcal{S}$ 上的 Fourier 变换

一个函数 f 的 Fourier 变换的定义如下：

$$\widehat{f}(\xi) = \int_{-\infty}^{\infty} f(x) \mathrm{e}^{-2\pi \mathrm{i} x \xi} \,\mathrm{d}x.$$

下面这个命题集中介绍了 Fourier 变换的基本性质. 用记号

$$f(x) \rightarrow \widehat{f}(\xi)$$

表明 $\widehat{f}$ 是 f 的 Fourier 变换.

命题 5.1.2　如果 $f \in \mathcal{S}(\mathbb{R})$，则

（ⅰ）当 $h \in \mathbb{R}$ 时，$f(x+h) \rightarrow \widehat{f}(\xi) \mathrm{e}^{2\pi \mathrm{i} h \xi}$.

（ⅱ）当 $h \in \mathbb{R}$ 时，$f(x) \mathrm{e}^{-2\pi \mathrm{i} x h} \rightarrow \widehat{f}(\xi + h)$.

（ⅲ）当 $\delta > 0$ 时，$f(\delta x) \rightarrow \delta^{-1} \widehat{f}(\delta^{-1} \xi)$.

（ⅳ）$f'(x) \rightarrow 2\pi \mathrm{i} \xi \widehat{f}(\xi)$.

（ⅴ）$-2\pi \mathrm{i} x f(x) \xrightarrow{\quad} \dfrac{\mathrm{d}}{\mathrm{d}\xi} \widehat{f}(\xi)$.

特别地，除去系数 $2\pi \mathrm{i}$，Fourier 变换把求导运算变为乘以函数 x. 这是 Fourier 变换在微分方程理论中起核心作用的关键性质. 以后我们将介绍这一点.

证明　性质（ⅰ）是积分平移不变性质的一个自然推论. 性质（ⅱ）根据定义就可以证得. 同样地，由命题 5.1.1 的第三条就可以证得性质（ⅲ）.

通过分部积分有

$$\int_{-N}^{N} f'(x) \mathrm{e}^{-2\pi \mathrm{i} x \xi} \,\mathrm{d}x = \left[f(x) \mathrm{e}^{-2\pi \mathrm{i} x \xi} \right]_{-N}^{N} + 2\pi \mathrm{i} \xi \int_{-N}^{N} f(x) \mathrm{e}^{-2\pi \mathrm{i} x \xi} \,\mathrm{d}x,$$

因此令 $N \rightarrow \infty$ 便得到性质（ⅳ）.

最后为了证明性质（ⅴ），我们必须说明 $\widehat{f}$ 是可导的并求出它的导数. 令 $\varepsilon > 0$ 并考虑下式

$$\frac{\widehat{f}(\xi + h) - \widehat{f}(\xi)}{h} - (-\widehat{2\pi \mathrm{i} x f})(\xi) = \int_{-\infty}^{\infty} f(x) \mathrm{e}^{-2\pi \mathrm{i} x \xi} \left[\frac{\mathrm{e}^{-2\pi \mathrm{i} x h} - 1}{h} + 2\pi \mathrm{i} x \right] \mathrm{d}x.$$

由于 $f(x)$ 以及 $xf(x)$ 是迅速下降的，存在一个正整数 N 使得 $\int_{|x| \geqslant N} |f(x)| \,\mathrm{d}x \leqslant \varepsilon$ 和 $\int_{|x| \geqslant N} |x| |f(x)| \,\mathrm{d}x \leqslant \varepsilon$. 另外，对于 $|x| \leqslant N$，存在 h_0，使得当 $h < h_0$ 时，有

$$\left| \frac{\mathrm{e}^{-2\pi \mathrm{i} x h} - 1}{h} + 2\pi \mathrm{i} x \right| \leqslant \frac{\varepsilon}{N}.$$

因此对于 $|h| < h_0$ 时，有

$$\left| \frac{\widehat{f}(\xi + h) - \widehat{f}(\xi)}{h} - (-\widehat{2\pi \mathrm{i} x f})(\xi) \right|$$

$$\leqslant \int_{-N}^{N} \left| f(x) \mathrm{e}^{-2\pi \mathrm{i} x \xi} \left[\frac{\mathrm{e}^{-2\pi \mathrm{i} x h} - 1}{h} + 2\pi \mathrm{i} x \right] \right| \mathrm{d}x + C\varepsilon$$

$$\leqslant C'\varepsilon. \qquad \square$$

定理 5.1.3　如果 $f \in \mathcal{S}(\mathbb{R})$，则 $\widehat{f} \in \mathcal{S}(\mathbb{R})$.

这个定理的证明就是 Fourier 变换可以使得求导运算与乘积运算相互转换性质的简单应用. 事实上，如果 $f \in \mathcal{S}(\mathbb{R})$，它的 Fourier 变换 $\widehat{f}$ 是有界的；同样地，对于每对非负整数 l 和 k，由于式

$$\xi^k \left(\frac{\mathrm{d}}{\mathrm{d}\xi}\right)^l \widehat{f}(\xi)$$

是

$$\frac{1}{(2\pi \mathrm{i})^k} \left(\frac{\mathrm{d}}{\mathrm{d}x}\right)^k \left[(-2\pi \mathrm{i}x)^l f(x)\right],$$

的 Fourier 变换，因而是有界的.

下一节将通过仔细研究函数 e^{-ax^2} 来证明 Fourier 变换的反演公式

$$f(x) = \int_{-\infty}^{\infty} \widehat{f}(\xi) \mathrm{e}^{2\pi \mathrm{i}x\xi} \mathrm{d}\xi ,$$

并且已知当 $a > 0$ 时，函数 e^{-ax^2} 属于 $\mathcal{S}(\mathbb{R})$.

作为好核的 Gauss 函数列

取 $a = \pi$，则有标准化公式

$$\int_{-\infty}^{\infty} \mathrm{e}^{-\pi x^2} \mathrm{d}x = 1. \tag{5.1.2}$$

为了说明为什么式（5.1.2）是正确的. 利用指数函数的乘积性质可以将计算简化为求一个二维空间上的积分. 确切地讲，我们可以这样讨论：

我们感兴趣的是

$$\left(\int_{-\infty}^{\infty} \mathrm{e}^{-\pi x^2} \mathrm{d}x\right)^2 = \int_{-\infty}^{\infty} \int_{-\infty}^{\infty} \mathrm{e}^{-\pi(x^2+y^2)} \mathrm{d}x\,\mathrm{d}y$$

$$= \int_0^{2\pi} \int_0^{\infty} \mathrm{e}^{-\pi r^2} r\,\mathrm{d}r\,\mathrm{d}\theta = \int_0^{\infty} 2\pi r \mathrm{e}^{-\pi r^2} \mathrm{d}r$$

$$= \left[-\mathrm{e}^{\pi r^2}\right]_0^{\infty} = 1,$$

这里我们运用极坐标变换求得一个二维空间上积分的值.

Gauss 函数的 Fourier 变换的基本性质通过式（5.1.2）可以看出 $\mathrm{e}^{-\pi x^2}$ 的 Fourier 变换依然是 $\mathrm{e}^{-\pi x^2}$. 我们将这个结果总结为如下定理.

定理 5.1.4　如果 $f(x) = \mathrm{e}^{-\pi x^2}$，则 $\widehat{f}(\xi) = f(\xi)$.

证明　定义

$$F(\xi) = \widehat{f}(\xi) = \int_{-\infty}^{\infty} \mathrm{e}^{-\pi x^2} \mathrm{e}^{-2\pi \mathrm{i}x\xi} \mathrm{d}x ,$$

应用前面的讨论，通过观察可知 $F(0) = 1$. 用命题 5.1.2 中的性质（Ⅴ），以及式 $f'(x) = -2\pi x f(x)$，有

$$F'(\xi) = \int_{-\infty}^{\infty} f(x)(-2\pi \mathrm{i}x) \mathrm{e}^{-2\pi \mathrm{i}x\xi} \mathrm{d}x = \mathrm{i}\int_{-\infty}^{\infty} f'(x) \mathrm{e}^{-2\pi \mathrm{i}x\xi} \mathrm{d}x .$$

通过这个命题中的性质（ⅳ），我们发现

$$F'(\xi) = \mathrm{i}(2\pi \mathrm{i}\xi) \widehat{f}(\xi) = -2\pi \xi F(\xi).$$

如果定义 $G(\xi) = F(\xi) e^{\pi \xi^2}$，则通过前面的结论，有 $G'(\xi) = 0$，因此 G 是常数．然而，由于 $F(0) = 1$，最终得到 G 等于 1，因此 $F(\xi) = e^{-\pi \xi^2} = f(\xi)$，这就是想要的结论． $\square$

通过 Fourier 变换在伸缩下的比例性质可以推出下面重要的变换定理．该结论可以由命题 5.1.2 中的性质（ⅲ）得到（把 δ 替换成 $\delta^{-1/2}$）．

推论 5.1.5 如果 $\delta > 0$ 且 $K_\delta(x) = \delta^{-1/2} e^{-\pi x^2/\delta}$，则 $\hat{K}_\delta(\xi) = e^{-\pi \delta \xi^2}$．

我们先停下来仔细观察一下．随着 δ 趋向于 0，函数 K_δ 的峰值集中在原点附近，但同时它的 Fourier 变换 $\hat{K}_\delta$ 却在变平．因此在这个特殊的例子中，我们发现 K_δ 和 $\hat{K}_\delta$ 不能同时局限在（即集中在）原点附近．这只是一个被称作是 Heisenberg 不确定原理的普遍现象的一个特殊的例子．本章的最后一部分讨论这个原理．

现在已经构造了一族实数域上的好核，与第 2 章中在圆环上考虑的情形相类似．事实上，由

$$K_\delta(x) = \delta^{-1/2} e^{-\pi x^2/\delta},$$

有：

（ⅰ）$\displaystyle\int_{-\infty}^{\infty} K_\delta(x) \mathrm{d}x = 1$；

（ⅱ）$\displaystyle\int_{-\infty}^{\infty} |K_\delta(x)| \mathrm{d}x \leqslant M$；

（ⅲ）对每个 $\eta > 0$，当 $\delta \to 0$ 时，有 $\displaystyle\int_{|x|>\eta} |K_\delta(x)| \mathrm{d}x \to 0$．

为了证明（ⅰ）进行变量替换，并且用式（5.1.2），或者注意到这个积分等于 $\hat{K}_\delta(0)$，从而通过推论 5.1.5 可以看出它的值等于 1．由于 $K_\delta \geqslant 0$，性质（ⅱ）显然成立．最后再次通过变量替换得到当 $\delta \to 0$ 时，

$$\int_{|x|>\eta} |K_\delta(x)| \mathrm{d}x = \int_{|y|>\eta/\delta^{1/2}} e^{-\pi y^2} \mathrm{d}y \to 0.$$

这样我们就证明了下面结果．

定理 5.1.6 当 $\delta \to 0$ 时，函数列 $\{K_\delta\}_{\delta>0}$ 是一族好核．

下一步我们用这些好核做卷积．卷积是这样定义的，如果 $f, g \in \mathcal{S}(\mathbb{R})$，则它们的**卷积**定义为

$$(f * g)(x) = \int_{-\infty}^{\infty} f(x-t) g(t) \mathrm{d}t. \tag{5.1.3}$$

对固定的 x，函数 $f(x-t)g(t)$ 依变量 t 是迅速下降的，因而积分收敛．

类似于第 2 章第 4 节的讨论（做一些简单的修改），我们得到下面的推论．

推论 5.1.7 如果 $f \in \mathcal{S}(\mathbb{R})$，则 $\delta \to 0$ 时，对于 x 一致地有

$$(f * K_\delta)(x) \to f(x).$$

证明 首先，f 在 $\mathbb{R}$ 上是一致收敛的．实际上，给定 $\varepsilon > 0$ 存在 $R > 0$，使得当 $|x| \geqslant R$ 时，有 $|f(x)| \varepsilon/4$．再者，由于 f 是连续的因而在紧集 $[-R, R]$ 上一致连

续．结合前面的讨论最终得到存在 $\eta > 0$，使得当 $|x-y| < \eta$ 时，有 $|f(x)-f(y)| < \varepsilon$．下面的讨论是相同的．与通常一样利用好核的第一个性质得

$$(f * K_\delta)(x) - f(x) = \int_{-\infty}^{\infty} K_\delta(t)[f(x-t)-f(x)]\mathrm{d}t,$$

并且由于 $K_\delta \geqslant 0$，有

$$|(f * K_\delta)(x) - f(x)| \leqslant \int_{|t|>\eta} + \int_{|t|\leqslant\eta} K_\delta(t)|f(x-t)-f(x)|\mathrm{d}t.$$

通过好核的第三个性质以及 f 的有界性，第一项积分可以足够小．同时利用 f 的一致连续性以及 $\int K_\delta = 1$，第二项积分也可以足够小．这样就证得了这个推论．□

5.1.5　Fourier 反演

下面的结果是一个等式，该等式有时称为乘积公式．

命题 5.1.8　如果 $f, g \in \mathcal{S}(\mathbb{R})$，则

$$\int_{-\infty}^{\infty} f(x)\hat{g}(x)\mathrm{d}x = \int_{-\infty}^{\infty} \hat{f}(y)g(y)\mathrm{d}y.$$

为了证明这个结论，需要简单讨论双重积分的积分次序问题．假设 $F(x,y)$ 是平面 $(x,y) \in \mathbb{R}^2$ 上的一个连续函数．假定 F 满足下降条件：

$$|F(x,y)| \leqslant A/(1+x^2)(1+y^2).$$

则对每个固定的 x，$F(x,y)$ 依变量 y 是适度下降的，同样地，也可以说对每个固定的 y，$F(x,y)$ 依变量 x 是适度下降的．此外，函数 $F_1(x) = \int_{-\infty}^{\infty} F(x,y)\mathrm{d}y$ 是连续的而且是适度下降的，对函数 $F_2(y) = \int_{-\infty}^{\infty} F(x,y)\mathrm{d}x$ 也有同样的结果．最终得到

$$\int_{-\infty}^{\infty} F_1(x)\mathrm{d}x = \int_{-\infty}^{\infty} F_2(y)\mathrm{d}y.$$

这个结果的证明请看第 9 章．

现在把这个结果应用到函数 $F(x,y) = f(x)g(y)\mathrm{e}^{-2\pi \mathrm{i}xy}$．则 $F_1(x) = f(x)\hat{g}(x)$ 且 $F_2(y) = \hat{f}(y)g(y)$，因此

$$\int_{-\infty}^{\infty} f(x)\hat{g}(x)\mathrm{d}x = \int_{-\infty}^{\infty} \hat{f}(y)g(y)\mathrm{d}y,$$

从而证明了命题．

乘积引理以及 Gauss 函数的 Fourier 变换依然是 Gauss 函数本身，蕴含着第一个主要定理的证明．

定理 5.1.9　（Fourier 反演）如果 $f \in \mathcal{S}(\mathbb{R})$，则

$$f(x) = \int_{-\infty}^{\infty} \hat{f}(\xi)\mathrm{e}^{2\pi \mathrm{i}x\xi}\mathrm{d}\xi.$$

证明　首先证明

$$f(0) = \int_{-\infty}^{\infty} \hat{f}(\xi) \, d\xi.$$

令 $G_\delta(x) = e^{-\pi\delta x^2}$，从而 $\hat{G}_\delta(\xi) = K_\delta(\xi)$. 由乘积公式得到

$$\int_{-\infty}^{\infty} f(x) K_\delta(x) \, dx = \int_{-\infty}^{\infty} \hat{f}(\xi) G_\delta(\xi) \, d\xi.$$

由于 K_δ 是好核，当 δ 趋向于 0 时，第一个积分趋向于 $f(0)$. 而当 δ 趋向于 0 时，第二个积分明显趋向于 $\int_{-\infty}^{\infty} \hat{f}(\xi) \, d\xi$，从而结论得证. 对于一般情形，令 $F(y) = f(y+x)$，则

$$f(x) = F(0) = \int_{-\infty}^{\infty} \hat{F}(\xi) \, d\xi = \int_{-\infty}^{\infty} \hat{f}(\xi) e^{2\pi i x \xi} \, d\xi. \qquad \square$$

正如定理 5.1.9 的名称所描述的那样，该定理给出了 Fourier 变换的逆变换；事实上如果忽略把 x 变成 $-x$，Fourier 变换的逆变换就是它自身. 更确切地讲，可以定义两个映射：$\mathcal{F}: \mathcal{S}(\mathbb{R}) \to \mathcal{S}(\mathbb{R})$ 和 $\mathcal{F}^*: \mathcal{S}(\mathbb{R}) \to \mathcal{S}(\mathbb{R})$，其中

$$\mathcal{F}(f)(\xi) = \int_{-\infty}^{\infty} f(x) e^{-2\pi i x \xi} \, dx \text{ 和 } \mathcal{F}^*(g)(x) = \int_{-\infty}^{\infty} g(\xi) e^{2\pi i x \xi} \, d\xi.$$

因此 $\mathcal{F}$ 是 Fourier 变换，而且定理 5.1.9 表明在 $\mathcal{S}(\mathbb{R})$ 上有 $\mathcal{F}^* \circ \mathcal{F} = I$. 此外，由于 $\mathcal{F}$ 和 $\mathcal{F}^*$ 的不同之处仅在于指数函数变量的符号不同，故有 $\mathcal{F}(f)(y) = \mathcal{F}^*(f)(-y)$，因此依然有 $\mathcal{F} \circ \mathcal{F}^* = I$. 最终，得到 $\mathcal{F}^*$ 是 $\mathcal{S}(\mathbb{R})$ 上 Fourier 变换的逆.

于是有如下结果.

推论 5.1.10 Fourier 变换是 Schwartz 空间上的双射.

5.1.6 Plancherel 公式

我们需要关于 Schwartz 函数卷积的一些更深刻的结果. 一个与 Fourier 级数情形类似的基本的事实是 Fourier 变换把卷积变成点态乘积.

命题 5.1.11 如果 $f, g \in \mathcal{S}(\mathbb{R})$，则

（ⅰ）$f * g \in \mathcal{S}(\mathbb{R})$；

（ⅱ）$f * g = g * f$；

（ⅲ）$\widehat{(f*g)}(\xi) = \hat{f}(\xi) \hat{g}(\xi)$.

证明 为了证明 $f * g$ 是速降的，首先注意到由于 g 是速降的，于是对任意的 $l \geq 0$，有 $\sup_x |x|^l |g(x-y)| \leq A_l (1 + |y|)^l$（为了证明这个结论可以分 $|x| \leq 2|y|$ 和 $|x| \geq 2|y|$ 两种情况来证明）. 由此，可得

$$\sup_x |x^l (f * g)(x)| \leq A_l \int_{-\infty}^{\infty} |f(y)| (1 + |y|)^l \, dy,$$

因而，对任意的 $l \geq 0$，$x^l(f*g)(x)$ 是有界的. 这个估计对于 $f * g$ 的高阶导数也是成立的. 因为对于 $k = 1, 2, \cdots$，有

$$\left(\frac{d}{dx}\right)^k (f * g)(x) = \left(f * \left(\frac{d}{dx}\right)^k g\right)(x)$$

这样就证明了有 $f*g \in \mathcal{S}(\mathbb{R})$.

对于 $k=1$ 的情形，直接对积分形式定义下的 $f*g$ 进行求导就可以证得. 现已经证得，在 dg/dx 迅速下降的情形下，求导与积分是可以交换的，于是通过归纳法就可以证明上述等式对每个 k 都成立.

对于固定的 x，作变量替换 $x-y=u$，得到

$$(f*g)(x) = \int_{-\infty}^{\infty} f(x-u)g(u)du = (g*f)(x).$$

该替换过程可以分成两步，首先令 $y \longmapsto -y$，再令 $y \longmapsto y-h(h=x)$ 即可. 对于第一步，我们发现，对于任意 Schwartz 函数 F，有 $\int_{-\infty}^{\infty} F(x)dx = \int_{-\infty}^{\infty} F(-x)dx$. 对于第二步用命题 5.1.1 中的（ii）即可.

最后令 $F(x,y) = f(y)g(x-y)e^{-2\pi i x \xi}$. 由于 f 和 g 是速降的，可以分 $|x| \leqslant |2y|$ 和 $|x| \geqslant |2y|$ 两种情况进行讨论. 将命题 5.1.8 中关于积分顺序可交换的讨论应用于 F. 此时 $F_1(x) = (f*g)(x)e^{-2\pi i x \xi}$ 和 $F_2(y) = f(y)e^{-2\pi i y \xi}\hat{g}(\xi)$，因而 $\int_{-\infty}^{\infty} F_1(x)dx = \int_{-\infty}^{\infty} F_2(y)dy$，结论（iii）成立. 命题得证. □

现在用 Schwartz 函数的卷积性质证明本节的主要结果. 这个关于 $\mathbb{R}$ 上的函数的结果与 Fourier 级数的结果相类似.

Schwartz 空间可以被赋予 Hermitian 内积

$$(f,g) = \int_{-\infty}^{\infty} f(x)\overline{g(x)}dx,$$

与之相关的范数是

$$\|f\| = \left(\int_{-\infty}^{\infty} |f(x)|^2 dx\right)^{1/2}.$$

本节的第二个主要定理指出，$\mathcal{S}(\mathbb{R})$ 中的 Fourier 变换是保范的.

定理 5.1.12（Plancherel）　若 $f \in \mathcal{S}(\mathbb{R})$，则 $\|\hat{f}\| = \|f\|$.

证明　如果 $f \in \mathcal{S}(\mathbb{R})$，定义 $f^b(x) = \overline{f(-x)}$. 则 $\hat{f^b}(\xi) = \overline{\hat{f}(\xi)}$. 令 $h = f*f^b$，显然有

$$\hat{h}(\xi) = |\hat{f}(\xi)|^2 \qquad \text{以及} \qquad h(0) = \int_{-\infty}^{\infty} |f(x)|^2 dx.$$

令 $x=0$，则这个定理可以由反演引理得到，即

$$\int_{-\infty}^{\infty} \hat{h}(\xi)d\xi = h(0). \qquad\qquad □$$

5.1.7　推广到适度下降函数情形

在前面的小节中，我们把关于 Fourier 反演公式以及 Plancherel 公式的讨论限定在 Schwartz 空间中的函数. 为了将这些结果推广至适度下降函数上，我们不用更多的想法，只需再假设被考虑函数的 Fourier 变换依然是递减的就可以了. 事实上，最关键的一步便是指出两个适度下降函数 f 和 g 的卷积 $f*g$ 依然是适度下降函数就可以了，而这一点是很容易证明的（练习 7），当然，也有 $\widehat{f*g} = \hat{f}\hat{g}$. 此

外乘积引理也是成立的. 从而若假定 f 和 $\hat{f}$ 都是适度下降函数, 则 Fourier 反演公式以及 Plancherel 公式都是成立的.

这种推广虽然只限定在一些特殊情形, 但是在某些情形下依然是非常有用的.

5.1.8 Weierstrass 逼近定理

为了证明 Weierstrass 逼近定理, 我们需要偏离原来的思路去进一步讨论好核. 第 2 章已经提到过这个定理.

定理 5.1.13 令 f 为有界闭区间 $[a,b]$ 上的连续函数. 则对任意的 $\varepsilon > 0$, 存在一个多项式 P 使得

$$\sup_{x \in [a,b]} |f(x) - P(x)| < \varepsilon.$$

换句话说, f 可以被多项式一致逼近.

证明 令 $[-M, M]$ 为任意的将 $[a,b]$ 包含在其内部的区间, 并令 g 为 $\mathbb{R}$ 上的一个连续函数, 它在 $[-M, M]$ 之外取 0, 在 $[a,b]$ 上等于 f. 例如, f 可以这样延拓: 在 b 到 M 之间, 定义 g 为连接 $f(b)$ 与 0 的直线段, 在 a 到 $-M$ 之间, 定义 g 为连接 $f(a)$ 与 0 的直线段. 令 B 为 g 的一个上界, 即对任意的 x 有 $|g(x)| \leqslant B$. 则由于 $\{K_\delta\}$ 是一族好核, 而 g 是具有紧支集的连续函数, 依照推论 5.1.7 的证明, 可以得到当 δ 趋于 0 时, $g * K_\delta$ 一致趋向于 g. 事实上, 取某个 δ_0 使得对所有的 $x \in \mathbb{R}$,

$$|g(x) - (g * K_{\delta_0})(x)| < \varepsilon/2.$$

由 e^x 的幂级数展开式 $e^x = \sum_{n=0}^{\infty} x^n/n!$, 其中该幂级数在 $\mathbb{R}$ 中的任意闭区间上是一致收敛的. 所以存在正整数 N, 满足对所有的 $x \in [-2M, 2M]$,

$$|K_{\delta_0}(x) - R(x)| \leqslant \frac{\varepsilon}{4MB},$$

其中, $R(x) = \delta_0^{-1/2} \sum_{n=0}^{N} \frac{(-\pi x^2/\delta_0)^n}{n!}$. 于是, 联想到 g 在 $[-M, M]$ 外取值为 0, 对任意的 $x \in [-M, M]$, 有

$$\begin{aligned}
|(g * K_{\delta_0})(x) - (g * R)(x)| &= \left| \int_{-M}^{M} g(t)[K_{\delta_0}(x-t) - R(x-t)] \mathrm{d}t \right| \\
&\leqslant \int_{-M}^{M} |g(t)| |K_{\delta_0}(x-t) - R(x-t)| \mathrm{d}t \\
&\leqslant 2MB \sup_{z \in [-2M, 2M]} |K_{\delta_0}(z) - R(z)| \\
&< \varepsilon/2.
\end{aligned}$$

所以由三角不等式可以得到当 $x \in [-M, M]$ 时, $|g(x) - (g * R)(x)| < \varepsilon$, 进一步当 $x \in [a,b]$ 时, 有 $|f(x) - (g * R)(x)| < \varepsilon$.

最后, 注意到 $g * R$ 其实是一个以 x 为变量的多项式. 实际上, 由定义有 $(g * R)(x) = \int_{-M}^{M} g(t) R(x-t) \mathrm{d}t$, 经过几次延拓, $R(x-t)$ 是关于 x 的一个多

项式 $R(x-t)=\sum\limits_{0}^{n}a_n(t)x^n$，这是一个有限和．最终，我们证明了这个定理．　　□

5.2　偏微分方程中的一些应用

此前，我们曾指出 Fourier 变换的一个重要性质就是可以使得求导运算和与多项式相乘的运算相互转换．现在，我们利用这个重要的性质以及反演公式解决一些特殊的偏微分方程问题．

5.2.1　实数域上的时间依赖性热传导方程

在第 4 章中介绍了圆盘上的热传导方程．在此，我们研究实直线上的类似问题．

考虑一根无限长的杆，把实直线作为其模型，并假设在时刻 $t=0$ 处，给出了最初的热分布 $f(x)$．我们希望知道在时刻 $t>0$ 点 x 处的温度 $u(x,t)$．与第 1 章的讨论相类似，当 u 足够光滑时，与它有关的偏微分方程如下：

$$\frac{\partial u}{\partial t}=\frac{\partial^2 u}{\partial x^2},\tag{5.2.1}$$

称其为**热传导方程**，初始条件是 $u(x,0)=f(x)$．

就像圆盘上的情形，它的解是一个卷积表达式．实际上，定义实直线上的热核为

$$\mathcal{H}_t(x)=K_\delta(x),\text{取 }\delta=4\pi t,$$

因而

$$\mathcal{H}_t(x)=\frac{1}{(4\pi t)^{1/2}}\mathrm{e}^{-x^2/4t}\qquad\text{以及}\quad\widehat{\mathcal{H}}_t(\xi)=\mathrm{e}^{-4\pi^2 t\xi^2}.$$

求以 x 为变量的方程（5.2.1）中的 Fourier 变换，得到

$$\frac{\partial\hat{u}}{\partial t}(\xi,t)=-4\pi^2\xi^2\hat{u}(\xi,t).$$

固定 ξ，这就是关于 t 的一个普通的微分方程（关于未知函数 $\hat{u}(\xi,\cdot)$），因而存在一个函数 $A(\xi)$ 使得

$$\hat{u}(\xi,t)=A(\xi)\mathrm{e}^{-4\pi^2\xi^2 t}.$$

同时，也求初始条件的 Fourier 变换，得到 $\hat{u}(\xi,0)=\hat{f}(\xi)$，因此 $A(\xi)=\hat{f}(\xi)$．从而得到下面的定理．

定理 5.2.1　给定 $f\in\mathcal{S}(\mathbb{R})$，对于 $t>0$，令

$$u(x,t)=(f*\mathcal{H}_t)(x),$$

其中 $\mathcal{H}_t$ 为热核．则：

（i）当 $x\in\mathbb{R}$ 并且 $t>0$ 时，函数 u 是 C^2 的，并且是热传导方程的解；

（ii）当 $t\to 0$ 时，$u(x,t)$ 关于 x 一致趋向于 $f(t)$．因此，如果令 $u(x,0)=f(x)$，则 u 在上半平面的闭包 $\overline{\mathbb{R}^2_+}=\{(x,t):x\in\mathbb{R},t\geqslant 0\}$ 上是连续的；

（iii）当 $t\to 0$ 时，$\int_{-\infty}^{\infty}|u(x,t)-f(x)|^2\mathrm{d}x\to 0$．

证明 因为 $u = f * \mathcal{H}_t$，对于 x 取 Fourier 变换得到 $\hat{u} = \hat{f}\hat{\mathcal{H}}_t$，因此 $\hat{u}(\xi, t) = \hat{f}(\xi)e^{-4\pi^2\xi^2 t}$. Fourier 反演公式指出

$$u(x, t) = \int_{-\infty}^{\infty} \hat{f}(\xi)e^{-4\pi^2 t\xi^2} e^{2\pi i\xi x} \, d\xi.$$

在积分号下求导，得到 （ⅰ）. 事实上，u 是无限可微的. 由推论 5.1.7，（ⅱ）是显然的. 最后，由 Plancherel 公式，有

$$\int_{-\infty}^{\infty} |u(x, t) - f(x)|^2 \, dx = \int_{-\infty}^{\infty} |\hat{u}(\xi, t) - \hat{f}(\xi)|^2 \, d\xi$$

$$= \int_{-\infty}^{\infty} |\hat{f}(\xi)|^2 |e^{-4\pi^2 t\xi^2} - 1| \, d\xi.$$

为了得到当 $t \to 0$ 时，最后一项积分趋向于 0，我们做如下讨论：由于 $|e^{-4\pi^2 t\xi^2} - 1| \leqslant 2$ 并且 $f \in \mathcal{S}(\mathbb{R})$，可以找到 N 满足

$$\int_{|\xi| \geqslant N} |\hat{f}(\xi)|^2 |e^{-4\pi^2 t\xi^2} - 1| \, d\xi < \varepsilon,$$

并且由于 $\hat{f}$ 是有界的，对于足够小的 t，有 $\sup_{|\xi| \leqslant N} |\hat{f}(\xi)|^2 |e^{-4\pi^2 t\xi^2} - 1| < \varepsilon/2N$. 因此对足够小的 t 有

$$\int_{|\xi| \leqslant N} |\hat{f}(\xi)|^2 |e^{-4\pi^2 t\xi^2} - 1| \, d\xi < \varepsilon,$$

这样我们就完成了这个定理的证明. □

上面的定理表明了对于拥有初值 f 的热传导方程的解的存在性. 该解是唯一的. 我们注意到 $u = f * \mathcal{H}_t$，$f \in \mathcal{S}(\mathbb{R})$，满足下面的附加性质.

推论 5.2.2 $u(\cdot, t)$ 关于 t 一致地属于 $\mathcal{S}(\mathbb{R})$. 其中，一致性是指，对任意的 $T > 0$ 以及 $k, l \geqslant 0$，有

$$\sup_{x \in \mathbb{R}, 0 < t < T} |x|^k \left| \frac{\partial^l}{\partial x^l} u(x, t) \right| < \infty. \tag{5.2.2}$$

证明 可以由下面的估计式得到这个结果：

$$|u(x, t)| \leqslant \int_{|y| \leqslant |x|/2} |f(x - y)| \mathcal{H}_t(y) dy + \int_{|y| \geqslant |x|/2} |f(x - y)| \mathcal{H}_t(y) dy$$

$$\leqslant \frac{C_N}{(1 + |x|)^N} + \frac{C}{\sqrt{t}} e^{-cx^2/t}.$$

事实上，由于 f 是速降的，当 $|y| \leqslant |x|/2$ 时，有 $|f(x - y)| \leqslant C_N/(1 + |x|)^N$. 同时，当 $|y| \geqslant |x|/2$ 时，有 $\mathcal{H}_t(y) \leqslant Ct^{-1/2} e^{-cx^2/t}$，从而得到上面的估计式. 最终得到对于 $0 < t < T$，$u(x, t)$ 是一致快速下降的.

由于可以在积分号下求导，故可以把类似的讨论应用于 u 关于 x 的各阶导函数上，只需把上面关于 f 的估计改为关于 f'，f''，$\cdots$，$f^{(n)}$，$\cdots$ 的估计即可.

这样可以得到下面的唯一性定理.

定理 5.2.3 假设 $u(x, t)$ 满足下列条件：

（ⅰ）u 在上半平面的闭包上是连续的；

（ⅱ）对于 $t>0$，u 满足热传导方程；

（ⅲ）u 满足边界条件 $u(x,0)=0$；

（ⅳ）像式（5.2.2）中一样，对于 t，$u(\cdot,t)\in\mathcal{S}(\mathbb{R})$ 是一致的.

那么，得到结论 $u=0$.

下面我们用缩写记号 $\partial_x^l u$ 和 $\partial_t u$ 来表示 $\dfrac{\partial^l u}{\partial x^l}$ 和 $\dfrac{\partial u}{\partial t}$.

证明　记解 $u(x,t)$ 在时刻 t 的能量为

$$E(t)=\int_{\mathbb{R}}|u(x,t)|^2\mathrm{d}x.$$

显然，$E(t)\geqslant 0$. 因为 $E(0)=0$，只需指出 E 是一个递减函数即可，通过证明 $\mathrm{d}E/\mathrm{d}t\leqslant 0$ 就可以得到这个结果. 关于 u 的假设允许我们可以在积分号下对 $E(t)$ 对进行求导，即

$$\frac{\mathrm{d}E}{\mathrm{d}t}=\int_{\mathbb{R}}[\partial_t u(x,t)\overline{u}(x,t)+u(x,t)\partial_t\overline{u}(x,t)]\mathrm{d}x.$$

但是 u 满足热传导方程，因此 $\partial_t u=\partial_x^2 u$ 和 $\partial_t\overline{u}=\partial_x^2\overline{u}$. 通过分部积分以及当 $|x|\to\infty$ 时，u 关于 x 是快速下降的，得到

$$\frac{\mathrm{d}E}{\mathrm{d}t}=\int_{\mathbb{R}}[\partial_x^2 u(x,t)\overline{u}(x,t)+u(x,t)\partial_x^2\overline{u}(x,t)]\mathrm{d}x$$

$$=-\int_{\mathbb{R}}[\partial_x u(x,t)\partial_x\overline{u}(x,t)+\partial_x u(x,t)\partial_x\overline{u}(x,t)]\mathrm{d}x$$

$$=-2\int_{\mathbb{R}}|\partial_x u(x,t)|^2\mathrm{d}x$$

$$\leqslant 0.$$

因此，对任意的 t，由 $E(t)=0$ 可知有 $u=0$. □

在问题 6 中有一个关于热传导方程的另外一个唯一性定理，并且限制条件比式（5.2.2）更少一些. 在问题 4 以及练习 12 中有一个唯一性不成立的例子.

5.2.2　上半平面的稳态热传导方程

我们现在关心的是定义在上半平面 $\mathbb{R}_+^2=\{(x,y):x\in\mathbb{R},y>0\}$ 的方程

$$\Delta u=\frac{\partial^2 u}{\partial x^2}+\frac{\partial^2 u}{\partial y^2}=0. \tag{5.2.3}$$

所求的边界条件是 $u(x,0)=f(x)$. Δ 被称为 Laplacian 算子，上面的偏微分方程描述的是 $\mathbb{R}_+^2$ 上的稳态热分布情况. 解决这个问题的核被称作上半平面的 Poisson 核，其表达式为

$$\mathcal{P}_y(x)=\frac{1}{\pi}\frac{y}{x^2+y^2}$$

其中，$x\in\mathbb{R}$ 并且 $y>0$. 该核类似于第 2 章 5.4 节所讨论的关于圆盘上的 Poisson

核. 对于固定的 y, 核 $\mathcal{P}_y$ 是关于 x 的适度下降函数. 因此, 可以将 Fourier 变换理论应用于这类函数 (1.7 节).

我们像时间依赖性热传导方程的做法一样, 求方程 (5.2.3) 关于 x 的 Fourier 变换, 得到

$$-4\pi^2\xi^2\hat{u}(\xi,y)+\frac{\partial^2\hat{u}}{\partial y^2}(\xi,y)=0,$$

并且该方程的边界条件为 $\hat{u}(\xi,0)=\hat{f}(\xi)$. 这个关于 y (固定 ξ) 的普通微分方程的通解具有形式

$$\hat{u}(\xi,y)=A(\xi)\mathrm{e}^{-2\pi|\xi|y}+B(\xi)\mathrm{e}^{2\pi|\xi|y}.$$

由于上式中的第二项是快速上升的, 我们通过令 $B(\xi)=0$ 将它忽略. 得到

$$\hat{u}(\xi,y)=\hat{f}(\xi)\mathrm{e}^{-2\pi|\xi|y}.$$

因此, u 可以由 f 与一个核函数的卷积得到, 而这个核函数的 Fourier 变换为 $\mathrm{e}^{-2\pi|\xi|y}$. 下面将证明这个核其实就是 Poisson 核.

引理 5.2.4 下面两个等式成立:

$$\int_{-\infty}^{\infty}\mathrm{e}^{-2\pi|\xi|y}\mathrm{e}^{2\pi\mathrm{i}\xi x}\,\mathrm{d}\xi=\mathcal{P}_y(x),$$

$$\int_{-\infty}^{\infty}\mathcal{P}_y(x)\mathrm{e}^{-2\pi\mathrm{i}x\xi}\,\mathrm{d}x=\mathrm{e}^{-2\pi|\xi|y}.$$

证明 第一个公式是相当简单的, 我们可以把积分分成从 $-\infty$ 到 0 和 0 到 ∞ 两部分. 于是, 由于 $y>0$ 有

$$\int_0^{\infty}\mathrm{e}^{-2\pi\xi y}\mathrm{e}^{2\pi\mathrm{i}\xi x}\,\mathrm{d}\xi=\int_0^{\infty}\mathrm{e}^{2\pi\mathrm{i}(x+\mathrm{i}y)\xi}\,\mathrm{d}\xi$$

$$=\left[\frac{\mathrm{e}^{2\pi\mathrm{i}(x+\mathrm{i}y)\xi}}{2\pi\mathrm{i}(x+\mathrm{i}y)}\right]_0^{\infty}$$

$$=-\frac{1}{2\pi\mathrm{i}(x+\mathrm{i}y)},$$

类似地,

$$\int_{-\infty}^0\mathrm{e}^{2\pi\xi y}\mathrm{e}^{2\pi\mathrm{i}\xi x}\,\mathrm{d}\xi=\frac{1}{2\pi\mathrm{i}(x-\mathrm{i}y)}.$$

因此,

$$\int_{-\infty}^{\infty}\mathrm{e}^{-2\pi|\xi|y}\mathrm{e}^{2\pi\mathrm{i}\xi x}\,\mathrm{d}\xi=\frac{1}{2\pi\mathrm{i}(x-\mathrm{i}y)}-\frac{1}{2\pi\mathrm{i}(x+\mathrm{i}y)}=\frac{y}{\pi(x^2+y^2)}.$$

第二个公式就是当 f 和 $\hat{f}$ 都是适度下降函数时反演公式的应用. $\square$

引理 5.2.5 当 $y\to0$ 时, Poisson 核是 $\mathbb{R}$ 上的好核.

证明 在引理的第二个公式中令 $\xi=0$, 得到 $\int_{-\infty}^{\infty}\mathcal{P}_y(x)\mathrm{d}x=1$, 并且显然 $\mathcal{P}_y(x)\geqslant0$, 因此只剩下证明好核的最后一个性质. 固定 $\delta>0$, 作变量替换 $u=x/y$, 得到

$$\int_{\delta}^{\infty}\frac{y}{x^2+y^2}\,\mathrm{d}x=\int_{\delta/y}^{\infty}\frac{\mathrm{d}u}{1+u^2}=[\arctan u]_{\delta/y}^{\infty}=\frac{\pi}{2}-\arctan(\delta/y),$$

并且当 y 趋向于 0 时，该值趋向于 0. 因为 $\mathcal{P}_y(x)$ 是一个偶函数，定理得证.　□

下面的定理表明问题存在解.

定理 5.2.6　给定 $f \in \mathcal{S}(\mathbb{R})$，令 $u(x,y)=(f*\mathcal{P}_y)(x)$. 则

（ⅰ）$u(x,y)$ 在 $\mathbb{R}^2_+$ 中是 C^2，并且 $\Delta u=0$；

（ⅱ）当 $y \to 0$ 时，有 $u(x,y) \to f(x)$ 是一致的；

（ⅲ）当 $y \to 0$ 时，有 $\displaystyle\int_{-\infty}^{\infty} |u(x,y)-f(x)|^2 \mathrm{d}x \to 0$.

（ⅳ）如果 $u(x,0)=f(x)$，则 u 在上半平面的闭包 $\overline{\mathbb{R}^2_+}$ 上是连续的，并且在如下意义下的无穷远处是趋于 0 的，即：若 $|x|+y \to \infty$ 时，$u(x,y) \to 0$.

证明　结论（ⅰ）～结论（ⅲ）的证明与热传导方程的证明过程类似，因此留给读者完成. 由于 f 是适度下降的，结论（ⅳ）由两个简单估计很容易得到. 首先，有

$$|(f*\mathcal{P}_y)(x)| \leqslant C\left(\frac{1}{1+x^2} + \frac{y}{x^2+y^2}\right).$$

这个估计可以将积分 $\displaystyle\int_{-\infty}^{\infty} f(x-t)\,\mathcal{P}_y(t)\mathrm{d}t$ 分成 $|t| \leqslant |x|/2$ 和 $|t| \geqslant |x|/2$ 两

部分来证明（就像在热传导方程中证明的那样）. 然后，由于 $\sup\limits_{x}\mathcal{P}_y(x) \leqslant c/y$，有 $|(f*\mathcal{P}_y)(x)| \leqslant C/y$. 当 $|x| \geqslant |y|$ 时用第一个估计，当 $|x| \leqslant |y|$ 时用第二个估计，我们就能得到在无穷远处所需要的估计.　□

下面说明这个解实际上是唯一的.

定理 5.2.7　假设 u 在上半平面的闭包 $\overline{\mathbb{R}^2_+}$ 上是连续的，对 $(x,y) \in \mathbb{R}^2_+$ 满足 $\Delta u=0, u(x,0)=0$，并且 $u(x,y)$ 在无穷远处衰减，则 $u=0$.

一个简单的例子表明 u 在无穷远处衰减是必要的条件：令 $u(x,y)=y$. 显然 u 满足热稳态热传导方程并且在实轴上是衰减的，但是 u 并不等于 0.

这个定理的证明依赖于调和函数即满足 $\Delta u=0$ 的函数的基本性质. 该性质就是调和函数在某一点的取值等于以该点为中心的圆环上的平均值.

引理 5.2.8（均值性质）　假设 Ω 是 $\mathbb{R}^2$ 中的开集，令 u 为 C^2 类中的一个函数并且在 Ω 中满足 $\Delta u=0$. 如果以 (x,y) 为中心、以 R 为半径的圆盘的闭包在 Ω 中，则对任意的 $0 \leqslant r \leqslant R$ 有

$$u(x,y)=\frac{1}{2\pi}\int_0^{2\pi} u(x+r\cos\theta, y+r\sin\theta)\mathrm{d}\theta.$$

证明　令 $U(r,\theta)=u(x+r\cos\theta, y+r\sin\theta)$. 把拉普拉斯算子用极坐标表示，由于 $\Delta u=0$，得到

$$0=\frac{\partial^2 U}{\partial\theta^2}+r\frac{\partial}{\partial r}\left(r\frac{\partial U}{\partial r}\right).$$

如果定义 $F(r)=\dfrac{1}{2\pi}\displaystyle\int_0^{2\pi} U(r,\theta)\mathrm{d}\theta$，则上式表明

$$r \frac{\partial}{\partial r}\left(r \frac{\partial F}{\partial r}\right) = \frac{1}{2\pi}\int_0^{2\pi} -\frac{\partial^2 U}{\partial \theta^2}(r,\theta)\mathrm{d}\theta.$$

由于 $\partial U/\partial \theta$ 是周期性的, 这表明 $\partial^2 U/\partial \theta^2$ 沿着圆环的积分值是零, 所以 $r \frac{\partial}{\partial r}\left(r \frac{\partial F}{\partial r}\right) = 0$, 从而 $r\partial F/\partial r$ 是常数. 计算这个表达式在 $r=0$ 处的取值, 则有 $\partial F/\partial r = 0$. 因而 F 是常数, 但是因为 $F(0) = u(x,y)$, 故得到对于 $0 \leqslant r \leqslant R$, $F(r) = u(x,y)$, 即均值性质得证. □

最后, 需要指出的是上述讨论已经暗含在第 2 章定理 5.7 的证明过程中了.

下面用反证法来证明定理 5.2.7. 我们可以将 u 分成实部和虚部来讨论, 不妨设 u 是一个实值函数并且在某些点上严格取正值, 即对于满足 $x_0 \in \mathbb{R}$ 以及 $y_0 > 0$ 中的某些点 $u(x_0, y_0) > 0$. 这将导致一些矛盾. 首先, 因为 u 在无穷远处衰减, 故可以找到一个半径为 R 的大半圆盘 $D_R^+ = \{(x,y): x^2 + y^2 \leqslant R, y \geqslant 0\}$, 在该圆盘外有 $u(x,y) \leqslant \frac{1}{2}u(x_0, y_0)$. 下一步, 由于 u 在 D_R^+ 上连续, 故它可以取到最大值 M, 也就是说存在一点 $(x_1, y_1) \in D_R^+$ 满足 $u(x_1, y_1) = M$, 且在这半个圆盘上有 $u(x,y) \leqslant M$; 另外, 因为在这半个圆盘外有 $u(x,y) \leqslant \frac{1}{2}u(x_0, y_0) \leqslant M/2$, 所以在整个上半平面上有 $u(x,y) \leqslant M$. 现在调和函数的均值性质表明当积分圆环整个落在上半平面上时, 有

$$u(x_1, y_1) = \frac{1}{2\pi}\int_0^{2\pi} u(x_1 + \rho\cos\theta, y_1 + \rho\sin\theta)\mathrm{d}\theta$$

特别地, 当 $0 < \rho < y_1$ 时, 这个等式成立. 因为 $u(x_1, y_1)$ 等于最大值 M, 而 $u(x_1 + \rho\cos\theta, y_1 + \rho\sin\theta) \leqslant M$, 由连续性可知在整个圆盘上都有 $u(x_1 + \rho\cos\theta, y_1 + \rho\sin\theta) = M$, 否则若在某段长度 $\delta > 0$ 的圆弧上有 $u(x,y) \leqslant M - \varepsilon$, 则有

$$\frac{1}{2\pi}\int_0^{2\pi} u(x_1 + \rho\cos\theta, y_1 + \rho\sin\theta)\mathrm{d}\theta \leqslant M - \frac{\varepsilon\delta}{2\pi} < M,$$

这与 $u(x_1, y_1) = M$ 是矛盾的. 现在令 $\rho \to y_1$, 并且再次应用 u 的连续性, 则得 $u(x_1, 0) = M > 0$, 而这一点是与对所有的 x, $u(x,0) = 0$ 是矛盾的.

5.3 Poisson 求和公式

我们定义 Fourier 变换的动机就是希望得到 Fourier 级数的连续型模型, 从而可以把它应用于定义在实直线上的函数. 下面说明圆环上的函数以及实直线 $\mathbb{R}$ 上的函数之间有更深刻的关系.

给定实直线上的一个函数 $f \in \mathcal{S}(\mathbb{R})$, 通过以下方式可以得到定义在圆环上的一个新的函数

$$F_1(x) = \sum_{n=-\infty}^{\infty} f(x+n).$$

由于 f 是迅速下降的，这个级数在 $\mathbb{R}$ 中的任意一个紧集上绝对一致收敛，因此 F_1 是连续的. 注意到把 n 变成 $n+1$，只是使得定义 $F_1(x)$ 的项之间发生了平移，从而有 $F_1(x+1)=F_1(x)$. 所以 F_1 是以 1 为周期的函数. 函数 F_1 称为函数 f 的**周期化**.

也可以通过另外一种方式得到 f 的"周期模型"，这次将用到 Fourier 分析. 从下面这个等式

$$f(x) = \int_{-\infty}^{\infty} \widehat{f}(\xi)\mathrm{e}^{2\pi\mathrm{i}\xi x}\,\mathrm{d}\xi$$

开始考虑该式的离散化形式，即把积分号用求和号，代替得到

$$F_2(x) = \sum_{n=-\infty}^{\infty} \widehat{f}(n)\mathrm{e}^{2\pi\mathrm{i}nx}$$

再一次，因为 $\widehat{f}$ 在 Schwartz 空间中，这个级数是绝对一致收敛的，所以 F_2 是连续的. 由于每个幂指数函数 $\mathrm{e}^{2\pi\mathrm{i}nx}$ 是以 1 为周期的，F_2 也是以 1 为周期的周期函数.

一个基本事实是通过这两种途径我们最终得到的函数 F_1 和 F_2 是相同的.

定理 5.3.1(Poisson 求和公式)　如果 $f \in \mathcal{S}(\mathbb{R})$，则

$$\sum_{n=-\infty}^{\infty} f(x+n) = \sum_{n=-\infty}^{\infty} \widehat{f}(n)\mathrm{e}^{2\pi\mathrm{i}nx}.$$

特别地，取 $x=0$，有

$$\sum_{n=-\infty}^{\infty} f(n) = \sum_{n=-\infty}^{\infty} \widehat{f}(n).$$

换句话说，将 f 进行周期化后的 Fourier 系数可以由 f 的 Fourier 变换在整数点处的取值准确得到.

证明　由第 2 章中的定理 2.1，为了证明第一个公式只需证明两边（都是连续函数）有相同的 Fourier 系数即可（作为圆环上的函数）. 显然，右边的第 m 项系数恰好是 $\widehat{f}(m)$. 对于左边的项有

$$\int_0^1 \left(\sum_{n=-\infty}^{\infty} f(x+n) \right)\mathrm{e}^{-2\pi\mathrm{i}mx}\,\mathrm{d}x = \sum_{n=-\infty}^{\infty} \int_0^1 f(x+n)\mathrm{e}^{-2\pi\mathrm{i}mx}\,\mathrm{d}x$$

$$= \sum_{n=-\infty}^{\infty} \int_n^{n+1} f(y)\mathrm{e}^{-2\pi\mathrm{i}my}\,\mathrm{d}y$$

$$= \int_{-\infty}^{\infty} f(y)\mathrm{e}^{-2\pi\mathrm{i}my}\,\mathrm{d}y$$

$$= \widehat{f}(m),$$

其中，由于 f 是速降的，求和运算与求积分运算顺序是可以交换的. 这样就完成了这个定理的证明　　　　　　　　　　　　　　　　　　　　□

进一步观察可知，我们可以将该定理推广至仅假设 f 和 $\widehat{f}$ 都是适度下降的即

可,证明过程是完全相同的. 周期化算子在一些问题当中是非常重要的,即使并不需要用到 Poisson 求和公式. 举一个简单的例子,考虑函数 $f(x)=1/x$,$x \neq 0$,周期化后的结果是 $\sum\limits_{n=-\infty}^{\infty} 1/(x+n)$. 对该式进行对称求和,就可以得到余切函数的部分分式级数分解. 事实上,当 x 不是整数时,该和式等于 $\pi \cot \pi x$. 同样地,对于函数 $f(x)=1/x^2$,当 $x \notin \mathbb{Z}$ 时,有 $\sum\limits_{n=-\infty}^{\infty} 1/(x+n)^2 = \pi^2/(\sin \pi x)^2$(见练习15).

5.3.1 Theta 和 Zeta 函数

当 $s>0$ 时,定义 Theta 函数 $\vartheta(s)$ 如下:

$$\vartheta(s) = \sum_{n=-\infty}^{\infty} e^{-\pi n^2 s}.$$

关于 s 的条件保证了级数的绝对收敛性. 一个重要的事实是这个特殊的函数满足下面的函数方程.

定理 5.3.2 当 $s>0$ 时,有 $s^{-1/2}\vartheta(1/s)=\vartheta(s)$.

为了证明这个定理,只需用 Poisson 求和公式即可,事实上等式两边可以分解为下面两个对应的函数的和

$$\hat{f}(\xi) = s^{-1/2} e^{-\pi \xi^2/s} \quad \text{和} \quad f(x) = e^{-\pi s x^2}.$$

Theta 函数 $\vartheta(s)$ 也可以拓展至复数域 $\mathrm{Re}(s)>0$ 上,并且上面的函数方程依然成立. 在数论中,Theta 函数与定义在 $\mathrm{Re}(s)>1$ 上的一类重要的函数有着本质的联系,即 $\zeta(s)$ 函数,

$$\zeta(s) = \sum_{n=1}^{\infty} \frac{1}{n^s}.$$

以后我们会看到这个函数包含了素数的一些本质的信息(见第 8 章).

特别需要指出的是,ζ,ϑ 和另一个重要的函数 Γ 通过下面这个式子联系起来:

$$\pi^{-s/2} \Gamma(s/2) \zeta(s) = \frac{1}{2} \int_0^{\infty} t^{s/2-1} [\vartheta(t)-1] \mathrm{d}t,$$

其中 $s>1$(见练习 17 和练习 18).

回到函数 ϑ,定义一般化函数 $\Theta(z|\tau)$ 如下:

$$\Theta(z|\tau) = \sum_{n=-\infty}^{\infty} e^{i\pi n^2 \tau} e^{2\pi i n z},$$

其中 $\mathrm{Im}(\tau)>0$ 并且 $z \in \mathbb{C}$. 取 $z=0$ 以及 $\tau=\mathrm{i}s$,得到 $\Theta(z|\tau)=\vartheta(s)$.

5.3.2 热核

另一个关于 Poisson 求和公式以及 Theta 函数的应用就是圆环上随时间变化的热传导方程. 函数方程

$$\frac{\partial u}{\partial t} = \frac{\partial^2 u}{\partial x^2}$$

的一个使得 $u(x,0)=f(x)$ 的解,其中 f 是一个以 1 为周期的函数,在前一章节中

已经给出，即

$$u(x,t)=(f*H_t)(x),$$

其中 $H_t(x)$ 是圆环上的一个热核，表达式为

$$H_t(x)=\sum_{n=-\infty}^{\infty} e^{-4\pi^2 n^2 t} e^{2\pi inx}.$$

特别需要指出的是，从关于 theta 函数的一般化定义可以看出 $\Theta(x\,|\,4\pi it)=H_t(x)$. 同样的，回想实直线 R 上的热传导方程，与之相对应的热核，

$$\mathcal{H}_t(x)=\frac{1}{(4\pi t)^{1/2}} e^{-x^2/4t},$$

其中 $\widehat{\mathcal{H}_t}(\xi)=e^{-4\pi^2\xi^2 t}$. 这两个问题之间的基本联系可以立即由 Poisson 求和公式给出.

定理 5.3.3　圆环上的热核是实直线上的热核的周期化：

$$H_t(x)=\sum_{n=-\infty}^{\infty} \mathcal{H}_t(x+n).$$

由于关于 $\mathcal{H}_t$ 是实直线 R 上的好核的证明是平凡而直接的，我们只讨论更加困难一点的问题，即 H_t 是圆环上的好核. 我们可以利用上面的结果去解决这一问题.

推论 5.3.4　当 $t\to 0$ 时，$H_t(x)$ 是好核.

证明　我们已经得到结果 $\int_{|x|\leqslant 1/2} H_t(x)\mathrm{d}x=1$. 现在由于 $\mathcal{H}_t\geqslant 0$，再结合 Poisson 求和公式，有 $H_t\geqslant 0$. 最后当 $|x|\leqslant 1/2$ 时，有

$$H_t(x)=\mathcal{H}_t(x)+\varepsilon_t(x),$$

其中存在常数 $c_1>0$，$c_2>0$，以及 $0<t\leqslant 1$ 使得误差项满足 $|\varepsilon_t(x)|\leqslant c_1 e^{-c_2/t}$. 为了得到这个估计，再次利用该定理中的公式，

$$H_t(x)=\mathcal{H}_t(x)+\sum_{|n|\geqslant 1} \mathcal{H}_t(x+n);$$

从而，由于 $|x|\leqslant \dfrac{1}{2}$，

$$\varepsilon_t(x)=\frac{1}{\sqrt{4\pi t}}\sum_{|n|\geqslant 1} e^{-(x+n)^2/4t}\leqslant Ct^{-1/2}\sum_{n\geqslant 1} e^{-cn^2/t}.$$

当 $0<t\leqslant 1$ 时，有 $n^2/t\geqslant n^2$ 以及 $n^2/t\geqslant 1/t$. 从而 $e^{-cn^2/t}\leqslant e^{-\frac{c}{2}n^2} e^{-\frac{c}{2}\frac{1}{t}}$. 所以

$$|\varepsilon_t(x)|\leqslant Ct^{-1/2}e^{-\frac{c}{2}\frac{1}{t}}\sum_{n\geqslant 1} e^{-\frac{c}{2}n^2}\leqslant c_1 e^{-c_2/t}.$$

这样结论就得到了证明，而当 $t\to 0$ 时，$\int_{|x|\leqslant 1/2} |\varepsilon_t(x)|\mathrm{d}x\to 0$. 很明显当 $t\to 0$ 时，H_t 满足

$$\int_{\eta<|x|\leqslant 1/2} |H_t(x)|\mathrm{d}x\to 0.$$

因为 $\mathcal{H}_t$ 也满足这个性质. □

5.3.3 Poisson 核

与讨论热核的方式类似，我们讨论圆盘上和上半平面上的 Poisson 核，即

$$P_r(\theta) = \frac{1-r^2}{1-2r\cos\theta+r^2} \text{ 以及 } \mathcal{P}_y(x) = \frac{1}{\pi}\,\frac{y}{y^2+x^2}$$

之间的联系.

定理 5.3.5 当 $r = \mathrm{e}^{-2\pi y}$ 时，有 $P_r(2\pi x) = \sum_{n\in\mathbb{Z}}\mathcal{P}_y(x+n)$.

把 Poisson 求和公式应用于 $f(x) = \mathcal{P}_y(x)$ 和 $\widehat{f}(\xi) = \mathrm{e}^{-2\pi|\xi|y}$ 就可以直接得到这个推论. 当然，在这里用 Poisson 求和公式是在 f 和 $\widehat{f}$ 都是适度下降函数的假设下.

5.4 Heisenberg 不确定性原理

这个原理的数学推力可以由一个函数和它的 Fourier 变换之间的联系来表达. 这个基本的原理，用模糊的和最一般化的方式表达，就是一个函数和它的 Fourier 变换不能同时被局部化. 说得更确切一点，如果一个函数的大部分的质量集中在一个长为 L 的区间上，那么它的 Fourier 变换的大部分质量不可能集中在一个比 L^{-1} 还小的区间上. 其准确表达如下.

定理 5.4.1 假设 ψ 是 $\mathcal{S}(\mathbb{R})$ 中一个函数并且满足标准化条件 $\int_{-\infty}^{\infty}|\psi(x)|^2\mathrm{d}x = 1$. 则

$$\left(\int_{-\infty}^{\infty}x^2|\psi(x)|^2\mathrm{d}x\right)\left(\int_{-\infty}^{\infty}\xi^2|\widehat{\psi}(\xi)|^2\mathrm{d}\xi\right) \geqslant \frac{1}{16\pi^2},$$

且等号成立当且仅当 $\psi(x) = A\mathrm{e}^{-Bx^2}$，其中 $B>0$ 且 $|A|^2 = \sqrt{2B/\pi}$. 事实上对任意的 $x_0,\xi_0\in\mathbb{R}$，有

$$\left(\int_{-\infty}^{\infty}(x-x_0)^2|\psi(x)|^2\mathrm{d}x\right)\left(\int_{-\infty}^{\infty}(\xi-\xi_0)^2|\widehat{\psi}(\xi)|^2\mathrm{d}\xi\right) \geqslant \frac{1}{16\pi^2}.$$

证明 把 $\psi(x)$ 用 $\mathrm{e}^{-2\pi\mathrm{i}x\xi_0}\psi(x+x_0)$ 替换，并且通过变量替换将由第一个不等式推出第二个不等式. 为了证明第一个不等式，故做如下讨论. 从标准化假设条件 $\int|\psi|^2 = 1$ 以及 ψ 和 ψ' 是速降函数，通过分部积分可得

$$1 = \int_{-\infty}^{\infty}|\psi(x)|^2\mathrm{d}x$$

$$= -\int_{-\infty}^{\infty}x\,\frac{\mathrm{d}}{\mathrm{d}x}|\psi(x)|^2\mathrm{d}x$$

$$= -\int_{-\infty}^{\infty}(x\psi'(x)\overline{\psi(x)}+x\overline{\psi'(x)}\psi(x))\mathrm{d}x.$$

最后一个等式成立是因为 $|\psi|^2 = \psi\overline{\psi}$. 因而由 Cauchy-Schwartz 不等式可得

$$1 \leqslant 2 \int_{-\infty}^{\infty} |x| |\psi(x)| |\psi'(x)| \, \mathrm{d}x$$

$$\leqslant 2 \left(\int_{-\infty}^{\infty} x^2 |\psi(x)|^2 \, \mathrm{d}x \right)^{1/2} \left(\int_{-\infty}^{\infty} |\psi'(x)|^2 \, \mathrm{d}x \right)^{1/2},$$

由 Fourier 变换的性质以及 Plancherel 公式可知

$$\int_{-\infty}^{\infty} |\psi'(x)|^2 \, \mathrm{d}x = 4\pi^2 \int_{-\infty}^{\infty} \xi^2 |\hat{\psi}(\xi)|^2 \, \mathrm{d}\xi,$$

由此马上可得定理中的不等式.

如果等式成立，则在应用 Cauchy-Schwarz 不等式时，等式也应该成立，由此可以看出对某些常数 β 有 $\psi'(x) = \beta x \psi(x)$. 该方程的解为 $\psi(x) = A \mathrm{e}^{\beta x^2/2}$，其中 A 是常数.｣ 由于 ψ 是 Schwartz 函数，需令 $\beta = -2B < 0$. 再由假定 $\int_{-\infty}^{\infty} |\psi(x)|^2 \, \mathrm{d}x = 1$，有 $|A|^2 = \sqrt{2B/\pi}$.　　　　　　　　　　　　　　　　　　　　　□

定理 5.4.1 中的准确表达式首先出现在量子力学的研究中. 它在研究者试图同时确定一个粒子的位置和动量时被提出来. 假设我们正在研究一个电子，该电子沿着一条直线运动，由物理学定律，该现象可以被一个"态函数" ψ 来描述，不妨假定其在空间 $\mathcal{S}(\mathbb{R})$ 中，并且满足标准化条件，即

$$\int_{-\infty}^{\infty} |\psi(x)|^2 \, \mathrm{d}x = 1. \tag{5.4.1}$$

这个粒子的位置并不由一个有限的点 x 来描述；而是由量子力学用下面的方式来描述它的可能位置：

• 这个粒子落在区间 (a,b) 上的概率为 $\int_a^b |\psi(x)|^2 \, \mathrm{d}x$.

由这个方法借助函数 ψ 就能描述该粒子的可能位置：事实上，这个粒子落在区间 (a',b') 上的概率可能非常小，但不管怎样，由于 $\int_{-\infty}^{\infty} |\psi(x)|^2 \, \mathrm{d}x = 1$，它总会落在实直线上. 除了概率**密度函数** $|\psi(x)|^2 \mathrm{d}x$ 外，我们对这个粒子总有一个期望的位置，这个**期望**是我们对这个粒子位置的最佳猜测，给定一个粒子的由概率密度 $|\psi(x)|^2 \mathrm{d}x$ 决定的概率分布，则它的期望位置是

$$\overline{x} = \int_{-\infty}^{\infty} x |\psi(x)|^2 \, \mathrm{d}x. \tag{5.4.2}$$

为什么这是我们的最佳猜测？考虑这样一个简单（理想）的情形，我们仅能在很多的但有限的点 $x_1, x_2, \cdots, x_N$ 上找到这个粒子，而该粒子出现在相应位置 x_i 的概率分别为 p_i，且 $p_1 + p_2 + \cdots + p_N = 1$. 我们并不知道其他的任何信息，但被迫确定这个粒子的位置，我们自然会选取所有可能位置的平均权重，即 $\overline{x} = \sum_{i=1}^{N} x_i p_i$. 而式（5.4.2）正好是这个方法的一般（积分）情形.

下面介绍方差这个概念，这个概念用来描述相对于期望的不确定性. 已经确定

了这个粒子的期望位置 $\overline{x}$[根据式 (5.4.2)]，则相应的不确定性值是

$$\int_{-\infty}^{\infty} (x-\overline{x})^2 |\psi(x)|^2 \mathrm{d}x. \tag{5.4.3}$$

如果 ψ 的值高度集中在 $\overline{x}$ 附近，也就是说在 $\overline{x}$ 附近的 x 有很高的概率值，则式 (5.4.3) 很小，这是因为这个积分值主要由函数在 $\overline{x}$ 附近的 x 上的取值确定. 因此不确定性很小. 另一方面，如果 $\psi(x)$ 相当平缓（也就是说，$|\psi(x)|^2 \mathrm{d}x$ 的概率分布并不十分集中），则式 (5.4.3) 相当大，因为较大的值 $(x-\overline{x})^2$ 将会对积分值起作用，从而导致的结果是它的不确定性也相当大.

同时，指出 $\overline{x}$ 是使得不确定性 $\int_{-\infty}^{\infty} (x-\overline{x})^2 |\psi(x)|^2 \mathrm{d}x$ 最小的位置也是很有意义的. 事实上，可以令该式相应于 $\overline{x}$ 的导数值等于 0，以此来确定它的极小值点，即 $2\int_{-\infty}^{\infty} (x-\overline{x})|\psi(x)|^2 \mathrm{d}x=0$，从而式 (5.4.2) 成立.

到目前为止，我们讨论了关于位置的期望以及其不确定性. 与之等价的便是关于动量的相应概念. 量子力学中的相应法则是：

• 一个粒子 ξ 的动量在 (a,b) 之中的概率是 $\int_a^b |\widehat{\psi}(\xi)|^2 \mathrm{d}\xi$，其中 $\widehat{\psi}$ 是 ψ 的 Fourier 变换.

把这两个法则与定理 5.4.1 联系起来可知，$1/16\pi^2$ 是位置的不确定性和动量的不确定性的乘积的最小值. 因此，我们越能确定一个粒子的位置，就越不能确定它的动量，反之也是这样. 实际上，在物理中的确有这样一个基本但非常小的常量 $\hbar$，被称作 Planck 常量. 如果适当地考虑，物理学规律是：

$$（位置的不确定性）\times（动量的不确定性）\geqslant \hbar/16\pi^2.$$

5.5 练习

1. 第 2 章推论 2.3 导出 Fourier 反演公式的简单版本. 假设 f 是支在区间 $[-M,M]$ 上的一个连续函数，并且它的 Fourier 变换 $\widehat{f}$ 是适度下降的.

(a) 固定 L 使得 $L/2>M$，试证明：$f(x)=\sum a_n(L)\mathrm{e}^{2\pi inx/L}$，其中

$$a_n(L) = \frac{1}{L}\int_{-L/2}^{L/2} f(x)\mathrm{e}^{-2\pi inx/L}\mathrm{d}x = \frac{1}{L}\widehat{f}(n/L).$$

或者，也可以写成 $f(x)=\delta\sum_{n=-\infty}^{\infty} \widehat{f}(n\delta)\mathrm{e}^{2\pi in\delta x}$，其中 $\delta=1/L$.

(b) 试证：如果 F 是连续的且是适度下降的，则

$$\int_{-\infty}^{\infty} F(\xi)\mathrm{d}\xi = \lim_{\delta>0,\delta\to 0} \delta\sum_{n=-\infty}^{\infty} F(\delta n).$$

(c) 试证：$f(x)=\int_{-\infty}^{\infty} \widehat{f}(\xi)\mathrm{e}^{2\pi ix\xi}\mathrm{d}\xi$.

［提示：（a）注意 f 在 $[-L/2,L/2]$ 上的 Fourier 级数展开是绝对收敛的.

（b）首先分别用 $\int_{-N}^{N} F$ 逼近积分以及用 $\delta \sum\limits_{|n| \leqslant N/\delta} F(n\delta)$ 逼近求和. 再用 Riemann 求和去估计第二个积分.]

2. 令 f 和 g 是两个函数，定义如下：
$$f(x) = \chi_{[-1,1]}(x) = \begin{cases} 1, & \text{如果 } |x| \leqslant 1, \\ 0, & \text{其他情形}, \end{cases} \quad \text{以及 } g(x) = \begin{cases} 1 - |x|, & \text{如果 } |x| \leqslant 1, \\ 0, & \text{其他情形}. \end{cases}$$
尽管 f 不连续，但是由积分定义的它的 Fourier 变换依然有意义，试证：
$$\hat{f}(\xi) = \frac{\sin 2\pi\xi}{\pi\xi} \quad \text{和} \quad \hat{g}(\xi) = \left(\frac{\sin\pi\xi}{\pi\xi}\right)^2,$$
其中，$\hat{f}(0) = 2$ 以及 $\hat{g}(0) = 1$.

3. 下面的练习是证明这样一个规律，$\hat{f}$ 的下降性与 f 的连续性有关.

（a）假设 f 是 R 上的一个适度下降函数，它的 Fourier 变换 $\hat{f}$ 是连续的而且满足，对于 $0 < \alpha < 1$，当 $|\xi| \to \infty$ 时，有
$$\hat{f}(\xi) = O\left(\frac{1}{|\xi|^{1+\alpha}}\right).$$
试证：f 满足以 α 为指标的 Hölder 条件，即存在 $M > 0$，使得
$$|f(x+h) - f(x)| \leqslant M|h|^{\alpha}$$
对所有的 $x, h \in \mathbb{R}$ 都成立.

（b）令 f 是一个在 R 上的连续函数，在 $|x| \geqslant 1$ 处取值为 0，且满足 $f(0) = 0$，并且在原点附近 x 处等于 $1/\log(1/|x|)$. 试证：$\hat{f}$ 不是适度下降的. 事实上不存在 $\varepsilon > 0$，使得当 $|\xi| \to \infty$ 时，有 $\hat{f}(\xi) = O(1/|\xi|^{1+\varepsilon})$.
[提示：用 Fourier 反演公式把 $f(x+h) - f(x)$ 表示成与 $\hat{f}$ 有关的一个积分，再分 $|\xi| \leqslant 1/|h|$ 和 $|\xi| \geqslant 1/|h|$ 两种情形去估计这个积分.]

4. 态函数. $\mathcal{S}(\mathbb{R})$ 中有紧支集的函数在分析中的应用是非常方便的. 一些例子如下：

（a）假设 $a < b$，f 是一个函数满足若 $x \leqslant a$ 或 $x \geqslant b$，有 $f(x) = 0$ 且 $a < x < b$，有
$$f(x) = e^{-1/(x-a)} e^{-1/(b-x)}.$$
试证：f 是无穷可导的.

（b）试证：存在 R 上的一个无穷可导的函数 F，满足当 $x \leqslant a$ 时，$F(x) = 0$，当 $x \geqslant b$ 时，$F(x) = 1$. 并且在 $[a, b]$ 上 F 是严格递增的.

（c）令 $\delta > 0$ 足够小使得 $a + \delta < b - \delta$. 试证：存在一个无穷可导的函数 g 满足当 $x \leqslant a$ 或 $x \geqslant b$ 时，g 等于 0，在 $[a+\delta, b-\delta]$ 上 g 取 1，并且在 $[a, a+\delta]$ 和 $[b-\delta, b]$ 上是严格单调的.

[提示：（b）考虑函数 $F(x) = c\int_{-\infty}^{x} f(t)\mathrm{d}t$，其中 c 是一个适当的常数.]

5. 假设 f 是连续的并且是适度下降的.

（a）试证：$\hat{f}$ 是连续的，并且当 $|\xi| \to \infty$ 时，有 $\hat{f}(\xi) \to 0$.

(b) 试证：如果对任意的 ξ 有 $\hat{f}(\xi)=0$，则 f 等于 0.

[提示：(a) 证明：$\hat{f}(\xi)=\dfrac{1}{2}\displaystyle\int_{-\infty}^{\infty}\left[f(x)-f(x-1/(2\xi))\right]\mathrm{e}^{-2\pi i x\xi}\mathrm{d}x$. (b) 证明：对任意的 $g\in\mathcal{S}(\mathbb{R})$，乘积公式 $\displaystyle\int f(x)\hat{g}(x)\mathrm{d}x=\int\hat{f}(y)g(y)\mathrm{d}y$ 依然成立.]

6. 函数 $\mathrm{e}^{-\pi x^2}$ 的 Fourier 变换是它本身. 试构造其他的函数，使得该函数的 Fourier 变换依然是它本身（可以乘以一个常数）. 这个常数必须是多少？为了找出这个常数，试证：$\mathcal{F}^4=I$. 其中 $\mathcal{F}(f)=\hat{f}$ 是 Fourier 变换，$\mathcal{F}^4=\mathcal{F}\circ\mathcal{F}\circ\mathcal{F}\circ\mathcal{F}$，并且 I 是单位元算子 $(If)(x)=f(x)$（也可以看问题7）.

7. 试证：两个适度下降函数的卷积依然是适度下降的函数.
[提示：令
$$\int f(x-y)g(y)\mathrm{d}y=\int_{|y|\leqslant|x|/2}+\int_{|y|\geqslant|x|/2},$$
并且在第一个积分中取 $f(x-y)=O(1/(1+x^2))$，同时在第二个积分中取 $g(y)=O(1/(1+x^2))$.]

8. 证明：如果 f 是连续的、适度下降的，并且对任意的 $x\in\mathbb{R}$，有 $\displaystyle\int_{-\infty}^{\infty}f(y)\mathrm{e}^{-y^2}\mathrm{e}^{2xy}\mathrm{d}y=0$，则 $f=0$.

[提示：考虑 $f*\mathrm{e}^{-x^2}$.]

9. 如果 f 是适度下降的，则
$$\int_{-R}^{R}\left(1-\frac{|\xi|}{R}\right)\hat{f}(\xi)\mathrm{e}^{2\pi i x\xi}\mathrm{d}\xi=(f*\mathcal{F}_R)(x), \tag{5.5.1}$$
这里定义实直线上的 Fejér 核为
$$\mathcal{F}_R(t)=\begin{cases}R\left(\dfrac{\sin\pi tR}{\pi tR}\right)^2, & \text{当 } t\neq 0 \text{ 时,}\\[2mm]R, & \text{当 } t=0 \text{ 时.}\end{cases}$$
试证：当 $R\to\infty$ 时，$\{\mathcal{F}_R\}$ 是一族好核. 因此当 $R\to\infty$ 时，式（5.5.1）一致趋向于 $f(x)$. 这是 Fourier 变换中类似于 Fourier 级数的 Fejér 理论.

10. 下面是另一个关于 Weierstrass 定理的证明提纲.
定义 Landau 核如下：
$$L_n(x)=\begin{cases}\dfrac{(1-x^2)^n}{c_n}, & \text{当 } -1\leqslant x\leqslant 1 \text{ 时,}\\[2mm]0, & \text{当 } |x|\geqslant 1 \text{ 时,}\end{cases}$$
此时，选择适当的 c_n 满足 $\displaystyle\int_{-\infty}^{\infty}L_n(x)\mathrm{d}x=1$. 试证：当 $n\to\infty$ 时，$\{L_n\}_{n\geqslant 0}$ 是一族好核. 作为一个结果试着说明，如果 f 是支在 $[-1/2,1/2]$ 上的一个连续函数，则 $(f*L_n)(x)$ 是一列多项式并且在 $[-1/2,1/2]$ 上一致逼近 f.

［提示：首先证明，$c_n \geqslant 2/(n+1)$.］

11. 假设 u 是热传导方程的一个解，$u = f * \mathcal{H}_t$，其中 $f \in \mathcal{S}(\mathbb{R})$. 如果令 $u(x, 0) = f(x)$，试证：u 在上半平面的闭包上连续且在无穷远处取 0，即当 $|x| + t \to \infty$ 时，

$$u(x, t) \to 0.$$

［提示：为了证明 u 在无穷远处取 0，只需说明 (i) $|u(x, t)| \leqslant C/\sqrt{t}$，(ii) $|u(x, t)| \leqslant C/(1 + |x|^2) + Ct^{-1/2}\mathrm{e}^{-cx^2/t}$. 当 $|x| \leqslant t$ 时，用 (i) 估计，其他情况，用 (ii) 估计.］

12. 指出如下定义的函数：

$$u(x, t) = \frac{x}{t}\mathcal{H}_t(x),$$

当 $t > 0$ 时，满足热传导方程，并且对每个 x，$\lim\limits_{t \to 0} u(x, t) = 0$，但是 u 在原点处并不连续.

［提示：将点 (x, t) 沿着曲线 $x^2/4t = c$ 逼近原点，其中 c 是一个常数.］

13. 试证：调和函数在带形区域 $\{(x, y): 0 < y < 1, -\infty < x < \infty\}$ 中的唯一性定理：如果 u 在该区域内调和，在它的闭包上连续以及对任意的 $x \in \mathbb{R}$，$u(x, 0) = u(x, 1) = 0$，而且在无穷远处取 0，则 $u = 0$.

14. 试证：实直线上的 Fejér 核（练习 9）的周期化后的结果是圆环上的以 1 为周期的 Fejér 核. 换句话说，当 $N \geqslant 1$ 是一个整数时，有

$$\sum_{n=-\infty}^{\infty} \mathcal{F}_N(x + n) = F_N(x),$$

此时，

$$F_N(x) = \sum_{n=-N}^{N} \left(1 - \frac{|n|}{N}\right)\mathrm{e}^{2\pi i n x} = \frac{1}{N}\frac{\sin^2(N\pi x)}{\sin^2(\pi x)}.$$

15. 在这个练习中，提供了另一个周期化的例子.

(a) 对练习 2 中的函数 g 利用 Poisson 求和公式，试证：

$$\sum_{n=-\infty}^{\infty} \frac{1}{(n + \alpha)^2} = \frac{\pi^2}{(\sin\pi\alpha)^2}$$

其中 α 是实数，但不是整数.

(b) 试证如下结果：

$$\sum_{n=-\infty}^{\infty} \frac{1}{(n + \alpha)} = \frac{\pi}{\tan\pi\alpha} \tag{5.5.2}$$

其中 α 是实数，但不是整数.

［提示：首先证明 $0 < \alpha < 1$ 的情形. 为了做到这一点对 (b) 中的函数进行积分. 式 (5.5.2) 中左边级数的准确意义是什么？试着计算 $\alpha = 1/2$ 时的值.］

16. 实直线上的 Dirichlet 核定义如下：

$$\int_{-R}^{R} \widehat{f}(\xi) e^{2\pi i x \xi} \, d\xi = (f * \mathcal{D}_R)(x),$$ 因而 $D_{NR}^{*}(x) = \widehat{\chi_{[-R,R]}}(x) = \dfrac{\sin(2\pi \mathcal{R} x)}{\pi x}.$

因此把 Dirichlet 核变成以 1 为周期的函数得到的结果为

$$D_N^{*}(x) = \sum_{|n| \leqslant N-1} e^{2\pi i n x} + \frac{1}{2}(e^{-2\pi i N x} + e^{2\pi i N x}),$$

试证利用式（5.5.2）中的结果可得

$$\sum_{n=-\infty}^{\infty} \mathcal{D}_N(x+n) = D_N^{*}(x),$$

其中 $N \geqslant 1$ 是一个整数，而且这个无限级数必须是对称求和的. 换句话说，将 $\mathcal{D}_N$ 进行周期化后的结果就是经修改后的 Dirichlet 核 D_N^{*}.

17. 设 $s > 0$，则 Gamma 函数定义如下：

$$\Gamma(s) = \int_0^{\infty} e^{-x} x^{s-1} \, dx.$$

（a）试证：对 $s > 0$，上述积分有意义，也就是说下面两个极限

$$\lim_{\delta \to 0, \delta > 0} \int_{\delta}^{1} e^{-x} x^{s-1} \, dx \quad \text{和} \quad \lim_{A \to \infty} \int_1^A e^{-x} x^{s-1} \, dx$$

存在.

（b）证明：当 $s > 0$ 时，有 $\Gamma(s+1) = s\Gamma(s)$，并且对于每个正整数 $n \geqslant 1$ 有 $\Gamma(n+1) = n!$.

（c）证明

$$\Gamma\left(\frac{1}{2}\right) = \sqrt{\pi} \quad \text{和} \quad \Gamma\left(\frac{3}{2}\right) = \frac{\sqrt{\pi}}{2}.$$

［提示：（c）利用 $\displaystyle\int_{-\infty}^{\infty} e^{-\pi x^2} \, dx = 1.$］

18. 对 $s > 1$ 时，Zeta 函数定义为 $\zeta(s) = \displaystyle\sum_{n=1}^{\infty} 1/n^s$. 对任意的 $s > 1$ 证明如下等式

$$\pi^{-s/2} \Gamma(s/2) \zeta(s) = \frac{1}{2} \int_0^{\infty} t^{\frac{s}{2}-1} (\vartheta(t) - 1) \, dt.$$

其中 Γ 和 ϑ 分别表示 Gamma 函数和 Theta 函数，相应定义为

$$\Gamma(s) = \int_0^{\infty} e^{-t} t^{s-1} \, dt \quad \text{和} \quad \vartheta(s) = \sum_{n=-\infty}^{\infty} e^{-\pi n^2 s}.$$

在卷 II 中将会有更多的关于 Zeta 函数在数论中应用的例子.

19. 下面是第 3 章问题 4 即 $\zeta(2m) = \displaystyle\sum_{n=1}^{\infty} 1/n^{2m}$ 的另外一个证明方法.

（a）当 $t > 0$ 时，对 $f(x) = t/(\pi(x^2 + t^2))$ 和 $\widehat{f}(\xi) = e^{-2\pi t |\xi|}$ 应用 Poisson 求和公式可得

$$\frac{1}{\pi}\sum_{n=-\infty}^{\infty}\frac{t}{t^2+n^2}=\sum_{n=-\infty}^{\infty}\mathrm{e}^{-2\pi t|n|}.$$

（b）试证当 $0<t<1$ 时下面的等式成立：

$$\frac{1}{\pi}\sum_{n=-\infty}^{\infty}\frac{t}{t^2+n^2}=\frac{1}{\pi t}+\frac{2}{\pi}\sum_{m=1}^{\infty}(-1)^{m+1}\zeta(2m)t^{2m-1}$$

同时

$$\sum_{n=-\infty}^{\infty}\mathrm{e}^{-2\pi t|n|}=\frac{2}{1-\mathrm{e}^{-2\pi t}}-1.$$

（c）利用以下公式

$$\frac{z}{\mathrm{e}^z-1}=1-\frac{z}{2}+\sum_{m=1}^{\infty}\frac{B_{2m}}{(2m)!}z^{2m},$$

其中 B_{2m} 为 Bernoulli 数，试证

$$2\zeta(2m)=(-1)^{m+1}\frac{(2\pi)^{2m}}{(2m)!}B_{2m}.$$

20．在信息论中当一个人试图通过一个信号的样本去还原这个信号时，将会用到下面的结果．

假设 f 是适度下降的，并且它的 Fourier 变换 $\hat{f}$ 支在 $I=[-1/2,1/2]$ 中．则 f 完全由它限定在 $\mathbb{Z}$ 的值确定．也就是说，假设 g 是另一个适度下降函数，并且它的 Fourier 变换也支在 I 上，如果对任意 n 有 $f(n)=g(n)$，则 $f=g$．更确切地说，

（a）证明下面的再生成公式：

$$f(x)=\sum_{n=-\infty}^{\infty}f(n)K(x-n),$$

其中 $K(y)=\dfrac{\sin\pi y}{\pi y}$．当 $|y|\to\infty$ 时，有 $K(y)=O(1/|y|)$．

（b）假如 $\lambda>1$，则

$$f(x)=\sum_{n=-\infty}^{\infty}\frac{1}{\lambda}f\left(\frac{n}{\lambda}\right)K_{\lambda}\left(x-\frac{n}{\lambda}\right),$$

其中 $K_{\lambda}(y)=\dfrac{\cos\pi y-\cos\pi\lambda y}{\pi^2(\lambda-1)y^2}$．因为当 $|y|\to\infty$ 时，$K_{\lambda}(y)=O(1/|y|^2)$，$f$ 的样本信息越多，再生成公式中的级数收敛越快．当 $\lambda\to1$ 时，$K_{\lambda}(y)\to K(y)$．

（c）证明：$\displaystyle\int_{-\infty}^{\infty}|f(x)|^2\mathrm{d}x=\sum_{n=-\infty}^{\infty}|f(n)|^2.$

［提示：（a）假设 χ 是 I 上的特征函数，则有 $\hat{f}(\xi)=\chi(\xi)\displaystyle\sum_{n=-\infty}^{\infty}f(n)\mathrm{e}^{-2\pi in\xi}.$

（b）用图 5.2 中的函数代替 $\chi(\xi)$］

21. 设 f 是 $\mathbb{R}$ 上的连续函数. 证明: f 和 $\hat{f}$ 不能同时支在一个紧支集上, 除非 $f=0$. 这可以被看作是关于不确定性原理的另外一种说法.

〔提示: 设 f 支在 $[0,1/2]$ 上. 把 f 在 $[0,1]$ 上做 Fourier 级数展开, 展开后 f 是一个 Fourier 多项式.〕

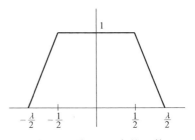

图 5.2　练习 20 中的函数

22. 定理 5.4.1 中的结论可以更加精确地描述如下. 设 F 是 $\mathbb{R}$ 上的一个函数, 则我们说它的质量集中在 I (以原点为原心) 上是指,

$$\int_I x^2 |F(x)|^2 \,\mathrm{d}x \geqslant \frac{1}{2} \int_{\mathbb{R}} x^2 |F(x)|^2 \,\mathrm{d}x. \tag{5.5.3}$$

现在假设 $f \in \mathcal{S}$, 取 $F=f$ 和 $I=I_1$ 使得式 (5.5.3) 成立, 同时令 $F=\hat{f}$ 和 $I=I_2$. 则令 L_j 表示 I_j 的长度, 有

$$L_1 L_2 \geqslant \frac{1}{2\pi}.$$

使式 (5.5.3) 成立

如果区间不以 0 为中心, 我们也有类似的结论.

23. 不确定性原理可以用算子 $L=-\dfrac{\mathrm{d}^2}{\mathrm{d}x^2}+x^2$ 进行描述, 其中算子 L 作用在 Schwartz 空间上定义为

$$L(f)=-\frac{\mathrm{d}^2 f}{\mathrm{d}x^2}+x^2 f.$$

这个算子, 有时被称为 Hermite 算子, 它与调和振荡算子有相似之处. 考虑 $\mathcal{S}$ 中一般意义下的内积

$$(f,g)=\int_{-\infty}^{\infty} f(x)\overline{g(x)}\,\mathrm{d}x \,,$$

其中 f, $g \in \mathcal{S}$.

(a) 证明不确定性原理暗含

$$(Lf,f) \geqslant (f,f), f \in \mathcal{S},$$

这公式经常被记为 $L \geqslant I$. 〔提示: 分部积分.〕

(b) 考虑 $\mathcal{S}$ 上的两个算子 A 和 A^*:

$$A(f)=\frac{\mathrm{d}f}{\mathrm{d}x}+xf \quad \text{和} \quad A^*(f)=-\frac{\mathrm{d}f}{\mathrm{d}x}+xf.$$

算子 A 和 A^* 有时被相应地称作 annihilation 算子和 creation 算子. 证明: 对任意的 f, $g \in \mathcal{S}$, 有

(ⅰ) $(Af,g)=(f,A^*g)$;

(ⅱ) $(Af,Af)=(A^*Af,f) \geqslant 0$;

（ⅲ）$A^{*}A = L - I$.

特别地，这再次表明 $L \geqslant I$.

（c）现在对 $t \in \mathbb{R}$，令

$$A_t(f) = \frac{\mathrm{d}f}{\mathrm{d}x} + txf \quad \text{和} \quad A_t^*(f) = -\frac{\mathrm{d}f}{\mathrm{d}x} + txf.$$

利用 $(A_t^* A_t f, f) \geqslant 0$ 给出不确定性原理，即当 $\int_{-\infty}^{\infty} |f(x)|^2 \mathrm{d}x = 1$ 时，

$$\left(\int_{-\infty}^{\infty} x^2 |f(x)|^2 \mathrm{d}x \right) \left(\int_{-\infty}^{\infty} \left| \frac{\mathrm{d}f}{\mathrm{d}x} \right|^2 \mathrm{d}x \right) \geqslant 1/4$$

的另外一种证明方法.

［提示：把 $(A_t^* A_t f, f)$ 看作关于 t 的二次多项式.］

5.6　问题

1. 当 $0 < x < \infty$ 和 $t > 0$ 时，方程

$$x^2 \frac{\partial^2 u}{\partial x^2} + ax \frac{\partial u}{\partial x} = \frac{\partial u}{\partial t}, \tag{5.6.1}$$

并且 $u(x,0) = f(x)$ 也是一种热传导方程，在实际中有着重要的应用. 为了证明式 (5.6.1)，作变量替换 $x = \mathrm{e}^{-y}$，其中 $-\infty < y < \infty$. 令 $U(y,t) = u(\mathrm{e}^{-y}, t)$ 和 $F(y) = f(\mathrm{e}^{-y})$. 则上述问题转化为方程

$$\frac{\partial^2 U}{\partial y^2} + (1-a) \frac{\partial U}{\partial y} = \frac{\partial U}{\partial t},$$

初值条件为 $U(y,0) = F(y)$. 这样我们就可以像普通的热传导方程（$a = 1$ 的情形）那样将两边对 y 求 Fourier 变换来解这个方程. 这样需计算积分 $\int_{-\infty}^{\infty} \mathrm{e}^{(-4\pi^2 \xi^2 + (1-a) 2\pi i \xi) t} \mathrm{e}^{2\pi i \xi v} \mathrm{d}\xi$. 证明：原始方程的解为

$$u(x,t) = \frac{1}{(4\pi t)^{1/2}} \int_0^{\infty} \mathrm{e}^{-(\log(v/x) + (1-a)t)^2/(4t)} f(v) \frac{\mathrm{d}v}{v}.$$

2. Black-Scholes 方程是金融学中的一个重要的方程，即

$$\frac{\partial V}{\partial t} + rs \frac{\partial V}{\partial s} + \frac{\sigma^2 s^2}{2} \frac{\partial^2 V}{\partial s^2} - rV = 0, 0 < t < T, \tag{5.6.2}$$

它的"最终"边界条件是 $V(s,T) = F(s)$. 经过适当的变量替换可以把这个问题转化为问题 1. 相应地替换 $V(s,t) = \mathrm{e}^{ax+b\tau} U(x,\tau)$，其中 $x = \log s$，$\tau = \frac{\sigma^2}{2}(T-t)$，$a = \frac{1}{2} - \frac{r}{\sigma^2}$ 以及 $b = -\left(\frac{1}{2} + \frac{r}{\sigma^2} \right)^2$，可以把式 (5.6.2) 简化为初始条件为 $U(x,0) = \mathrm{e}^{-ax} F(\mathrm{e}^x)$ 的热传导方程. 因此 Black-Scholes 方程的解是

$$V(s,t) = \frac{\mathrm{e}^{-r(T-t)}}{\sqrt{2\pi \sigma^2 (T-t)}} \int_0^{\infty} \mathrm{e}^{-\frac{(\log(s/s^*) + (r - \sigma^2/2)(T-t))^2}{2\sigma^2 (T-t)}} F(s^*) \mathrm{d}s^*.$$

3. * **条形区域上的 Dirichlet 问题.** 考虑水平条形区域

$$\{(x,y): 0<y<1, -\infty<x<\infty\}$$

上的方程 $\Delta u=0$, 边界条件为 $u(x,0)=f_0(x)$ 和 $u(x,1)=f_1(x)$. 其中 f_0 和 f_1 都在 Schwartz 空间中.

(a) 证明:(形式上)如果 u 是这个方程的解, 则

$$\hat{u}(\xi,y)=A(\xi)e^{2\pi\xi y}+B(\xi)e^{-2\pi\xi y}.$$

用 $\hat{f}_0$ 和 $\hat{f}_1$ 来表示 A 和 B, 并指出

$$\hat{u}(\xi,y)=\frac{\sinh(2\pi(1-y)\xi)}{\sinh(2\pi\xi)}\hat{f}_0(\xi)+\frac{\sinh(2\pi y\xi)}{\sinh(2\pi\xi)}\hat{f}_0(\xi).$$

(b) 证明:

$$\int_{-\infty}^{\infty}|u(x,y)-f_0(x)|^2\,dx\to0, 当 y\to0 时,$$

和

$$\int_{-\infty}^{\infty}|u(x,y)-f_1(x)|^2\,dx\to0, 当 y\to1 时.$$

(c) 如果 $\Phi(\xi)=(\sinh2\pi a\xi)/(\sinh2\pi\xi)$, 其中 $0\leqslant a<1$, 则 Φ 是 φ 的 Fourier 变换, 其中

$$\varphi(x)=\frac{\sin\pi a}{2}\cdot\frac{1}{\cosh\pi x+\cos\pi a}.$$

我们可以通过复分析中的围线积分以及留数定理来得到这个结果(见第二册, 第 3 章).

(d) 利用类 Poisson 积分理论以及 f_0, f_1 表示 u, 具体如下:

$$u(x,y)=\frac{\sin\pi y}{2}\left(\int_{-\infty}^{\infty}\frac{f_0(x-t)}{\cosh\pi t-\cos\pi y}dt+\int_{-\infty}^{\infty}\frac{f_1(x-t)}{\cosh\pi t+\cos\pi y}dt\right).$$

(e) 最后, 验证如上定义的 $u(x,y)$ 在这个条形区域上是调和的, 并且一致趋向于 $f_0(x)$, 当 $y\to0$ 时; 一致趋向于 $f_1(x)$, 当 $y\to1$ 时. 另外, $u(x,y)$ 在无穷远处为零, 即对于 y 一致地有 $\lim_{|x|\to\infty}u(x,y)=0$.

在练习 12 中, 我们给出一个函数, 该函数在上半平面上满足热传导方程, 边界为 0, 但它本身却不等于 0. 由观察可知, 这个函数在边界上并不连续. 在问题 4 中, 为了证明不唯一性也给出了一个例子, 但这次在边界 $t=0$ 上是连续的. 这个例子满足在无穷远处的增长条件, 即对任意的 $\varepsilon>0$ 有 $|u(x,t)|\leqslant Ce^{cx^2+\varepsilon}$. 问题 5 和问题 6 表明如果对增长速度给一定限制, 即 $|u(x,t)|\leqslant Ce^{cx^2}$, 则唯一性依然成立.

4. * 如果 g 是 $\mathbb{R}$ 上的光滑函数, 定义标准的幂级数如下:

$$u(x,t)=\sum_{n=0}^{\infty}g^{(n)}(t)\frac{x^{2n}}{(2n!\ )}. \tag{5.6.3}$$

(a) 形式地证明 u 满足热传导方程.

（b）对 $a>0$，考虑如下定义的函数

$$g(t)=\begin{cases}\mathrm{e}^{-t^{-a}}, & \text{当 } t>0 \text{ 时},\\ 0, & \text{当 } t\leqslant 0 \text{ 时}.\end{cases}$$

试证：存在依赖于 a 的 $0<\theta<1$，使得对于 $t>0$，

$$\left|g^{(k)}(t)\right|\leqslant\frac{k!}{(\theta t)^k}\mathrm{e}^{-\frac{1}{2}t^{-a}}.$$

（c）对 u 有这些性质，对任意的 x 和 t 级数（5.6.3）收敛；u 满足热传导方程；u 在 $t=0$ 处消失；对常数 C，$c>0$，u 满足估计 $|u(x,t)|\leqslant C\mathrm{e}^{c|x|^{2a/(a-1)}}$.

（d）证明：对任意的 $\varepsilon>0$，热传导方程存在一个非零解，这个解在 $x\in\mathbb{R}$ 和 $t\geqslant0$ 上连续，并且满足 $u(x,0)=0$ 和 $|u(x,t)|\leqslant C\mathrm{e}^{c|x|^{2+\varepsilon}}$.

5.* 关于热传导方程的解的一个"极大值原理"将在下一个问题中被用到.

定理　假设 $u(x,t)$ 是热传导方程在上半平面的一个实值函数解，并且在上半平面的闭包中连续. 令 R 表示矩形区域

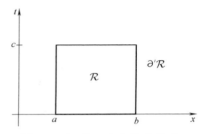

$$R=\{(x,y)\in\mathbb{R}^2:a\leqslant x\leqslant b,0\leqslant t\leqslant c\},$$

$\partial'R$ 表示 R 的由两个竖边和一个底边 $t=0$ 的一部分构成的边界（见图 5.3）. 则

图 5.3　矩形 $\mathcal{R}$ 和它的边界 $\partial'\mathcal{R}$

$$\min_{(x,t)\in\partial'R}u(x,t)=\min_{(x,t)\in R}u(x,t)\quad\text{以及}\quad\max_{(x,t)\in\partial'R}u(x,t)=\max_{(x,t)\in R}u(x,t).$$

证明这个结论的步骤如下.

（a）指出只需证明如果在 $\partial'R$ 上有 $u\geqslant0$，那么在 R 上 $u\geqslant0$ 即可.

（b）对 $\varepsilon>0$ 令

$$v(x,t)=u(x,t)+\varepsilon t.$$

则在 R 上 v 有一个最小值，不妨设该点为 (x_1,t_1). 试证 $x_1=a$ 或 b 再或者 $t_1=0$. 为此，假设 $a<x_1<b$ 和 $0<t_1\leqslant c$，则有一个矛盾的结果 $v_{xx}(x_1,t_1)-v_t(x_1,t_1)\leqslant-\varepsilon$. 然而，我们必须证明左式是非负的.

（c）把（b）简化为对任意的 $(x,t)\in R$ 并令 $\varepsilon\to0$，有 $u(x,t)\geqslant\varepsilon(t_1-t)$.

6.* 问题 4 中的例子是由 Tychonoff 提出的唯一性原理的一个理想的反例.

定理　假设 $u(x,t)$ 满足下列条件：

（ⅰ）对所有的 $x\in\mathbb{R}$ 和 $t>0$，$u(x,t)$ 满足热传导方程；

（ⅱ）对 $x\in\mathbb{R}$ 以及所有的 $0\leqslant t\leqslant c$，$u(x,t)$ 是一个连续函数；

（ⅲ）$u(x,0)=0$；

（ⅳ）对某个 M，a，任意 $x\in\mathbb{R}$ 和 $0<t\leqslant0$，有 $|u(x,t)|\leqslant M\mathrm{e}^{ax^2}$，

则 u 等于 0.

7.* Hermite 函数由下面的再生公式定义 $h_k(x)$：

$$\sum_{k=0}^{\infty} h_k(x) \frac{t^k}{k!} = \mathrm{e}^{-(x^2/2-2tx+t^2)}.$$

(a) 证明：Hermite 函数可以由下面这个公式定义：

$$h_k(x) = (-1)^k \mathrm{e}^{x^2/2} \left(\frac{\mathrm{d}}{\mathrm{d}x}\right)^k \mathrm{e}^{-x^2}.$$

［提示：注意到 $\mathrm{e}^{-(x^2/2-2tx+t^2)} = \mathrm{e}^{x^2/2}\mathrm{e}^{-(x-t)^2}$，并用 Taylor 公式.］

从上面的表达式中可以看出每个 $h_k(x)$ 有表达式 $P_k(x)\mathrm{e}^{-x^2/2}$，其中 P_k 是一个 k 次多项式. 特别地，Hermite 函数属于 Schwartz 函数空间，并且 $h_0(x) = \mathrm{e}^{-x^2/2}$，$h_1(x) = 2x\mathrm{e}^{-x^2/2}$.

（b）证明函数族 $\{h_k\}_{k=0}^{\infty}$ 在下面的意义下是完备的，即如果 f 是一个 Schwartz 函数，并且对所有的 $k \geqslant 0$，有

$$(f, h_k) = \int_{-\infty}^{\infty} f(x) h_k(x) \mathrm{d}x = 0,$$

则 $f=0$.［提示：用练习8.］

（c）定义 $h_k^*(x) = h_k((2\pi)^{1/2}x)$. 则

$$\widehat{h_k^*}(\xi) = (-\mathrm{i})^k h_k^*(\xi).$$

因此，每个 h_k^* 都是 Fourier 变换的特征函数.

（d）证明每个 h_k 是练习 23 中定义的算子的特征函数，也就是说，证明：

$$L h_k = (2k+1) h_k.$$

（e）最后，证明：$\displaystyle\int_{-\infty}^{\infty} [h_k(x)]^2 \mathrm{d}x = \pi^{1/2} 2^k k!$.［提示：对再生等式两边求平方.］

8.* 进一步讨论第 4 章的结论，并且证明：

$$f_\alpha(x) = \sum_{n=0}^{\infty} 2^{-n\alpha} \mathrm{e}^{2\pi \mathrm{i} 2^n x}$$

处处不可微，即使情形 $\alpha = 1$. 为此，需要讨论一种衰减的平均算子 Δ_N，而且依然要用 Poisson 求和公式来分析这个算子.

（a）固定一个无限可微函数 Φ，满足

$$\Phi(\xi) = \begin{cases} 1, & \text{当} |\xi| \leqslant 1 \text{ 时,} \\ 0, & \text{当} |\xi| \geqslant 2 \text{ 时.} \end{cases}$$

由 Fourier 反演公式，存在 $\varphi \in \mathcal{S}$，使得 $\hat{\varphi}(\xi) = \Phi(\xi)$. 令 $\varphi_N(x) = N\varphi(Nx)$ 使得 $\widehat{\varphi_N}(\xi) = \Phi(\xi/N)$. 最后令

$$\widetilde{\Delta}_N(x) = \sum_{n=-\infty}^{\infty} \varphi_N(x+n).$$

由 Poisson 求和公式可得 $\widetilde{\Delta}_N(x) = \displaystyle\sum_{n=-\infty}^{\infty} \Phi(n/N) \mathrm{e}^{2\pi \mathrm{i} n x}$，因此 $\widetilde{\Delta}_N$ 是一个次数 $\leqslant 2N$ 的三角多项式，且当 $|n| \leqslant N$ 时系数为 1. 令

$$\widetilde{\Delta}_N(f) = f * \widetilde{\Delta}_N.$$

注意到

$$S_N(f_a) = \widetilde{\Delta}_{N'}(f_a),$$

其中 N' 为满足 $N' \leqslant N$ 的形式为 2^k 的最大整数值.

（b）如果令 $\widetilde{\Delta}_N(x) = \varphi_N(x) + E_N(x)$，其中

$$E_N(x) = \sum_{|n| \geqslant 1} \varphi_N(x+n),$$

则得:

（ⅰ）当 $N \to \infty$ 时，有 $\displaystyle\sup_{|x| \leqslant 1/2} |E'_N(x)| \to 0$.

（ⅱ）$|\widetilde{\Delta}'_N(x)| \leqslant cN^2$.

（ⅲ）对 $|x| \leqslant 1/2$，有 $|\widetilde{\Delta}'_N(x)| \leqslant c/(N|x|^3)$.

此外，$\displaystyle\int_{|x| \leqslant 1/2} \widetilde{\Delta}'_N(x)\mathrm{d}x = 0$ 并且当 $N \to \infty$ 时，$-\displaystyle\int_{|x| \leqslant 1/2} x\widetilde{\Delta}'_N(x)\mathrm{d}x \to 1$.

（c）上面的估计暗含着如果 $f'(x_0)$ 存在，则当 $N \to \infty$ 时，

$$(f * \widetilde{\Delta}'_N)(x_0 + h_N) \to f'(x_0),$$

其中 $|h_N| \leqslant C/N$. 从而证明了 f_1 的实部和虚部都是处处不可导的，正如在第 4 章第 3 节中指出的那样.

第 6 章 $\mathbb{R}^d$ 上的 Fourier 变换

> 我认为为了改进治疗方案，需要弄清楚人体组织的衰减系数的分布情况，这些信息有助于诊疗并且组成一个或诸多的断层.
>
> 显而易见，这是一个数学问题. 如果一束 ν 射线射入人体的强度为 I_0，射出的强度为 I，那么可以测量 g 等于 $\log(I_0/I) = \int_L f \mathrm{d}s$，其中 f 是沿着 L 变化的吸收系数. 因此，如果 f 是二维的函数，g 关于所有和人体相交的直线都是已知的，那问题是如何由已知的 g 来决定 f?
>
> 直到 14 年之后，我才获知 Radon 已经在 1917 年解决了这个问题.
>
> A. M. Cormack，1979

第 5 章介绍了 Fourier 变换在 $\mathbb{R}$ 上的理论，并阐述它在偏微分方程中的一些应用. 在这一章，我们的主旨是给出 Fourier 变换关于多个变量函数的类似理论.

简单地回顾 $\mathbb{R}^d$ 的相关概念之后，考虑 Fourier 变换作用在 Schwartz 空间 $\mathcal{S}(\mathbb{R}^d)$ 的一些事实. 很幸运，这里的主要想法和技巧，已经在一维情形考虑过. 事实上，使用适当的符号后，主要定理的论述和证明保持不变，比如 Fourier 反演公式和 Plancherel 公式.

再者，我们强调上述理论与高维的数学物理问题之间的关联. 特别地，考察 d 维的波动方程，当 $d=3$ 和 $d=2$ 时的情形，我们将给出更加细致的分析. 在这种情形下，Fourier 变换和旋转对称的丰富的联系仅出现在高维情形 $\mathbb{R}^d$ 中，$d \geqslant 2$.

最后，以 Radon 变换的探讨来结束这一章. 这一节主题本身就饶有趣味，它还与 X 光扫描和数学其他领域的应用有重大关联.

6.1　预备知识

这章考虑的空间为$\mathbb{R}^d$，它是由所有 d 元数组（x_1，x_2，$\cdots$，x_d）组成的，其中 $x_i \in \mathbb{R}$．向量加法定义为对应分量相加，向量数乘的定义类似．对于 $x=(x_1$，x_2，$\cdots$，$x_d) \in \mathbb{R}^d$，定义

$$|x|=(x_1^2+\cdots+x_d^2)^{1/2},$$

使$|x|$正是一般欧氏范数下向量 x 的长度．实际上，赋予$\mathbb{R}^d$的内积为

$$x \cdot y=x_1 y_1+\cdots+x_d y_d,$$

使得$|x|^2=x \cdot x$，我们用 $x \cdot y$ 替代第 3 章的记号 (x,y)．

给定 d 元非负整数组$\alpha=(\alpha_1,\cdots,\alpha_d)$（有时称为多重指标），单项式 x^α 定义为

$$x^\alpha=x_1^{\alpha_1} x_2^{\alpha_2} \cdots x_d^{\alpha_d}.$$

类似地，定义微分算子$(\partial/\partial x)^\alpha$ 为

$$\left(\frac{\partial}{\partial x}\right)^\alpha=\left(\frac{\partial}{\partial x_1}\right)^{\alpha_1}\left(\frac{\partial}{\partial x_2}\right)^{\alpha_2}\cdots\left(\frac{\partial}{\partial x_d}\right)^{\alpha_d}=\frac{\partial^{|\alpha|}}{\partial x_1^{\alpha_1}\cdots\partial x_d^{\alpha_d}},$$

其中$|\alpha|=\alpha_1+\cdots+\alpha_d$ 是多重指标α 的阶数．

6.1.1　对称性

空间$\mathbb{R}^d$上的分析，特别是 Fourier 变换理论，由底空间的三个重要的对称群所塑造：

（ⅰ）平移，

（ⅱ）伸缩，

（ⅲ）旋转。

我们已经看到平移 $x \longmapsto x+h$，$h \in \mathbb{R}^d$ 固定，以及伸缩 $x \longmapsto \delta x$，$\delta>0$，在一维理论中起着重要的作用．在$\mathbb{R}$ 中，仅有恒等映射和-1 对应的数乘两个旋转．然而，当 $d \geqslant 2$ 时$\mathbb{R}^d$中存在更多的旋转，并且对 Fourier 变换和旋转变换相互作用的理解将会导致对球面对称性更丰富的洞察．

$\mathbb{R}^d$ 中的旋转是保持内积的线性变换 $\mathcal{R}: \mathbb{R}^d \to \mathbb{R}^d$．换而言之，

• $\mathcal{R}(ax+by)=a\mathcal{R}(x)+b\mathcal{R}(y)$对所有 x，$y \in \mathbb{R}^d$ 和 a，$b \in \mathbb{R}$ 均成立；

• $\mathcal{R}(x) \cdot \mathcal{R}(y)=x \cdot y$ 对所有 x，$y \in \mathbb{R}^d$ 均成立．

第二个条件可以等价为$|\mathcal{R}(x)|=|x|$，$x \in \mathbb{R}^d$，或者等价为 $\mathcal{R}^t=\mathcal{R}^{-1}$，其中 $\mathcal{R}^t$ 和 $\mathcal{R}^{-1}$ 分别表示 $\mathcal{R}$ 的转置和逆变换．特别地，有 $\det(\mathcal{R})=\pm 1$，其中 $\det(\mathcal{R})$ 表示 $\mathcal{R}$ 的行列式．如果 $\det(\mathcal{R})=1$，则称 $\mathcal{R}$ 为正常旋转，否则称其为反常旋转．

例 1　在实值线$\mathbb{R}$上有两个旋转：恒等变换为正常的，-1 对应的数乘变换则是反常的旋转．

例 2　平面$\mathbb{R}^2$的旋转可用复数来描述．通过将点（x，y）与复数 $z=x+\mathrm{i}y$ 对应，可以将$\mathbb{R}^2$与复平面$\mathbb{C}$ 等同起来．基于此，所有的正常旋转形如 $z \longmapsto z\mathrm{e}^{\mathrm{i}\varphi}$，对

某些 $\varphi \in \mathbb{R}$；所有的反常旋转形如 $z \longmapsto \bar{z} e^{i\varphi}$，对某些 $\varphi \in \mathbb{R}$（其中 $\bar{z} = x - iy$ 表示 z 的复共轭）. 关于此结果的论证可以参考练习 1.

例 3 关于 $\mathbb{R}^3$ 上的旋转 Euler 给出了非常简明的几何描述. 对于正常的旋转 $\mathcal{R}$，存在单位向量 γ 使得：

（ⅰ）$\mathcal{R}$ 将 γ 固定，即 $\mathcal{R}(\gamma) = \gamma$；

（ⅱ）如果 $\mathcal{P}$ 表示经过原点且与 γ 垂直的平面，那么 $\mathcal{R}: \mathcal{P} \to \mathcal{P}$，并且 $\mathcal{R}$ 在平面 $\mathcal{P}$ 的限制是 $\mathbb{R}^2$ 中的旋转. 从几何角度，向量 γ 给出了旋转坐标轴的方向. 这一事实的证明可见练习 2. 最后，若 $\mathcal{R}$ 是反常的旋转，那么 $-\mathcal{R}$ 是正常的旋转（因为在 $\mathbb{R}^3$ 中，$\det(-\mathcal{R}) = -\det(\mathcal{R})$），所以 $\mathcal{R}$ 是正常旋转和关于原点对称变换的复合.

例 4 对于 $\mathbb{R}^d$ 的两组正交基 $\{e_1, \cdots, e_d\}$ 和 $\{e_1', \cdots, e_d'\}$，令 $\mathcal{R}(e_i) = e_i'$，$i = 1, 2, \cdots, d$，可定义旋转 $\mathcal{R}$. 反之，如果 $\mathcal{R}$ 是一个旋转变换，$\{e_1, \cdots, e_d\}$ 是一组正交基，那么 $\{e_1', \cdots, e_d'\}$，其中 $e_j' = \mathcal{R}(e_j)$，是另外一组正交基.

6.1.2 $\mathbb{R}^d$ 上的积分

由于我们将处理 $\mathbb{R}^d$ 上的函数，为此需要讨论函数积分的相关概念. 关于 $\mathbb{R}^d$ 上的积分更为详细的回顾可参考附录.

$\mathbb{R}^d$ 上的连续复值函数 f 称为速降的，如果对于每个多重指标 α，函数 $|x^\alpha f(x)|$ 是有界的. 同样地，连续函数 f 为速降函数，如果

$$\sup_{x \in \mathbb{R}^d} |x|^k |f(x)| < \infty, \quad k = 0, 1, 2, \cdots.$$

给定一个速降函数，定义

$$\int_{\mathbb{R}^d} f(x) \mathrm{d}x = \lim_{N \to \infty} \int_{Q_N} f(x) \mathrm{d}x,$$

其中 Q_N 表示中心在原点、边长为 N 的闭的立方体，并且方体的各边平行于坐标轴，即

$$Q_N = \{x \in \mathbb{R}^d : |x_i| \leqslant N/2, i = 1, \cdots, d\}.$$

方体 Q_N 上的积分为通常意义下 Riemann 积分的多重积分. 由于上述积分 $I_N = \int_{Q_N} f(x) \mathrm{d}x$ 当 N 趋于无穷时构成 Cauchy 序列，故上述极限存在.

依次有下面两个观察：首先可以用球 $B_N = \{x \in \mathbb{R}^d : |x| \leqslant N\}$ 来替代方体 Q_N 而不改变定义；其次，不需要速降函数的所有条件来保证极限的存在性. 实际上，只需假设 f 是连续的并且

$$\sup_{x \in \mathbb{R}^d} |x|^{d+\varepsilon} |f(x)| < \infty$$

对某个 $\varepsilon > 0$ 成立. 例如，$\mathbb{R}$ 上适度下降函数对应 $\varepsilon = 1$. 为了与其保持一致，定义 $\mathbb{R}^d$ 上的适度下降函数为：当 $\varepsilon = 1$ 时，满足上述不等式. 且连续的函数

积分与三个重要对称群的相互作用如下：若 f 是适度下降函数，那么

（ⅰ）$\int_{\mathbb{R}^d} f(x+h) \mathrm{d}x = \int_{\mathbb{R}^d} f(x) \mathrm{d}x$，$h \in \mathbb{R}^d$；

（ⅱ）$\delta^d \int_{\mathbb{R}^d} f(\delta x) \mathrm{d}x = \int_{\mathbb{R}^d} f(x) \mathrm{d}x$，$\delta > 0$；

（ⅲ）$\int_{\mathbb{R}^d} f(R(x))\mathrm{d}x = \int_{\mathbb{R}^d} f(x)\mathrm{d}x$ 对任意的旋转 $\mathcal{R}$ 成立.

极坐标

在 $\mathbb{R}^d$ 中引进极坐标并找出相应的积分公式将为我们提供便利. 以 $d=2$ 和 $d=3$ 的情形为例.（对所有 d 适用的更详尽地讨论可参考附录.）

例 1 在 $\mathbb{R}^2$ 上,极坐标由 (r, θ) 给出,其中 $r \geqslant 0$ 且 $0 \leqslant \theta < 2\pi$. 变量代换的雅可比行列式为 r,因此

$$\int_{\mathbb{R}^2} f(x)\mathrm{d}x = \int_0^{2\pi}\int_0^\infty f(r\cos\theta, r\sin\theta)r\,\mathrm{d}r\,\mathrm{d}\theta.$$

现将单位圆 S^1 上的点写成 $\gamma = (\cos\theta, \sin\theta)$,考虑圆 S^1 上的函数 g,定义它在 S^1 上的积分为

$$\int_{S^1} g(\gamma)\mathrm{d}\sigma(\gamma) = \int_0^{2\pi} g(\cos\theta, \sin\theta)\mathrm{d}\theta.$$

利用此记号,有

$$\int_{\mathbb{R}^2} f(x)\mathrm{d}x = \int_{S^1}\int_0^\infty f(r\gamma)r\,\mathrm{d}r\,\mathrm{d}\sigma(\gamma).$$

例 2 在 $\mathbb{R}^3$ 上,使用如下球面坐标公式

$$\begin{cases} x_1 = r\sin\theta\cos\varphi, \\ x_2 = r\sin\theta\sin\varphi, \\ x_3 = r\cos\theta, \end{cases}$$

其中 $r > 0$,$0 \leqslant \theta \leqslant \pi$ 且 $0 \leqslant \varphi \leqslant 2\pi$. 变量代换的雅可比行列式为 $r^2\sin\theta$,因此

$$\int_{\mathbb{R}^3} f(x)\mathrm{d}x = \int_0^{2\pi}\int_0^\pi\int_0^\infty f(r\sin\theta\cos\varphi, r\sin\theta\sin\varphi, r\cos\theta)r^2\,\mathrm{d}r\sin\theta\,\mathrm{d}\theta\,\mathrm{d}\varphi.$$

如果 g 是单位球面 $S^2 = \{x \in \mathbb{R}^3 : |x| = 1\}$ 上的函数,$\gamma = (\sin\theta\cos\varphi, \sin\theta\sin\varphi, \cos\theta)$,定义球面元 $\mathrm{d}\sigma(\gamma)$ 为

$$\int_{S^2} g(\gamma)\mathrm{d}\sigma(\gamma) = \int_0^{2\pi}\int_0^\pi g(\gamma)\sin\theta\,\mathrm{d}\theta\,\mathrm{d}\varphi.$$

因此,

$$\int_{\mathbb{R}^3} f(x)\mathrm{d}x = \int_{S^2}\int_0^\infty f(r\gamma)r^2\,\mathrm{d}r\,\mathrm{d}\sigma(\gamma).$$

一般地,可将 $\mathbb{R}^d - \{0\}$ 的任一点唯一表示为

$$x = r\gamma,$$

其中 γ 在球面 $S^{d-1} \subset \mathbb{R}^d$ 上且 $r > 0$. 实际上,取 $r = |x|$ 及 $\gamma = x/|x|$. 如同 $d=2$ 或 $d=3$ 的情形,我们可以接着定义一般的球面坐标. 用到的公式为

$$\int_{\mathbb{R}^d} f(x)\mathrm{d}x = \int_{S^{d-1}}\int_0^\infty f(r\gamma)r^{d-1}\,\mathrm{d}r\,\mathrm{d}\sigma(\gamma),$$

只要 f 是适度下降函数. 此处 $\mathrm{d}\sigma(\gamma)$ 表示由球面坐标导出的球面 S^{d-1} 中的面积元.

6.2 Fourier 变换的初等理论

Schwartz 空间 $\mathcal{S}(\mathbb{R}^d)$（有时简记为 $\mathcal{S}$）为由所有满足下述不等式的无穷次可微函数 f 组成的空间，

$$\sup_{x \in \mathbb{R}^d} \left| x^\alpha \left(\frac{\partial}{\partial x} \right)^\beta f(x) \right| < \infty,$$

对所有的多重指标 α 和 β 成立. 换而言之，f 连同它的所有导函数均为快速下降的函数.

例 1 $\mathcal{S}(\mathbb{R}^d)$ 空间函数的例子是 d 维的高斯函数 $e^{-\pi|x|^2}$. 第 5 章的理论表明，在 $d=1$ 的情形，高斯函数扮演着核心的角色.

Schwartz 函数 f 的 Fourier 变换定义如下：

$$\hat{f}(\xi) = \int_{\mathbb{R}^d} f(x) e^{-2\pi i x \cdot \xi} \, \mathrm{d}x, \, \xi \in \mathbb{R}^d.$$

注意上述公式与一维情形的相似之处，相异之处是在 $\mathbb{R}^d$ 上积分，并且用向量的内积替代 x 与 ξ 的乘积.

现在列举 Fourier 变换的一些简单的性质. 在下面的命题中，箭头表示 Fourier 变换的作用，亦即 $F(x) \to G(\xi)$ 是指 $G(\xi) = \hat{F}(\xi)$.

命题 6.2.1 令 $f \in \mathcal{S}(\mathbb{R}^d)$.

（ⅰ）$f(x+h) \to \hat{f}(\xi) e^{2\pi i \xi \cdot h}, h \in \mathbb{R}^d$；

（ⅱ）$f(x) e^{-2\pi i x \cdot h} \to \hat{f}(\xi+h), h \in \mathbb{R}^d$；

（ⅲ）$f(\delta x) \to \delta^{-d} \hat{f}(\delta^{-1}\xi), \delta > 0$；

（ⅳ）$\left(\dfrac{\partial}{\partial x} \right)^\alpha f(x) \to (2\pi i \xi)^\alpha \hat{f}(\xi)$；

（ⅴ）$(-2\pi i x)^\alpha f(x) \to \left(\dfrac{\partial}{\partial \xi} \right)^\alpha \hat{f}(\xi)$；

（ⅵ）$f(\mathcal{R}x) \to \hat{f}(\mathcal{R}\xi), \mathcal{R}$ 是旋转变换.

前面五条性质的证明和一维情形是相同的. 为了验证最后一个性质，只需在积分中使用变量代换 $y = \mathcal{R}x$. 因为 $\mathcal{R}$ 是旋转变换，可以想到 $|\det(\mathcal{R})| = 1$ 并且 $\mathcal{R}^{-1}y \cdot \xi = y \cdot \mathcal{R}\xi$.

在上述命题的性质（ⅳ）和性质（ⅴ）表明，在相差常数因子 $2\pi i$ 下，Fourier 变换将微分和单项式的乘积互相转化. 这促使了 Schwartz 空间的定义并导出如下推论.

推论 6.2.2 Fourier 变换将 $\mathcal{S}(\mathbb{R}^d)$ 映到 $\mathcal{S}(\mathbb{R}^d)$.

此时我们先离题来观察有关 Fourier 变换和旋转相互作用的一些简单事实. 称函数 f 是径向的，如果该函数仅仅依赖于 $|x|$；换而言之，f 是径向函数仅当存在 $f_0(u)$，定义于 $u \geqslant 0$，使得 $f(x) = f_0(|x|)$. f 是径向函数当且仅当对任意旋转

129

变换 $\mathcal{R}$ 有 $f(\mathcal{R}x) = f(x)$ 成立. 由于 $|\mathcal{R}x| = |x|$, 必要性是显然的. 反之, 假设对所有旋转 $\mathcal{R}$ 满足 $f(\mathcal{R}x) = f(x)$, 现定义 f_0 为

$$f_0(u) = \begin{cases} f(0) 若 u = 0, \\ f(x) 若 |x| = u. \end{cases}$$

f_0 的定义是明确的, 这是因为如果有两点 x 和 x' 满足 $|x| = |x'|$ 总是存在一个旋转 $\mathcal{R}$ 使得 $x' = \mathcal{R}x$.

推论 6.2.3　径向函数的 Fourier 变换是径向的.

该推论可由上面命题的性质（vi）推出, 事实上, $f(\mathcal{R}x) = f(x)$ 对所有旋转 $\mathcal{R}$ 成立蕴含了 $\hat{f}(\mathcal{R}\xi) = \hat{f}(\xi)$ 对所有旋转 $\mathcal{R}$ 亦成立, 因此只要 f 是径向函数, 那么 $\hat{f}$ 也是径向的.

$\mathcal{S}(\mathbb{R}^d)$ 中径向函数的例子是高斯函数 $\mathrm{e}^{-\pi|x|^2}$. 同样地, 当 $d = 1$ 时, 径向函数正是偶函数, 亦即 $f(x) = f(-x)$.

做好这些准备之后, 我们追溯前一章的步骤来推导 $\mathbb{R}^d$ 中的 Fourier 反演公式和 Plancherel 定理.

定理 6.2.4　设 $f \in \mathcal{S}(\mathbb{R}^d)$, 则

$$f(x) = \int_{\mathbb{R}^d} \hat{f}(\xi) \mathrm{e}^{2\pi \mathrm{i}x \cdot \xi} \, \mathrm{d}\xi.$$

此外,

$$\int_{\mathbb{R}^d} |\hat{f}(\xi)|^2 \, \mathrm{d}\xi = \int_{\mathbb{R}^d} |f(x)|^2 \, \mathrm{d}x.$$

定理的证明按照下列步骤进行.

第一步: $\mathrm{e}^{-\pi|x|^2}$ 的 Fourier 变换为 $\mathrm{e}^{-\pi|\xi|^2}$. 为了证明此论断, 注意到指数函数的性质蕴含了

$$\mathrm{e}^{-\pi|x|^2} = \mathrm{e}^{-\pi x_1^2} \cdots \mathrm{e}^{-\pi x_d^2} \text{ 且 } \mathrm{e}^{-2\pi \mathrm{i}x \cdot \xi} = \mathrm{e}^{-2\pi \mathrm{i}x_1 \cdot \xi_1} \cdots \mathrm{e}^{-2\pi \mathrm{i}x_d \cdot \xi_d},$$

故 Fourier 变换的被积函数是 d 个函数的乘积, 每个函数依次依赖于变量 x_j（$1 \leqslant j \leqslant d$）. 因此将 $\mathbb{R}^d$ 上的积分写成每个 $\mathbb{R}$ 上的累次积分, 便可得出上面的结论. 例如, 当 $d = 2$ 时,

$$\begin{aligned}
\int_{\mathbb{R}^2} \mathrm{e}^{-\pi|x|^2} \mathrm{e}^{-2\pi \mathrm{i}x \cdot \xi} \, \mathrm{d}x &= \int_{\mathbb{R}} \mathrm{e}^{-\pi x_2^2} \mathrm{e}^{-2\pi \mathrm{i}x_2 \cdot \xi_2} \left(\int_{\mathbb{R}} \mathrm{e}^{-\pi x_1^2} \mathrm{e}^{-2\pi \mathrm{i}x_1 \cdot \xi_1} \, \mathrm{d}x_1 \right) \mathrm{d}x_2 \\
&= \int_{\mathbb{R}} \mathrm{e}^{-\pi x_2^2} \mathrm{e}^{-2\pi \mathrm{i}x_2 \cdot \xi_2} \mathrm{e}^{-\pi|\xi_1|^2} \, \mathrm{d}x_2 \\
&= \mathrm{e}^{-\pi|\xi_1|^2} \mathrm{e}^{-\pi|\xi_2|^2} \\
&= \mathrm{e}^{-\pi|\xi|^2}.
\end{aligned}$$

由命题 6.2.1, 用 $\delta^{1/2}$ 替代 δ, 可知 $\widehat{(\mathrm{e}^{-\pi\delta|x|^2})} = \delta^{-d/2} \mathrm{e}^{-\pi|\xi|^2/\delta}$.

第二步: 函数族 $K_\delta(x) = \delta^{-d/2} \mathrm{e}^{-\pi|x|^2/\delta}$ 是 $\mathbb{R}^d$ 中的一族好核. 这是说

（ⅰ）$\int_{\mathbb{R}^d} K_\delta(x) \mathrm{d}x = 1$，

（ⅱ）$\int_{\mathbb{R}^d} |K_\delta(x)| \mathrm{d}x \leqslant M$（事实上 $K_\delta(x) \geqslant 0$），

（ⅲ）对任意 $\eta > 0$，当 $\delta \to 0$ 时，有 $\int_{|x| \geqslant \eta} |K_\delta(x)| \mathrm{d}x \to 0$.

诸论断的证明和一维情形几乎相同. 因此，当 F 是 Schwartz 函数时，或者更一般地，当 F 有界且在原点连续时，有

$$\int_{\mathbb{R}^d} K_\delta(x) F(x) \mathrm{d}x \to F(0)，当 \delta \to 0 \text{ 时，}$$

第三步：乘法公式

$$\int_{\mathbb{R}^d} f(x) \hat{g}(x) \mathrm{d}x = \int_{\mathbb{R}^d} \hat{f}(y) g(y) \mathrm{d}y$$

对于 $\mathcal{S}$ 中的任意函数 f，g 均成立. 证明要求计算 $f(x) g(y) \mathrm{e}^{-2\pi i x \cdot y}$ 在 $(x, y) \in \mathbb{R}^{2d} = \mathbb{R}^d \times \mathbb{R}^d$ 的累次积分，每次都在 $\mathbb{R}^d$ 上取积分. 对此的验证类似于前一章命题 1.8 的证明.（参考附录）

和第 5 章类似，Fourier 反演公式是乘积公式与好核族 K_δ 的简单结果. 它表明 Fourier 变换 $\mathcal{F}$ 是 $\mathcal{S}(\mathbb{R}^d)$ 到自身的双射，它的逆映射为

$$\mathcal{F}^*(g)(x) = \int_{\mathbb{R}^d} g(\xi) \mathrm{e}^{2\pi i x \cdot \xi} \mathrm{d}\xi.$$

第四步：接下来考虑卷积，它的定义为

$$(f * g)(x) = \int_{\mathbb{R}^d} f(y) g(x - y) \mathrm{d}y, f, g \in \mathcal{S}.$$

从而有 $f * g \in \mathcal{S}(\mathbb{R}^d)$，$f * g = g * f$ 以及 $\widehat{(f * g)}(\xi) = \hat{f}(\xi) \hat{g}(\xi)$. 这些等式的论证和一维情形类似. 卷积 $f * g$ 的 Fourier 变换涉及 $f(y) g(x - y) \mathrm{e}^{-2\pi i x \cdot \xi}$ 在 $\mathbb{R}^{2d}$ 上的积分（$= \mathbb{R}^d \times \mathbb{R}^d$ 中的累次积分）.

按照前一章相同的论证，可以得到 d 维的 Plancherel 公式，从而完成了定理 6.2.4 的证明.

6.3 $\mathbb{R}^d \times \mathbb{R}$ 上的波动方程

下一个目标是用所学的 Fourier 变换来研究波动方程. 这里再次将函数限制在 Schwartz 空间 $\mathcal{S}$ 中，这使事情得以简化. 我们注意到对波动方程的深入分析，容许函数具有一般性是重要的，特别地函数可能不是连续的. 虽然仅考虑 Schwartz 函数失去了一般性，但是我们得到了简明的表述. 在限制条件下，我们可以用最简单的形式来表达一些基本的观点.

6.3.1 用 Fourier 变换表示解

一根振动弦的运动满足方程

$$\frac{\partial^2 u}{\partial x^2} = \frac{1}{c^2} \frac{\partial^2 u}{\partial t^2},$$

131

这就是我们所称的一维波动方程.

此方程自然推广到 d 维空间是

$$\frac{\partial^2 u}{\partial x_1^2} + \cdots + \frac{\partial^2 u}{\partial x_d^2} = \frac{1}{c^2}\frac{\partial^2 u}{\partial t^2}. \tag{6.3.1}$$

事实上，在 $d=3$ 时，人们已经知道该方程决定了真空中电磁波的行为（$c=$ 真空中的光速）. 同样地，该方程还描述了声波的传播. 因此，可将上述方程 (6.3.1) 称为 d 维波动方程.

首先假设 $c=1$，这是因为如果有必要可以对变量 t 进行伸缩. 同样地，如果定义 d 维拉普拉斯算子为

$$\Delta = \frac{\partial^2}{\partial x_1^2} + \cdots + \frac{\partial^2}{\partial x_d^2},$$

那么可以将波动方程写成

$$\Delta u = \frac{\partial^2 u}{\partial t^2}. \tag{6.3.2}$$

本节目标是找出该方程的解，其满足初值条件

$$u(x,0)=f(x) \quad \text{且} \quad \frac{\partial u}{\partial t}(x,0)=g(x),$$

其中 f，$g \in \mathcal{S}(\mathbb{R}^d)$. 这就是波动方程的 Cauchy 问题.

在解方程之前，当考虑时间变量 t 时，我们并没有限制 $t>0$. 正如将要看到的，方程的解对所有 $t \in \mathbb{R}$ 都有意义. 这表明了一个事实，波动方程在时间上是可以反向的（与热传导方程不同）.

接下来的定理将给出方程解的表达式. 导出该表达式的具有启发性的论证是重要的，它也适用于解决其他的边值问题.

假设 u 是波动方程的 Cauchy 问题的解. 将用到的技巧包括关于空间变量 x_1，$\cdots$，x_d 对方程和初值条件取 Fourier 变换. 这可将问题归结为时间变量的常微分方程. 实际上，想到关于 x_j 的微分变成与 $2\pi\mathrm{i}\xi_j$ 的乘积，并且对 t 求导与对空间变量的 Fourier 变换可交换，可知方程 (6.3.2) 变成

$$-4\pi^2|\xi|^2\widehat{u}(\xi,t)=\frac{\partial^2\widehat{u}}{\partial t^2}(\xi,t).$$

对固定的 $\xi \in \mathbb{R}^d$，这是关于 t 的一个常微分方程，它的解是

$$\widehat{u}(\xi,t)=A(\xi)\cos(2\pi|\xi|t)+B(\xi)\sin(2\pi|\xi|t),$$

其中对每个 ξ，$A(\xi)$ 和 $B(\xi)$ 是由初值条件决定的常数. 事实上，对初值条件取 Fourier 变换（关于 x）得到

$$\widehat{u}(\xi,0)=\widehat{f}(\xi) \quad \text{且} \quad \frac{\partial\widehat{u}}{\partial t}(\xi,0)=\widehat{g}(\xi).$$

由此可解出 $A(\xi)$ 和 $B(\xi)$，

$$A(\xi)=\widehat{f}(\xi) \quad \text{且} \quad 2\pi|\xi|B(\xi)=\widehat{g}(\xi).$$

因此，有

$$\widehat{u}(\xi,t) = \widehat{f}(\xi)\cos(2\pi|\xi|t) + \widehat{g}(\xi)\frac{\sin(2\pi|\xi|t)}{2\pi|\xi|},$$

从而解 u 可以通过对变量 ξ 取 Fourier 逆变换得到. 上述形式的推导给出了问题解的精确的存在性定理.

定理 6.3.1 波动方程的 Cauchy 问题的解为

$$u(x,t) = \int_{\mathbb{R}^d} \left[\widehat{f}(\xi)\cos(2\pi|\xi|t) + \widehat{g}(\xi)\frac{\sin(2\pi|\xi|t)}{2\pi|\xi|}\right] e^{2\pi i x \cdot \xi} d\xi. \quad (6.3.3)$$

证明 首先验证 u 能解波动方程. 只要注意到能在积分号里边关于 x 和 t 求导（因为 f 和 g 都是 Schwartz 函数）并且因之 u 至少属于 C^2，验证是直接的. 一方面，关于 x 对指数函数求导，得到

$$\Delta u(x,t) = \int_{\mathbb{R}^d} \left[\widehat{f}(\xi)\cos(2\pi|\xi|t) + \widehat{g}(\xi)\frac{\sin(2\pi|\xi|t)}{2\pi|\xi|}\right](-4\pi^2|\xi|^2) e^{2\pi i x \cdot \xi} d\xi.$$

另一方面，在括号内关于 t 求导两次有

$$\frac{\partial^2 u}{\partial t^2}(x,t) = \int_{\mathbb{R}^d} \left[-4\pi^2|\xi|^2\widehat{f}(\xi)\cos(2\pi|\xi|t) - 4\pi^2|\xi|^2\widehat{g}(\xi)\frac{\sin(2\pi|\xi|t)}{2\pi|\xi|}\right] e^{2\pi i x \cdot \xi} d\xi.$$

这表明 u 能解方程 (6.3.2). 令 $t=0$，由 Fourier 反演定理可知

$$u(x,0) = \int_{\mathbb{R}^d} \widehat{f}(\xi) e^{2\pi i x \cdot \xi} d\xi = f(x).$$

最后，关于 t 求导，令 $t=0$，再利用 Fourier 逆变换得到

$$\frac{\partial u}{\partial t}(x,0) = g(x).$$

因此 u 满足初值条件，从而完成了定理的证明. □

读者可能注意到，如同假设 f 和 g 都在函数类 $\mathcal{S}$ 中，函数 $\widehat{f}(\xi)\cos(2\pi|\xi|t)$ 和 $\widehat{g}(\xi)\dfrac{\sin(2\pi|\xi|t)}{2\pi|\xi|}$ 也均属于 $\mathcal{S}$. 这是因为 $\cos u$ 和 $(\sin u)/u$ 都是无穷次可微的偶函数.

在证明波动方程的 Cauchy 问题解的存在性后，我们提出解的唯一性问题. 除了定理所给的解公式外，是否存在方程

$$\Delta u = \frac{\partial^2 u}{\partial t^2} \quad 满足 \quad u(x,0) = f(x) \quad 且 \quad \frac{\partial u}{\partial t}(x,0) = g(x)$$

的其他解？事实正如我们期望的那样，不存在其他解. 在此不给出这一事实的证明（但可参考问题 3），其基于能量守恒的论证. 这就是我们将给出的全局能量守恒论证的局部形式.

第 3 章习题 10 给出了一维情形的振动弦的总能量在时间上是守恒的. 类似的事实在高维的情形也成立. 定义解的**能量**为

$$E(t) = \int_{\mathbb{R}^d} \left|\frac{\partial u}{\partial t}\right|^2 + \left|\frac{\partial u}{\partial x_1}\right|^2 + \cdots + \left|\frac{\partial u}{\partial x_d}\right|^2 dx.$$

定理 6.3.2　如果 u 是由公式（6.3.3）给出的波动方程的解，那么 $E(t)$ 是守恒的，即

$$E(t) = E(0)，对所有的 t \in \mathbb{R}.$$

该定理的证明需要如下引理.

引理 6.3.3　设 a 和 b 是复数，α 是实数，那么

$$|a\cos\alpha + b\sin\alpha|^2 + |-a\sin\alpha + b\cos\alpha|^2 = |a|^2 + |b|^2.$$

由于 $e_1 = (\cos\alpha, \sin\alpha)$ 和 $e_2 = (-\sin\alpha, \cos\alpha)$ 是一对标准正交向量，因此对于 $Z = (a, b) \in \mathbb{C}^2$，有

$$|Z|^2 = |Z \cdot e_1|^2 + |Z \cdot e_2|^2,$$

其中 $\cdot$ 表示 $\mathbb{C}^2$ 的内积，这就得到了引理 6.3.3.

现利用 Plancherel 定理，得

$$\int_{\mathbb{R}^d} \left| \frac{\partial u}{\partial t} \right|^2 dx = \int_{\mathbb{R}^d} \left| -2\pi|\xi|\hat{f}(\xi)\sin(2\pi|\xi|t) + \hat{g}(\xi)\cos(2\pi|\xi|t) \right|^2 d\xi.$$

类似地，

$$\int_{\mathbb{R}^d} \sum_{j=1}^d \left| \frac{\partial u}{\partial x_j} \right|^2 dx = \int_{\mathbb{R}^d} \left| 2\pi|\xi|\hat{f}(\xi)\cos(2\pi|\xi|t) + \hat{g}(\xi)\sin(2\pi|\xi|t) \right|^2 d\xi.$$

运用上面的引理，其中

$$a = 2\pi|\xi|\hat{f}(\xi), b = \hat{g}(\xi) 以及 \alpha = 2\pi|\xi|t.$$

最后的结果为

$$E(t) = \int_{\mathbb{R}^d} \left| \frac{\partial u}{\partial t} \right|^2 + \left| \frac{\partial u}{\partial x_1} \right|^2 + \cdots + \left| \frac{\partial u}{\partial x_d} \right|^2 dx$$

$$= \int_{\mathbb{R}^d} (4\pi^2|\xi|^2|\hat{f}(\xi)|^2 + |\hat{g}(\xi)|^2) d\xi,$$

很显然这与时间 t 无关. 因此定理证毕.

尽管公式（6.3.3）给出了波动方程的解，但是其缺点是不够直接，因为它涉及 f 和 g 的 Fourier 变换的计算，还需要取 Fourier 逆变换. 然而，对任意维数 d，存在一个更加明显的表达式. 当 $d=1$ 时该公式非常简单，当 $d=3$ 时公式稍微复杂些. 一般而言，当 d 是奇数时该公式是"初等"的，偶数情形比较复杂（可见问题 4 和问题 5）.

下面考虑 $d=1$，$d=3$ 和 $d=2$ 的情形，这将一起呈现出一般情形的图景. 回顾第 1 章，在讨论区间 $[0, L]$ 上的波动方程时，由 d'Alembert 公式给出的解是

$$u(x, t) = \frac{f(x+t) + f(x-t)}{2} + \frac{1}{2} \int_{x-t}^{x+t} g(y) dy. \tag{6.3.4}$$

其中的理解是通过令 f 和 g 在 $[-L, L]$ 为奇函数，将它们延拓至 $[0, L]$ 外部，周期

为 $2L$. 当 $d=1$ 并且初始条件的函数属于 $\mathcal{S}(\mathbb{R})$ 时，公式（6.3.4）仍适用于波动方程. 事实上，由式（6.3.3）可推出此公式，如果有

$$\cos(2\pi|\xi|t) = \frac{1}{2}\left(e^{2\pi i|\xi|t} + e^{-2\pi i|\xi|t}\right)$$

和

$$\frac{\sin(2\pi|\xi|t)}{2\pi|\xi|} = \frac{1}{4\pi i|\xi|}\left(e^{2\pi i|\xi|t} - e^{-2\pi i|\xi|t}\right).$$

最后，观察到 d'Alembert 公式（6.3.4）中的两项均由适当的平均组成. 事实上，第一项恰好是 f 在区间 $[x-t, x+t]$ 的两个边界点的平均；第二项是 g 在此区间的积分平均，即 $(1/2t)\int_{x-1}^{x+t} g(y)\mathrm{d}y$. 这提示我们可推广到高维情形，问题的解也可写成初始值的平均. 事实的确如此，现在详细地处理 $d=3$ 的特殊情形.

6.3.2 $\mathbb{R}^3 \times \mathbb{R}$ 上的波动方程

假设 $\mathcal{S}^2$ 表示 $\mathbb{R}^3$ 中的单位球，定义球面（球心在 x 处，半径为 t）上的函数 f 的球面平均为

$$M_t(f)(x) = \frac{1}{4\pi}\int_{S^2} f(x-t\gamma)\mathrm{d}\sigma(\gamma), \tag{6.3.5}$$

其中 $\mathrm{d}\sigma(\gamma)$ 表示 S^2 的面积元. 因为该单位球面的面积为 4π，故可将 $M_t(f)$ 视为 f 在球心为 x 半径为 t 的球面上的积分平均.

引理 6.3.4 设 $f \in \mathcal{S}(\mathbb{R}^3)$ 且 t 是固定的，那么 $M_t(f) \in \mathcal{S}(\mathbb{R}^3)$. 此外，$M_t(f)$ 关于 t 是无穷次可微的，并且关于 t 的任意导数也属于 $\mathcal{S}(\mathbb{R}^3)$.

证明 令 $F(x) = M_t(f)(x)$. 为了证明 F 是速降的，从不等式 $f(x) \leqslant A_N/(1+|x|^N)$ 对于任意 $N \geqslant 0$ 成立开始. 作为简单的推论，当 t 固定时，有
$$|f(x-\gamma t)| \leqslant A'_N/(1+|x|^N), \text{对所有 } \gamma \in S^2$$
为了看明白该不等式，可分别考虑 $|x| \leqslant 2t$ 和 $|x| > 2t$ 的情形. 因此，通过积分得
$$|F(x)| \leqslant A'_N/(1+|x|^N).$$
因为上式对于任意的 N 均成立，故所有函数 F 是速降的. 接着观察到 F 是无穷次可微的，并且

$$\left(\frac{\partial}{\partial x}\right)^\alpha F(x) = M_t(f^{(\alpha)})(x), \tag{6.3.6}$$

其中 $f^{(\alpha)}(x) = (\partial/\partial x)^\alpha f$. 只要证明当 $(\partial/\partial x)^\alpha = \partial/\partial x_k$ 时等式成立，然后利用归纳法给出一般情形的证明. 另外，只要取 $k=1$ 即可. 现有

$$\frac{F(x_1+h, x_2, x_3) - F(x_1, x_2, x_3)}{h} = \frac{1}{4\pi}\int_{S^2} g_h(\gamma)\mathrm{d}\sigma(\gamma),$$

其中

$$g_h(\gamma) = \frac{f(x+e_1 h - \gamma t) - f(x-\gamma t)}{h},$$

以及 $e_1 = (1,0,0)$. 当 $h \to 0$ 时，$g_h \to \dfrac{\partial}{\partial x_1} f(x - \gamma t)$ 关于 γ 一致收敛. 因此，式 (6.3.6) 成立. 由起始的论证，得知 $\left(\dfrac{\partial}{\partial x}\right)^\alpha F(x)$ 是速降的，因此 $F \in \mathcal{S}$. 同样的论证也对 $M_t(f)$ 关于 t 的任意导函数成立. □

下面介绍与球面积分有关的 Fourier 变换公式.

引理 6.3.5

$$\frac{1}{4\pi} \int_{S^2} e^{-2\pi i \xi \cdot \gamma} \,\mathrm{d}\sigma(\gamma) = \frac{\sin(2\pi |\xi|)}{2\pi |\xi|}.$$

在下一小节，我们将看到此公式联系着这样一个事实：径向函数的 Fourier 变换也是径向的.

证明　注意到左边的积分关于变量 ξ 是径向的. 事实上，若 $\mathcal{R}$ 是一个旋转变换，那么

$$\int_{S^2} e^{-2\pi i \mathcal{R}(\xi) \cdot \gamma} \,\mathrm{d}\sigma(\gamma) = \int_{S^2} e^{-2\pi i \xi \cdot \mathcal{R}^{-1}(\gamma)} \,\mathrm{d}\sigma(\gamma) = \int_{S^2} e^{-2\pi i \xi \cdot \gamma} \,\mathrm{d}\sigma(\gamma),$$

这是因为可采用变量代换 $\gamma \to \mathcal{R}^{-1}(\gamma)$. （为此，可参考公式 (9.3.1).）因此，可设 $|\xi| = \rho$，只要证明当 $\xi = (0,0,\rho)$ 时引理成立. 如果 $\rho = 0$，引理是显然的. 设 $\rho > 0$，选用球面坐标可发现等式左边等于

$$\frac{1}{4\pi} \int_0^{2\pi} \int_0^\pi e^{-2\pi i \rho \cos\theta} \sin\theta \,\mathrm{d}\theta \,\mathrm{d}\varphi.$$

采用变量代换 $u = -\cos\theta$，便有

$$\begin{aligned}
\frac{1}{4\pi} \int_0^{2\pi} \int_0^\pi e^{-2\pi i \rho \cos\theta} \sin\theta \,\mathrm{d}\theta \,\mathrm{d}\varphi &= \frac{1}{2} \int_0^\pi e^{-2\pi i \rho \cos\theta} \sin\theta \,\mathrm{d}\theta \\
&= \frac{1}{2} \int_{-1}^1 e^{2\pi i \rho u} \,\mathrm{d}u \\
&= \frac{1}{4\pi i \rho} \left[e^{2\pi i \rho u} \right]_{-1}^1 \\
&= \frac{\sin(2\pi \rho)}{2\pi \rho},
\end{aligned}$$

于是得到了公式的证明. □

由公式 (6.3.5) 的定义，可以将 $M_t(f)$ 看成函数 f 与体积元 $\mathrm{d}\sigma$ 的卷积. 因为 Fourier 变换将卷积和乘积互相转换，这促使我们相信 $\widehat{M_t(f)}$ 是相应 Fourier 变换的乘积. 事实上，有恒等式

$$\widehat{M_t(f)}(\xi) = \hat{f}(\xi) \frac{\sin(2\pi |\xi| t)}{2\pi |\xi| t}. \tag{6.3.7}$$

为了看明白此等式，将其左边写成

$$\widehat{M_t(f)}(\xi) = \int_{\mathbf{R}^3} e^{-2\pi i x \cdot \xi} \left(\frac{1}{4\pi} \int_{S^2} f(x - \gamma t) \, d\sigma(\gamma) \right) dx \,,$$

通过交换积分次序以及作变量代换，进而得到所要的等式.

综上所述，问题的解可通过初始值的球面平均来表示.

定理 6.3.6 当 $d = 3$ 时，波动方程的 Cauchy 问题

$$\Delta u = \frac{\partial^2 u}{\partial t^2} \quad \text{满足} \quad u(x, 0) = f(x) \quad \text{且} \quad \frac{\partial u}{\partial t}(x, 0) = g(x)$$

的解由下式

$$u(x, t) = \frac{\partial}{\partial t}(t M_t(f)(x)) + t M_t(g)(x)$$

给出.

证明 先考虑下述问题：

$$\Delta u = \frac{\partial^2 u}{\partial t^2} \quad \text{满足} \quad u(x, 0) = 0 \quad \text{且} \quad \frac{\partial u}{\partial t}(x, 0) = g(x).$$

由定理 6.3.1，可知它的解 u_1 为

$$\begin{aligned}
u_1(x, t) &= \int_{\mathbf{R}^3} \left[\hat{g}(\xi) \frac{\sin(2\pi|\xi|t)}{2\pi|\xi|} \right] e^{2\pi i x \cdot \xi} \, d\xi \\
&= t \int_{\mathbf{R}^3} \left[\hat{g}(\xi) \frac{\sin(2\pi|\xi|t)}{2\pi|\xi|t} \right] e^{2\pi i x \cdot \xi} \, d\xi \\
&= t M_t(g)(x),
\end{aligned}$$

其中对函数 g 使用了公式（6.3.7）和 Fourier 逆变换公式.

再根据定理 6.3.1，下述问题

$$\Delta u = \frac{\partial^2 u}{\partial t^2} \quad \text{满足} \quad u(x, 0) = f(x) \quad \text{且} \quad \frac{\partial u}{\partial t}(x, 0) = 0$$

的解是

$$\begin{aligned}
u_2(x, t) &= \int_{\mathbf{R}^3} \left[\hat{f}(\xi) \cos(2\pi|\xi|t) \right] e^{2\pi i x \cdot \xi} \, d\xi \\
&= \frac{\partial}{\partial t} \left(t \int_{\mathbf{R}^3} \left[\hat{f}(\xi) \frac{\sin(2\pi|\xi|t)}{2\pi|\xi|t} \right] e^{2\pi i x \cdot \xi} \, d\xi \right) \\
&= \frac{\partial}{\partial t}(t M_t(f)(x)).
\end{aligned}$$

现在将两个解叠加得到 $u = u_1 + u_2$，这就是原来问题的解. $\quad\square$

Huygens 原理

一维和三维波动方程的解分别为

$$u(x, t) = \frac{f(x + t) + f(x - t)}{2} + \frac{1}{2} \int_{x-t}^{x+t} g(y) \, dy$$

和

$$u(x, t) = \frac{\partial}{\partial t}(t M_t(f)(x)) + t M_t(g)(x).$$

137

可见在一维的问题中，如图 6.1 所示，解在 (x,t) 的取值仅仅依赖于函数 f 和 g 在中心为 x、长度为 $2t$ 的区间上的取值.

此外，如果 $g=0$，那么解仅取决于函数在该区间两个端点的取值. 在三维情形，这种边界依赖性仍成立. 更精确而言，解 $u(x,t)$ 与函数 f 和 g 在 x 为圆心半径为 t 的球附近的领域的取值

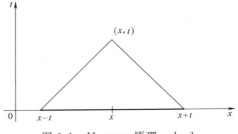

图 6.1　Huygens 原理，$d=1$

有关. 这时如图 6.2 所描述，我们画出了始于 (x,t) 底面为中心为 x 长度为 t 的球的锥体. 称该锥为起始于 (x,t) 的后光锥.

又或者，在平面 $t=0$ 点 x_0 的初始数据影响解在以顶点为 x_0 的得锥体的边界上的取值，称该锥体为前光锥，如图 6.3 所示.

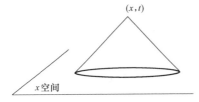

图 6.2　起始于 (x,t) 的后光锥

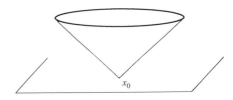

图 6.3　起始于 (x,t) 的前光锥

这种现象称之为 Huygens 原理，由上述解的公式可立即推出.

波动方程涉及上述结论的另外一个重要方面是有限速传播.（当 $c=1$ 时，传播速度是 1.）这意味着如果在点 $x=x_0$ 对初始值做局部扰动，那么经过时间 t，扰动的影响将传播至中心为 x_0 半径为 $|t|$ 的球内部. 为了更准确地表述，假设初始条件 f 和 g 支集在中心为 x_0 半径为 δ 的球（可认为 δ 充分小），那么 $u(x,t)$ 支集于中心在 x_0 半径为 $|t|+\delta$ 的球. 由上面的讨论，此论断是显而易见的.

6.3.3　$\mathbb{R}^2 \times \mathbb{R}$ 上的波动方程：降维法

惊人的事实是三维波动方程的解能导出二维波动方程的解. 定义相应的平均为

$$\widetilde{M}_t(F)(x)=\frac{1}{2\pi}\int_{|y|\leqslant 1}F(x-ty)(1-|y|^2)^{-1/2}\mathrm{d}y.$$

定理 6.3.7　带初值 $f,g\in\mathcal{S}(\mathbb{R}^2)$ 的二维波动方程 Cauchy 问题的解为

$$u(x,t)=\frac{\partial}{\partial t}(t\widetilde{M}_t(f)(x))+t\widetilde{M}_t(g)(x). \tag{6.3.8}$$

请注意这时与 $d=3$ 的区别. 此时，u 在 (x,t) 的取值取决于 f 和 g 在整个圆盘（半径为 $|t|$ 圆心在 x 的圆）的取值，而不再是仅依赖于该圆盘边界附近的初值.

形式上，定理中的等式的推导如下. 从初始函数 $f,g\in\mathcal{S}(\mathbb{R}^2)$ 开始处理，考虑相应的 $\mathcal{S}(\mathbb{R}^3)$ 函数 $\widetilde{f}$ 和 $\widetilde{g}$，它们是 f 和 g 在 x_3 方向为常值的延拓，亦即

$$\widetilde{f}(x_1, x_2, x_3) = f(x_1, x_2) \quad 且 \quad \widetilde{g}(x_1, x_2, x_3) = g(x_1, x_2).$$

如果 $\widetilde{u}$ 是上节带初值 $\widetilde{f}$ 和 $\widetilde{g}$ 的三维波动方程的解，那么我们期望 $\widetilde{u}$ 在 x_3 方向也是常数，从而 $\widetilde{u}$ 是二维波动方程的解．证明的困难在于函数 $\widetilde{f}$ 和 $\widetilde{g}$ 不是快速下降的，这是因为在 x_3 方向为常值，故上节的证明方法不再适用．但是，很容易修改论证来得到定理 6.3.7 的证明．

固定 $T > 0$，考虑 $\mathcal{S}(\mathbb{R})$ 中的函数 $\eta(x_3)$，使得当 $|x_3| \leqslant 3T$ 时，$\eta(x_3) = 1$．这里的决窍是对 $\widetilde{f}$ 和 $\widetilde{g}$ 关于变量 x_3 进行截断，即考虑

$$\widetilde{f}^{\,b}(x_1, x_2, x_3) = f(x_1, x_2)\eta(x_3) \quad 且 \quad \widetilde{g}^{\,b}(x_1, x_2, x_3) = g(x_1, x_2)\eta(x_3).$$

因为 $\widetilde{f}^{\,b}$ 和 $\widetilde{g}^{\,b}$ 都属于 $\mathcal{S}(\mathbb{R}^3)$，所以定理 6.3.6 给出了带初值的 $\widetilde{f}^{\,b}$ 和 $\widetilde{g}^{\,b}$ 的波动方程的解 $\widetilde{u}^{\,b}$．只要 $|x_3| \leqslant T$ 且 $|t| \leqslant T$，易知 $\widetilde{u}^{\,b}(x, t)$ 与 x_3 无关，特别地，如果定义 $u(x_1, x_2, t) = \widetilde{u}^{\,b}(x_1, x_2, 0, t)$，那么当 $|t| \leqslant T$ 时，u 满足二维的波动方程．因为 T 是任意的，故 u 就是问题的解，还需证为何解 u 具有所给的形式．

利用球坐标的定义，函数 H 在球面 $\mathcal{S}^2$ 的积分等于

$$\frac{1}{4\pi} \int_{\mathcal{S}^2} H(\gamma) \mathrm{d}\sigma(\gamma) = \frac{1}{4\pi} \int_0^{2\pi} \int_0^{\pi} H(\sin\theta \cos\varphi, \sin\theta \sin\varphi, \cos\theta) \sin\theta \, \mathrm{d}\theta \, \mathrm{d}\varphi.$$

如果 H 与最后的变量无关，亦即存在函数 h 满足 $H(x_1, x_2, x_3) = h(x_1, x_2)$，那么

$$M_t(H)(x_1, x_2, 0) = \frac{1}{4\pi} \int_0^{2\pi} \int_0^{\pi} h(x_1 - t\sin\theta\cos\varphi, x_2 - t\sin\theta\sin\varphi) \sin\theta \, \mathrm{d}\theta \, \mathrm{d}\varphi.$$

为了计算等式的积分，将关于 θ 的积分划分为 0 到 $\pi/2$ 以及 $\pi/2$ 到 π．采用变量代换 $r = \sin\theta$，再通过球坐标代换，得

$$M_t(H)(x_1, x_2, 0) = \frac{1}{2\pi} \int_{|y| \leqslant 1} h(x - ty)(1 - |y|^2)^{-1/2} \mathrm{d}y = \widetilde{M}_t(h)(x_1, x_2).$$

将 $H = \widetilde{f}^{\,b}$，$h = f$ 以及 $H = \widetilde{g}^{\,b}$，$h = g$ 代入，可知 u 形如公式 (6.3.8)，这就完成了定理 6.3.7 的证明．

注记：对于一般的 d，波动方程的解具有许多有关特殊情形 $d = 1, 2, 3$ 所讨论的性质．

· 在给定的时刻 t，点 x 的初值仅影响 u 特定区域的值．当 $d > 1$ 是奇数时，初值仅影响解在始于 x 的前光锥边界点上的取值；然而，当 $d = 1$ 或者 d 为偶数时，初值对所有前光锥的点有影响．换而言之，解在 (x, t) 的取值仅依赖于始于 (x, t) 前光锥的基底的取值．事实上，当 $d > 0$ 是奇数时，初值在基底边界附近的取值影响 $u(x, t)$．

· 波以有限速度传播：如果初值函数支于有界集，那么解 u 的支集以速度 1 传播（如果波方程没有单位化，那么速度为 c）．

通过对二维和三维空间波的传播的不同性态的观察，我们可以说明上面的事

实. 由于光的传播受到三维波动方程的约束, 如果在 $t=0$ 时, 位于原点的光源发光, 那么会出现如下现象: 任何观察者会看到光的一瞬间 (经过有限的时间). 作为对比, 考虑二维空间出现的现象. 当我们向平静的湖面投掷石块时, 湖面上的任意一点 (经过有限的时间) 将起伏振动; 尽管振幅随着时间会逐渐衰减, 但是 (原则上) 振动将一直持续下去.

波动方程解公式在特征上的不同, $d=1$, 3 与 $d=2$ 两种类型, 说明了 Fourier 分析在原则上的不同: 与偶数维的情形相比, Fourier 分析出现了许多公式在奇数维的情形简单一些. 在下节, 我们将看到进一步的例子.

6.4　径向对称与 Bessel 函数

我们之前看到 $\mathbb{R}^d$ 上径向函数的 Fourier 变换亦为径向的. 换而言之, 如果存在 f_0 使得 $f(x)=f_0(|x|)$, 那么存在 F_0 使 $\widehat{f}(\xi)=F_0(|\xi|)$. 顺其自然的问题是确定 f_0 和 F_0 的关系.

在一维和三维的情形, 述及的问题有简单的答案. 设 $d=1$, 我们寻求的关系是

$$F_0(\rho)=2\int_0^\infty \cos(2\pi\rho r)f_0(r)\mathrm{d}r. \tag{6.4.1}$$

由于 $\mathbb{R}$ 仅有两种旋转, 恒等变换以及与 -1 的乘法变换, 我们发现径向函数恰为偶函数. 由此观察, 易见当 f 是径向函数且 $|\xi|=\rho$, 则

$$\begin{aligned}
F_0(\rho)=\widehat{f}(|\xi|)&=\int_{-\infty}^\infty f(x)\mathrm{e}^{-2\pi i x|\xi|}\mathrm{d}x\\
&=\int_0^\infty f_0(r)(\mathrm{e}^{-2\pi i r|\xi|}+\mathrm{e}^{2\pi i r|\xi|})\mathrm{d}r\\
&=2\int_0^\infty \cos(2\pi\rho r)f_0(r)\mathrm{d}r.
\end{aligned}$$

在情形 $d=3$, f_0 和 F_0 的关系也是十分简明的. 它由如下公式

$$F_0(\rho)=2\rho^{-1}\int_0^\infty \sin(2\pi\rho r)f_0(r)r\mathrm{d}r \tag{6.4.2}$$

给出, 该恒等式的证明基于引理 6.3.5 中球面元 $\mathrm{d}\sigma$ 的 Fourier 变换公式:

$$\begin{aligned}
F_0(\rho)=\widehat{f}(\xi)&=\int_{\mathbb{R}^3} f(x)\mathrm{e}^{-2\pi i x\cdot\xi}\mathrm{d}x\\
&=\int_0^\infty f_0(r)\int_{S^2}\mathrm{e}^{-2\pi i r\gamma\cdot\xi}\mathrm{d}\sigma(\gamma)r^2\mathrm{d}r\\
&=\int_0^\infty f_0(r)\frac{2\sin(2\pi\rho r)}{\rho r}r^2\mathrm{d}r\\
&=2\rho^{-1}\int_0^\infty \sin(2\pi\rho r)f_0(r)r\mathrm{d}r.
\end{aligned}$$

更为一般地, f_0 和 F_0 的关系可借助一族特殊函数给出漂亮的描述, 这类特

殊函数在显示出径向对称的问题中自然地出现.

阶数为 $n \in \mathbb{Z}$ 的 Bessel 函数, 记为 $\mathcal{J}_n(\rho)$, 定义为函数 $e^{i\rho\sin\theta}$ 的 n 次 Fourier 系数. 因此

$$\mathcal{J}_n(\rho) = \frac{1}{2\pi} \int_0^{2\pi} e^{i\rho\sin\theta} e^{-in\theta} d\theta,$$

从而

$$e^{i\rho\sin\theta} = \sum_{n=-\infty}^{\infty} \mathcal{J}_n(\rho) e^{in\theta}.$$

由此定义, 可发现当 $d=2$ 时, 函数 f_0 和 F_0 的关系为

$$F_0(\rho) = 2\pi \int_0^{\infty} J_0(2\pi r\rho) f_0(r) r \, dr. \tag{6.4.3}$$

事实上, 因为 $\hat{f}(\xi)$ 是径向的, 可取 $\xi = (0, -\rho)$, 从而正如所需有

$$\hat{f}(\xi) = \int_{\mathbb{R}^2} f(x) e^{2\pi i x \cdot (0, \rho)} dx$$

$$= \int_0^{2\pi} \int_0^{\infty} f_0(r) e^{2\pi i r\rho\sin\theta} r \, dr \, d\theta$$

$$= 2\pi \int_0^{\infty} J_0(2\pi r\rho) f_0(r) r \, dr.$$

一般而言, 有相应的公式采用 $d/2-1$ 阶的 Bessel 函数来表述 f_0 与 F_0 之间的关系 (参考问题 2). 在偶数维的情形, Bessel 函数的定义和上述一致. 在奇数维的情形, 我们需要包括半整数阶的 Bessel 函数的定义. 需要注意, 径向函数的 Fourier 变换公式给出了奇数维与偶数维之间区别的另一描述. 当 $d=1$ 或 $d=3$ (包括 $d>3$, d 为奇数) 时, 相应的公式可用初等函数来表达, 但当 d 为偶数时情形却不同.

6.5 Radon 变换及其应用

下面将讨论的积分变换是由 Johann Radon 在 1917 年创造的, 它在数学及其他科学领域有许多应用, 这些应用包括一项医学上的重大突破. 为了诱导出重构的定义和核心问题, 我们先给出医学成像理论中, Radon 变换和 X 射线扫描 (也称为 CAT 扫描) 的发展之间的紧密联系. 重构问题的解决以及新的算法和高速计算机的引入, 促进了计算机断层扫描技术的快速发展. 实际上, X 射线扫描提供了内部器官的图像, 这有助于探测并定位各种形式的异常病变.

对二维空间的 X 射线扫描做简要的描述后, 我们定义 X 射线变换并提出如何求逆这一基本问题. 尽管在 $\mathbb{R}^2$ 上有显性解, 但是这比 $\mathbb{R}^3$ 中类似的问题更复杂. 因此, 我们仅在 $\mathbb{R}^3$ 上给出重构问题完整的解. 这里有另外一个例子, 它表明奇数维的结果比偶数维的来得简单一些.

6.5.1 $\mathbb{R}^2$ 中的 X 射线变换

考虑置于平面 $\mathbb{R}^2$ 的二维物体 $\mathcal{O}$, 我们可以将它看作人体器官的平截面.

首先，假设 $\mathcal{O}$ 是均匀的，并假定一束细小的光粒子穿透该物体.

如果 I_0 和 I 分别表示激光穿越 $\mathcal{O}$ 前后的强度，则下列关系成立：

$$I = I_0 \mathrm{e}^{-d\rho}.$$

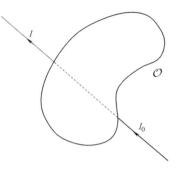

图 6.4　X 射线束的衰减

其中 d 表示光束在物体中穿越的长度，ρ 表示衰减系数（或者吸收系数），这依赖于物体 $\mathcal{O}$ 的密度和物理特性. 如果物体不是均匀的，而是由衰减系数分别为 ρ_1 和 ρ_2 的两种物质组成，那么观察到的光束衰减为

$$I = I_0 \mathrm{e}^{-d_1\rho_1 - d_2\rho_2},$$

其中 d_1 和 d_2 表示光束在两种物体中穿透的距离. 当物体的密度和物理特性处处变化时，吸收因子是 $\mathbb{R}^2$ 上的函数，上面的关系式化为

$$I = I_0 \mathrm{e}^{\int_L \rho}.$$

此处 L 表示 $\mathbb{R}^2$ 上光束所在的直线，$\int_L \rho$ 表示 ρ 在 L 上的积分. 由于可观测 I 和 I_0，因此在放射光束之后，得到的数据即为

$$\int_L \rho.$$

因为可在任意方向发射光束，因此对于 $\mathbb{R}^2$ 上的任意直线，都可以计算上述积分值. 定义 X 射线变换（亦即 $\mathbb{R}^2$ 上的 Radon 变换）为

$$X(\rho)(L) = \int_L \rho.$$

该变换将 $\mathbb{R}^2$ 上每个适当的函数（例如，$\rho \in \mathcal{S}(\mathbb{R}^2)$）映成另一个函数 $X(\rho)$，此函数的定义域为 $\mathbb{R}^2$ 上的所有直线.

函数 ρ 是未知的. 因为我们最初的兴趣在于物体的组织结构，当前的问题是如何从收集到的数据，也就是 X 射线变换，来重构函数 ρ. 因此，我们提出重构问题：找出用 $X(\rho)$ 来表示 ρ 的公式.

从数学角度讲，上述问题就是寻求 X 的逆变换公式. 这样的逆是否存在？首先，我们提出更简单的唯一性问题：如果 $X(\rho) = X(\rho')$，能否得到 $\rho = \rho'$？

这里存在着一个合理的先验性期望：$X(\rho)$ 决定了 ρ. 这可以通过对涉及的维度（或者自由度）来观察. $\mathbb{R}^2$ 上的函数 ρ 依赖于两个参数（比如，x_1 和 x_2 坐标）. 类似地，直线 L 上的函数 $X(\rho)$ 也是由两个参数决定的（例如，直线 L 的斜率和 x_2 的截距）. 在这样的意义下，ρ 与 $X(\rho)$ 传递着等量的信息，因此 $X(\rho)$ 能决定 ρ 的推测并不是空穴来风.

尽管重构问题存在令人满意的答案，对 $\mathbb{R}^2$ 上的唯一性问题的回答也是肯定的，但是在这里我们不给出答案.（但是，读者可以参考练习 13 和问题 8.）我们处理

$\mathbb{R}^2$ 上相似但更简单的情形.

最后须指出，我们对 X 变换的数据 $X(\rho)(L)$ 仅能对有限的直线作采样. 因此，实际中实施的重构方法不仅依赖于一般性的理论，同时依赖于采样步骤、数值逼近和计算机算法. 结果表明发展相关的快速算法的途径之一是快速 Fourier 变换，这正是下一章讨论的内容.

6.5.2 $\mathbb{R}^3$ 中的 Radon 变换

前一小节所描述的实验对三维空间同样适用. 如果 $\mathcal{O}$ 是 $\mathbb{R}^3$ 上由函数 ρ 刻画的物体，其中 ρ 是由物体的密度和物理特性决定的，发射一束 X 射线光束穿过 $\mathcal{O}$，对于 $\mathbb{R}^3$ 上的每条直线 L 可得到数量

$$\int_L \rho.$$

在 $\mathbb{R}^2$ 上，这些数据足够唯一地解出函数 ρ，但是在 $\mathbb{R}^3$ 上我们却不需要这么多的信息. 事实上，利用上面计算自由度的启发式论证，可知 $\mathbb{R}^3$ 上的函数 ρ 的自由度是 3，然而决定 $\mathbb{R}^3$ 上的直线 L 却需要四个参数（例如，在 (x_1, x_2) 平面的截距要两个参数，直线的方向还需要两个参数）. 因此从这个意义来讲，问题是超定的.

我们回到二维问题的自然的数学推广. 这里利用一个 $\mathbb{R}^3$ 上的函数在 $\mathbb{R}^3$ 上所有平面的积分来决定该函数. 精确地讲，当提及平面时，该平面未必通过原点. 设 $\mathcal{P}$ 是一个平面，定义 Radon 变换 $\mathcal{R}(f)$ 为

$$\mathcal{R}(f)(\mathcal{P}) = \int_{\mathcal{P}} f.$$

这叙述简明起见，我们按照习惯假设函数属于函数类 $\mathcal{S}(\mathbb{R}^3)$. 但是，下面得到的许多结果对更广泛的函数类依然成立.

首先，我们来解释函数 f 在平面上积分的含义. 对 $\mathbb{R}^3$ 上的平面，采用的描述方法为：给定单位向量 $\gamma \in \mathcal{S}^2$ 及 $t \in \mathbb{R}$，定义平面 $\mathcal{P}_{t,\gamma}$ 为

$$\mathcal{P}_{t,\gamma} = \{x \in \mathbb{R}^3 : x \cdot \gamma = t\}.$$

因此参数化一个平面是通过垂直于它的向量和平面到原点的距离完成的（参考图 6.5）. 注意到 $\mathcal{P}_{t,\gamma} = \mathcal{P}_{-t,-\gamma}$，并且 t 可取负数.

给定函数 $f \in \mathcal{S}(\mathbb{R}^d)$，我们需要明确它在 $\mathcal{P}_{t,\gamma}$ 上的积分. 按如下步骤进行. 选取单位向量 e_1，e_2 使得 e_1，e_2，γ 组成 $\mathbb{R}^3$ 的一组正交基. 从而对任意的 $x \in \mathcal{P}_{t,\gamma}$ 可以唯一地写成 $x = t\gamma + u$，其中 $u = u_1 e_1 + u_2 e_2$，$u_1, u_2 \in \mathbb{R}$. 如果 $f \in \mathcal{S}(\mathbb{R}^3)$，定义

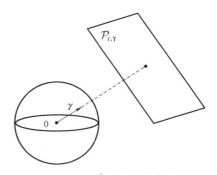

图 6.5 $\mathbb{R}^3$ 中平面的表示

$$\int_{\mathcal{P}_{t,\gamma}} f = \int_{\mathbb{R}^2} f(t\gamma + u_1 e_1 + u_2 e_2) \mathrm{d}u_1 \mathrm{d}u_2. \tag{6.5.1}$$

为了一致性，需要验证此定义与向量 e_1，e_2 的选取无关.

命题 6.5.1　设 $f \in \mathcal{S}(\mathbf{R}^3)$，那么 $\int_{\mathcal{P}_{t,\gamma}} f$ 的定义与向量 e_1，e_2 的选取无关. 进一步，可得

$$\int_{-\infty}^{\infty} \left(\int_{\mathcal{P}_{t,\gamma}} f \right) \mathrm{d}t = \int_{\mathbf{R}^3} f(x) \mathrm{d}x.$$

证明　设 e_1'，e_2' 是另取的向量使得 e_1'，e_2'，γ 是正交的. 考虑 $\mathbf{R}^2$ 的旋转 $\mathcal{R}$，它将 e_1 映为 e_1' 以及将 e_2 映为 e_2'. 对积分使用变量代换 $u' = \mathcal{R}(u)$，这就证明了定义式（6.5.1）与基底的选取无关.

为了证明上述公式，令 $\mathcal{R}$ 是 $\mathbf{R}^3$ 的旋转，它将 $\mathbf{R}^3$ 的标准正交基映为 e_1，e_2，γ. 因此

$$\begin{aligned}
\int_{\mathbf{R}^3} f(x) \mathrm{d}x &= \int_{\mathbf{R}^3} f(\mathcal{R}x) \mathrm{d}x \\
&= \int_{\mathbf{R}^3} f(x_1\gamma + x_2 e_1 + x_3 e_2) \mathrm{d}x_1 \mathrm{d}x_2 \mathrm{d}x_3 \\
&= \int_{-\infty}^{\infty} \left(\int_{\mathcal{P}_{t,\gamma}} f \right) \mathrm{d}t. \qquad \square
\end{aligned}$$

注记：岔开话题，我们指出 X 射线变换决定了 Radon 变换，这是因为二维积分可以写成一维的累次积分. 换而言之，知道函数在任意直线上的积分可推出函数在任意平面上的积分.

有了这些预备知识，就可以转到最原始的问题. 函数 $f \in \mathcal{S}(\mathbf{R}^3)$ 的 Radon 变换的定义为

$$\mathcal{R}(f)(t,\gamma) = \int_{\mathcal{P}_{t,\gamma}} f.$$

特别地，Radon 变换是 $\mathbf{R}^3$ 中的平面的函数. 由所给的平面参数，将 $\mathcal{R}(f)$ 等价地看作乘积 $\mathbf{R} \times \mathcal{S}^2 = \{(t,\gamma) : t \in \mathbf{R}, \gamma \in \mathcal{S}^2\}$ 的函数，其中 $\mathcal{S}^2$ 表示 $\mathbf{R}^3$ 上的单位球. 定义 $\mathbf{R} \times \mathcal{S}^2$ 上的相关函数类，是由所有对 t 关于 γ 一致满足 Schwartz 条件的函数组成。换而言之，定义 $\mathcal{S}(\mathbf{R} \times \mathcal{S}^2)$ 为所有连续函数 $F(t,\gamma)$ 组成的函数空间，并且 $F(t,\gamma)$ 关于 t 无穷次可微，满足

$$\sup_{t \in \mathbf{R}, \gamma \in \mathcal{S}^2} |t|^k \left| \frac{\mathrm{d}^l F}{\mathrm{d}t^l}(t,\gamma) \right| < \infty \quad k,l \geqslant 0 \text{ 为整数}.$$

我们的目标是解决下面的问题.

唯一性问题：如果 $\mathcal{R}(f) = \mathcal{R}(g)$，那么 $f = g$.

重构问题：用 $\mathcal{R}(f)$ 来表示 f.

问题的解要使用 Fourier 变换. 事实上，核心是 Radon 变换和 Fourier 变换之间一个优美而本质的关系.

引理 6.5.2　如果 $f \in \mathcal{S}(\mathbf{R}^3)$，那么对每个固定的 γ 有 $\mathcal{R}(f)(t,\gamma) \in \mathcal{S}(\mathbf{R})$. 另外，

$$\widehat{\mathcal{R}}(f)(s,\gamma) = \hat{f}(s\gamma).$$

准确地说，$\hat{f}$ 表示 f 的（三维）Fourier 变换，而 $\widehat{\mathcal{R}}(f)(s,\gamma)$ 则是 t 的函数 $\mathcal{R}(f)(t,\gamma)$ 的一维 Fourier 变换，其中 γ 固定.

证明   因为 $f \in \mathcal{S}(\mathbb{R}^3)$，所有对于任意的正整数 N 都存在常数 A_N 使得

$$(1+|t|)^N (1+|u|)^N |f(t\gamma + u)| \leqslant A_N,$$

回想到 $x = t\gamma + u$，其中 γ 垂直于 u. 因此，只要 $N \geqslant 3$ 就可知

$$(1+|t|)^N \mathcal{R}(f)(t,\gamma) \leqslant A_N \int_{\mathbb{R}^2} \frac{\mathrm{d}u}{(1+|u|)^N} < \infty.$$

对导数的类似证明表明对固定的 γ 有 $\mathcal{R}(f)(t,\gamma) \in \mathcal{S}(\mathbb{R})$.

为了建立恒等式，首先

$$\widehat{\mathcal{R}}(f)(s,\gamma) = \int_{-\infty}^{\infty} \left(\int_{\mathcal{P}_{t,\gamma}} f \right) \mathrm{e}^{-2\pi i s t} \mathrm{d}t$$

$$= \int_{-\infty}^{\infty} \int_{\mathbb{R}^2} f(t\gamma + u_1 e_1 + u_2 e_2) \mathrm{d}u_1 \mathrm{d}u_2 \mathrm{e}^{-2\pi i s t} \mathrm{d}t.$$

但是，因为 $\gamma \cdot u = 0$ 及 $|\gamma| = 1$，故可写成

$$\mathrm{e}^{-2\pi i s t} = \mathrm{e}^{\gamma \cdot (t\gamma + u)}.$$

因此，可得

$$\widehat{\mathcal{R}}(f)(s,\gamma) = \int_{-\infty}^{\infty} \int_{\mathbb{R}^2} f(t\gamma + u_1 e_1 + u_2 e_2) \mathrm{e}^{\gamma \cdot (t\gamma + u)} \mathrm{d}u_1 \mathrm{d}u_2 \mathrm{d}t$$

$$= \int_{-\infty}^{\infty} \int_{\mathbb{R}^2} f(t\gamma + u) \mathrm{e}^{\gamma \cdot (t\gamma + u)} \mathrm{d}u \mathrm{d}t.$$

最后将 γ，e_1，e_2 变成 $\mathbb{R}^3$ 上的标准正交基的一个旋转就证明了所要的等式 $\widehat{\mathcal{R}}(f)(s,\gamma) = \hat{f}(s\gamma)$. □

作为等式的推论，我们可以给出 $\mathbb{R}^3$ 上 Radon 变换的唯一性问题肯定的回答.

推论 6.5.3   若 $f, g \in \mathcal{S}(\mathbb{R}^3)$ 且 $\mathcal{R}(f) = \mathcal{R}(g)$，那么 $f = g$.

推论的证明可由对 $f - g$ 利用引理和 Fourier 逆变换得到.

我们最后的任务是给出从 f 的 Radon 变换恢复 f 的公式. 因为 $\mathcal{R}(f)$ 是 $\mathbb{R}^3$ 中的平面的函数，f 是空间变量 $x \in \mathbb{R}^3$ 的函数，所以重现 f 需要引入对偶 Radon 变换，它将定义在平面上的函数过渡为 $\mathbb{R}^3$ 空间变量的函数.

对 $\mathbb{R} \times \mathcal{S}^2$ 上给定的函数 F，定义它的对偶 Radon 变换为

$$\mathcal{R}^*(F)(x) = \int_{S^2} F(x \cdot \gamma, \gamma) \mathrm{d}\sigma(\gamma). \tag{6.5.2}$$

观察到点 x 属于 $\mathcal{P}_{t,\gamma}$ 当且仅当 $x \cdot \gamma = t$，对给定的 $x \in \mathbb{R}^3$，由 F 在所有经过 x 的平面上的积分得到 $\mathcal{R}^*(F)(x)$，亦即

$$\mathcal{R}^*(F)(x) = \int_{\{\mathcal{P}_{t,\gamma}, x \in \mathcal{P}_{t,\gamma}\}} F,$$

其中左边的积分由式（6.5.2）给出精确的解释. 我们使用术语"对偶"是基于如

下的观察. 如果 $V_1 = \mathcal{S}(\mathbb{R}^3)$ 附带通常的 Hermitian 内积

$$(f, g)_1 = \int_{\mathbb{R}^3} f(x) \overline{g(x)} \mathrm{d}x,$$

且 $V_2 = \mathcal{S}(\mathbb{R} \times \mathcal{S}^2)$ 有 Hermitian 内积

$$(F, G)_2 = \int_{\mathbb{R}} \int_{\mathcal{S}^2} F(t, \gamma) \overline{G(t, \gamma)} \mathrm{d}\sigma(\gamma) \mathrm{d}t,$$

那么

$$\mathcal{R} : V_1 \rightarrow V_2, \mathcal{R}^* : V_2 \rightarrow V_1,$$

其中

$$(\mathcal{R}f, F)_2 = (f, \mathcal{R}^* F)_1. \tag{6.5.3}$$

在下述论证中不需要该等式，它的证明作为练习留给读者.

现在我们可以表述重构定理.

定理 6.5.4　设 $f \in \mathcal{S}(\mathbb{R}^3)$，则

$$\Delta(\mathcal{R}^* \mathcal{R}(f)) = -8\pi^2 f,$$

其中，$\Delta = \dfrac{\partial^2}{\partial x_1^2} + \dfrac{\partial^2}{\partial x_2^2} + \dfrac{\partial^2}{\partial x_3^2}$ 是 Laplacian 算子.

证明　由前面的引理，有

$$\mathcal{R}(f)(t, \gamma) = \int_{-\infty}^{\infty} \hat{f}(s\gamma) \mathrm{e}^{2\pi i t s} \mathrm{d}s.$$

因此，

$$\mathcal{R}^* \mathcal{R}(f)(x) = \int_{\mathcal{S}^2} \int_{-\infty}^{\infty} \hat{f}(s\gamma) \mathrm{e}^{2\pi i x \cdot \gamma s} \mathrm{d}s \mathrm{d}\sigma(\gamma),$$

从而

$$
\begin{aligned}
\Delta(\mathcal{R}^* \mathcal{R}(f))(x) &= \int_{\mathcal{S}^2} \int_{-\infty}^{\infty} \hat{f}(s\gamma) (-4\pi^2 s^2) \mathrm{e}^{2\pi i x \cdot \gamma s} \mathrm{d}s \mathrm{d}\sigma(\gamma) \\
&= -4\pi^2 \int_{\mathcal{S}^2} \int_{-\infty}^{\infty} \hat{f}(s\gamma) \mathrm{e}^{2\pi i x \cdot \gamma s} s^2 \mathrm{d}s \mathrm{d}\sigma(\gamma) \\
&= -4\pi^2 \int_{\mathcal{S}^2} \int_{-\infty}^{0} \hat{f}(s\gamma) \mathrm{e}^{2\pi i x \cdot \gamma s} s^2 \mathrm{d}s \mathrm{d}\sigma(\gamma) - \\
&\quad\ 4\pi^2 \int_{\mathcal{S}^2} \int_{0}^{\infty} \hat{f}(s\gamma) \mathrm{e}^{2\pi i x \cdot \gamma s} s^2 \mathrm{d}s \mathrm{d}\sigma(\gamma) \\
&= -8\pi^2 \int_{\mathcal{S}^2} \int_{0}^{\infty} \hat{f}(s\gamma) \mathrm{e}^{2\pi i x \cdot \gamma s} s^2 \mathrm{d}s \mathrm{d}\sigma(\gamma) \\
&= -8\pi^2 f(x).
\end{aligned}
$$

在等式的第一行，我们对积分号内进行求导并利用事实 $\Delta(\mathrm{e}^{2\pi i x \cdot \gamma s}) = (-4\pi^2 s^2) \mathrm{e}^{2\pi i x \cdot \gamma s}$，这是因为 $|\gamma| = 1$. 最后一步由 $\mathbb{R}^3$ 上的极坐标公式和 Fourier 逆变换推出. □

6.5.3　平面波的注记

在本章最后，我们简要地指出 Radon 变换与波动方程解之间的关系. 这种关

系是按如下方式产生的. 回想当 $d=1$ 时，波动方程的解可以表示成为行波之和（参考第 1 章）. 于是人们自然地会问，高维情形是否也存在这种类似的行波解？回答如下：令 F 为单变量的函数，假设它充分光滑（比如 C^2）并考虑 $u(x,t)$ 的定义

$$u(x,t)=F((x \cdot \gamma)-t),$$

其中 $x \in \mathbb{R}^d$，γ 是 $\mathbb{R}^d$ 上的单位向量. 不难直接验证 u 是 $\mathbb{R}^d$ 上波动方程的解（其中 $c=1$）. 我们把这个解称为平面波；实际上，在任意的垂直于 γ 的平面上，u 是常数，并且随着 t 的增加，平面波沿着 γ 的方向传播. 需指出，因为平面波在垂直于 γ 的方向为常数，所以平面波在 $d>1$ 的情形不可能属于 $\mathcal{S}(\mathbb{R}^d)$.

与情形 $d=1$ 的求和对应，当 $d>1$ 时，波动方程的解可以写成平面波的积分. 这可以通过初始值 f 和 g 的 Radon 变换完成. 对于 $d=3$ 的相关公式，读者可以参考问题 6.

6.6 练习

1. 假设 $\mathcal{R}$ 是 $\mathbb{R}^2$ 的一个旋转，令

$$\mathcal{R}=\begin{pmatrix} a & b \\ c & d \end{pmatrix}$$

表示 $\mathcal{R}$ 关于标准基底 $e_1=(1,0)$ 和 $e_2=(0,1)$ 的变换矩阵.

（a）在条件 $\mathcal{R}^t=\mathcal{R}^{-1}$ 和 $\det(\mathcal{R})=\pm1$ 下写出 a，b，c，d 满足的方程.

（b）证明：存在 $\varphi \in \mathbb{R}$ 使得 $a+\mathrm{i}b=\mathrm{e}^{\mathrm{i}\varphi}$.

（c）利用上述结论，证明：如果 $\mathcal{R}$ 是正常旋转，那么它可写成 $z \to z\mathrm{e}^{\mathrm{i}\varphi}$；如果 $\mathcal{R}$ 是反常旋转，那么它形如 $z \to \bar{z}\mathrm{e}^{\mathrm{i}\varphi}$，其中 $\bar{z}=x-\mathrm{i}y$.

147

2. 假设 $\mathcal{R}:\mathbb{R}^3 \to \mathbb{R}^3$ 是正常旋转.

（a）证明：$p(t)=\det(\mathcal{R}-tI)$ 是三次多项式，且存在 $\gamma \in \mathcal{S}^2$（$\mathcal{S}^2$ 是 $\mathbb{R}^3$ 上三维单位球面），使得

$$\mathcal{R}(\gamma)=\gamma.$$

〔提示：利用 $p(0)>0$ 推出存在 $\lambda>0$ 满足 $p(\lambda)=0$. 从而 $\mathcal{R}-\lambda I$ 是奇异的，因此它的核是非平凡的.〕

（b）若 $\mathcal{P}$ 表示垂直于 γ 并且经过原点的平面，证明：

$$R:\mathcal{P} \to \mathcal{P},$$

且该映射是旋转变换.

3. 重温如下公式

$$\int_{\mathbb{R}^d} F(x)\mathrm{d}x=\int_{\mathcal{S}^{d-1}} \int_0^\infty F(r\gamma)r^{d-1}\mathrm{d}r\mathrm{d}\sigma(\gamma).$$

当 $F(x)=g(r)f(\gamma)$，$x=r\gamma$ 时，利用上述公式证明对任意旋转 $\mathcal{R}$ 有

$$\int_{\mathcal{S}^{d-1}} f(\mathcal{R}(\gamma))\mathrm{d}\sigma(\gamma)=\int_{\mathcal{S}^{d-1}} f(\gamma)\mathrm{d}\sigma(\gamma),$$

其中 f 是球面 $\mathcal{S}^{d-1}$ 上的连续函数.

4. 令 A_d 和 V_d 分别表示 R^d 中单位球面的面积和单位球的体积.

（a）证明下面的公式

$$A_d = \frac{2\pi^{d/2}}{\Gamma(d/2)},$$

因此 $A_2 = 2\pi$，$A_3 = 4\pi$，$A_4 = 2\pi^2$，…. 这里 $\Gamma(x) = \int_0^\infty e^{-t} t^{x-1} dt$ 为 Gamma 函数.

［提示：利用球坐标公式和等式 $\int_{\mathbf{R}^d} e^{-\pi|x|^2} dx = 1$.］

（b）证明：$dV_d = A_d$，从而

$$V_d = \frac{\pi^{d/2}}{\Gamma(d/2+1)}.$$

特别地，$V_2 = \pi$，$V_3 = 4\pi/3$，….

5. 令 A 是 $d \times d$ 实系数正定对称矩阵. 证明

$$\int_{\mathbf{R}^d} e^{-\pi(x, A(x))} dx = (\det(A))^{-1/2}.$$

上面的公式推广了 $\int_{\mathbf{R}^d} e^{-\pi|x|^2} dx = 1$，这对应 A 为单位矩阵的情形. ［提示：利用谱定理将 A 写成 $A = RDR^{-1}$，其中 R 是旋转矩阵，D 是对角元为 λ_1，…，λ_d 的对角矩阵，$\{\lambda_i\}$ 是 A 的特征值.］

6. 假设 $\psi \in \mathcal{S}(\mathbf{R}^d)$ 满足 $\int |\psi(x)|^2 dx = 1$. 证明：

$$\left(\int_{\mathbf{R}^d} |x|^2 |\psi(x)|^2 dx \right) \left(\int_{\mathbf{R}^d} |\xi|^2 |\hat{\psi}(\xi)|^2 d\xi \right) \geqslant \frac{d^2}{16\pi^2}.$$

这就是 d 维 Heisenberg 不确定性原理的表述.

7. 考虑 R^d 中带时间的热传导方程：

$$\frac{\partial u}{\partial t} = \frac{\partial^2 u}{\partial x_1^2} + \cdots + \frac{\partial^2 u}{\partial x_d^2}, t > 0, \tag{6.6.1}$$

边值条件为 $u(x, 0) = f(x) \in \mathcal{S}(\mathbf{R}^d)$. 如果

$$\mathcal{H}_t^{(d)}(x) = \frac{1}{(4\pi t)^{d/2}} e^{-|x|^2/4t} = \int_{\mathbf{R}^d} e^{-4\pi^2 t |\xi|^2} e^{2\pi i x \cdot \xi} d\xi$$

是 d 维的热核，证明：当 $x \in \mathbf{R}^d$ 且 $t > 0$ 卷积

$$u(x, t) = (f * \mathcal{H}_t^{(d)})(x)$$

是无穷次可微的. 此外，u 是方程（6.6.1）的解，而且 u 连续到边界 $t = 0$ 并满足 $u(x, 0) = f(x)$.

希望读者给出第 5 章定理 2.1 和定理 2.3 在 d 维类似的结论.

8. 在第 5 章中，我们发现上半平面的稳定热传导方程的解为 $u = f * \mathcal{P}_y$，其中 f 是边值且 Poisson 核是

$$\mathcal{P}_y(x) = \frac{1}{\pi} \frac{y}{x^2 + y^2}, x \in \mathbb{R} \text{ 且 } y > 0.$$

一般地，我们可以使用 Fourier 变换来计算 d 维 Poisson 核.

（a）隶属原理允许与 e^{-x} 相关的表达式写成与 e^{-x^2} 关联的表达式. 隶属原理的一种形式是

$$e^{-\beta}=\int_0^{\infty}\frac{e^{-u}}{\sqrt{\pi u}}e^{-\beta^2/4u}\,du,$$

其中 $\beta\geqslant 0$. 由 $\beta=2\pi|x|$ 对等式两边同时取 Fourier 变换来证明上述等式.

（b）考虑上半平面 $\{(x,y): x\in\mathbb{R}^d, y>0\}$ 的稳定热传导方程

$$\sum_{j=1}^{d}\frac{\partial^2 u}{\partial x_j^2}+\frac{\partial^2 u}{\partial y^2}=0\,,$$

附带 Dirichlet 边值条件 $u(x,0)=f(x)$. 问题的解由卷积 $u(x,y)=(f*P_y^{(d)})(x)$，其中 $P_y^{(d)}(x)$ 是 d 维 Poisson 核

$$P_y^{(d)}(x)=\int_{\mathbb{R}^d}e^{2\pi i x\cdot\xi}e^{-2\pi|\xi|y}\,d\xi.$$

利用隶属原理和 d 维热核（参考练习 7）来计算 $P_y^{(d)}(x)$. 证明：

$$P_y^{(d)}(x)=\frac{\Gamma((d+1)/2)}{\pi^{(d+1)/2}}\frac{y}{(|x|^2+y^2)^{(d+1)/2}}.$$

9. 球面波是 $\mathbb{R}^d$ 上波动方程的 Cauchy 问题的解 $u(x,t)$，并且 $u(x,t)$ 视为 x 的函数是径向的. 证明：u 是球面波当且仅当初值 f，$g\in\mathcal{S}$ 均是径向的.

10. 令 $u(x,t)$ 是波动方程的解，$E(t)$ 表示波的能量，且

$$E(t)=\int_{\mathbb{R}^d}\left|\frac{\partial u}{\partial t}(x,t)\right|^2+\sum_{j=1}^{d}\int_{\mathbb{R}^d}\left|\frac{\partial u}{\partial x_j}(x,t)\right|^2\,dx\,.$$

利用 Plancherel 公式，可得 $E(t)$ 是常数. 给出这一事实的另一证明：关于 t 微分来证明

$$\frac{dE}{dt}=0.$$

〔提示：利用分部积分.〕

11. 证明满足初值条件 $u(x,0)=f(x)$ 及 $\frac{\partial u}{\partial t}(x,0)=g(x)$，其中 $f,g\in\mathcal{S}(\mathbb{R}^3)$ 的波动方程

$$\frac{\partial^2 u}{\partial t^2}=\frac{\partial^2 u}{\partial x_1^2}+\frac{\partial^2 u}{\partial x_2^2}+\frac{\partial^2 u}{\partial x_3^2}$$

的解为

$$u(x,t)=\frac{1}{|S(x,t)|}\int_{S(x,t)}[tg(y)+f(y)+\nabla f(y)\cdot(y-x)]\,d\sigma(y)\,,$$

其中 $S(x,t)$ 是中心在 x 半径为 t 的球面，$|S(x,t)|$ 是球面的面积. 这个公式是定理 6.3.6 另一种表达式. 这个公式有时称作 Kirchhoff 公式.

12. 给出课文中对偶变换等式（6.5.3）的证明. 换而言之，证明：

$$\int_{\mathbf{R}}\int_{S^2}\mathcal{R}(f)(t,\gamma)\overline{F(t,\gamma)}\mathrm{d}\sigma(\gamma)\mathrm{d}t=\int_{\mathbf{R}^3}f(x)\widehat{\mathcal{R}^*(F)}(x)\mathrm{d}x,\quad(6.6.2)$$

其中 $f\in\mathcal{S}(\mathbf{R}^3)$，$F\in\mathcal{S}(\mathbf{R}\times S^2)$，并且

$$\mathcal{R}(f)=\int_{\mathcal{P}_{t,\gamma}}f\quad\text{且}\quad\mathcal{R}^*(F)(x)=\int_{S^2}F(x\cdot\gamma,\gamma)\mathrm{d}\sigma(\gamma).$$

［提示：考虑积分

$$\iiint f(t\gamma+u_1e_2+u_2e_2)\overline{F(t,\gamma)}\mathrm{d}t\,\mathrm{d}\sigma(\gamma)\mathrm{d}u_1\,\mathrm{d}u_2.$$

首先关于 u 积分得式（6.6.2）的左边，然后关于 u 和 t 积分并令 $x=t\gamma+u_1e_2+u_2e_2$ 就得到等式右边.］

13. 对 (t,θ)，$t\in\mathbf{R}$，$|\theta|\leqslant\pi$，令 $L=L_{t,\theta}$ 表示在 (x,y) 平面上的直线

$$x\cos\theta+y\sin\theta=t.$$

这条直线垂直于 $(\cos\theta,\sin\theta)$ 方向并且到原点的距离为 t（容许 t 取负值）. 对 $f\in\mathcal{S}(\mathbf{R}^2)$，X 射线变换，也就是二维的 Radon 变换，定义为

$$X(f)(t,\theta)=\int_{L_{t,\theta}}f=\int_{-\infty}^{\infty}f(t\cos\theta+u\sin\theta,t\sin\theta-u\cos\theta)\mathrm{d}u.$$

计算函数 $f(x,y)=\mathrm{e}^{-\pi(x^2+y^2)}$ 的 X 射线变换.

14. 令 X 表示 X 射线变换. 若 $f\in\mathcal{S}$ 满足 $X(f)=0$，利用单变量的 Fourier 变换证明 $f=0$.

15. 对于 $F\in\mathcal{S}(\mathbf{R}\times S^1)$，将 F 对所有经过点 (x,y) 的直线（形如 $x\cos\theta+y\sin\theta=t$）的积分定义为对偶 X 射线变换 $X^*(F)$：

$$X^*(F)(x,y)=\int F(x\cos\theta+y\sin\theta,\theta)\mathrm{d}\theta.$$

证明：在这种情形下，对 $f\in\mathcal{S}(\mathbf{R}^2)$ 及 $F\in\mathcal{S}(\mathbf{R}\times S^1)$，有

$$\iint X(f)(t,\theta)\overline{F(t,\theta)}\mathrm{d}t\,\mathrm{d}\theta=\iint f(x,y)\overline{X^*(F)(x,y)}\mathrm{d}x\,\mathrm{d}y.$$

6.7　问题

1. 令 J_n 表示 n 阶 Bessel 函数，$n\in\mathbf{Z}$. 证明：

（a）对实数 ρ，$J_n(\rho)$ 也是实数.

（b）$J_{-n}(\rho)=(-1)^nJ_n(\rho)$.

（c）$2J_n'(\rho)=J_{n-1}(\rho)-J_{n+1}(\rho)$.

（d）$\left(\dfrac{2n}{\rho}\right)J_n(\rho)=J_{n-1}(\rho)+J_{n+1}(\rho)$.

（e）$(\rho^{-n}J_n(\rho))'=-\rho^{-n}J_{n+1}(\rho)$.

（f）$(\rho^nJ_n(\rho))'=\rho^nJ_{n-1}(\rho)$.

（g）$J_n(\rho)$ 满足二阶微分方程

$$J_n''(\rho) + \rho^{-1} J_n'(\rho) + (1 - n^2/\rho^2) J_n(\rho) = 0 .$$

（h）证明：

$$J_n(\rho) = \left(\frac{\rho}{2}\right)^n \sum_{m=0}^{\infty} (-1)^m \frac{\rho^{2m}}{2^{2m} m! (n+m)!} .$$

（i）证明：对所有的整数 n 及实数 a 和 b，有

$$J_n(a+b) = \sum_{l \in \mathbb{Z}} J_l(a) J_{n-l}(b) .$$

2. 定义非整数 $n(n > -1/2)$ 的 Bessel 函数 $J_n(\rho)$ 的另一个公式为

$$J_n(\rho) = \frac{(\rho/2)^n}{\Gamma(n+1/2) \sqrt{\pi}} \int_{-1}^{1} e^{i\rho t} (1-t^2)^{n-(1/2)} dt .$$

（a）验证上述公式与整数值 $n \geqslant 0$ 的 Bessel 函数 $J_n(\rho)$ 的定义一致.〔提示：首先验证 $n = 0$ 的情形，然后检验等式两边都满足问题 1 的递归公式（e）.〕

（b）指出 $J_{1/2}(\rho) = \sqrt{\dfrac{2}{\pi}} \rho^{-1/2} \sin\rho$.

（c）证明：

$$\lim_{n \to -1/2} J_n(\rho) = \sqrt{\frac{2}{\pi}} \rho^{-1/2} \cos\rho .$$

（d）在叙述径向函数的 Fourier 变换时，我们已经证明用 f_0 来表示 F_0 的公式如下：

$$F_0(\rho) = 2\pi \rho^{-(d/2)+1} \int_0^{\infty} J_{(d/2)-1}(2\pi\rho r) f_0(r) r^{d/2} dr , \qquad (6.7.1)$$

其中，$d = 1$，2，3. 如果使用上述公式时将 $J_{-1/2}(\rho)$ 理解为 $J_{-1/2}(\rho) = \lim\limits_{n \to -1/2} J_n(\rho)$，那么上面关于 F_0 和 f_0 的公式（6.7.1）对所有的维数 d 都成立.

3. 由公式（6.3.3）给定的波动方程的 Cauchy 问题的解 $u(x, t)$ 仅依赖于后光锥的底部的初值. 人们自然而然地会问，波动方程的任何解是否都具有此性质？肯定性的答案将蕴含解的唯一性.

令 $B(x_0, r_0)$ 表示超平面 $t = 0$ 上中心在 x_0 半径为 r_0 的闭球. 基底为 $B(x_0, r_0)$ 的后光锥定义为

$$\mathcal{L}_{B(x_0, r_0)} = \{ (x, t) \in \mathbb{R}^d \times \mathbb{R} : |x - x_0| \leqslant r_0 - t, 0 \leqslant t \leqslant r_0 \} .$$

定理 6.7.1 假设闭上半平面 $\{ (x, t) : x \in \mathbb{R}^d, t \geqslant 0 \}$ 的 C^2 函数 $u(x, t)$ 是波动方程

$$\frac{\partial^2 u}{\partial t^2} = \Delta u$$

的解. 如果对所有 $x \in B(x_0, r_0)$ 有 $u(x, 0) = \dfrac{\partial u}{\partial t}(x, 0) = 0$，那么 $u(x, t) = 0$ 对所有的 $(x, t) \in \mathcal{L}_{B(x_0, r_0)}$ 成立.

换而言之，若波动方程的 Cauchy 问题的初值在一个球 B 上等于零，那么该问

题的任何解在以 B 为基底的后光锥上取值为零. 下列步骤概述了定理的证明.

（a）设 u 是实的. 当 $0 \leqslant t \leqslant r_0$ 时，令 $B_t(x_0, r_0) = \{x : |x - x_0| \leqslant r_0 - t\}$，并定义

$$\nabla u(x, t) = \left(\frac{\partial u}{\partial x_1}, \cdots, \frac{\partial u}{\partial x_d}, \frac{\partial u}{\partial t} \right).$$

现来考虑能量积分

$$E(t) = \frac{1}{2} \int_{B_t(x_0, r_0)} |\nabla u|^2 \, \mathrm{d}x$$

$$= \frac{1}{2} \int_{B_t(x_0, r_0)} \left(\frac{\partial u}{\partial t} \right)^2 + \sum_{j=1}^d \left(\frac{\partial u}{\partial x_j} \right)^2 \mathrm{d}x.$$

其中，$E(t) \geqslant 0$ 及 $E(0) = 0$. 证明：

$$E'(t) = \int_{B_t(x_0, r_0)} \frac{\partial u}{\partial t} \frac{\partial^2 u}{\partial t^2} + \sum_{j=1}^d \frac{\partial u}{\partial x_j} \frac{\partial^2 u}{\partial x_j \partial t} \mathrm{d}x - \frac{1}{2} \int_{\partial B_t(x_0, r_0)} |\nabla u|^2 \, \mathrm{d}\sigma(\gamma).$$

（b）证明：

$$\frac{\partial}{\partial x_j} \left[\frac{\partial u}{\partial x_j} \frac{\partial u}{\partial t} \right] = \frac{\partial u}{\partial x_j} \frac{\partial^2 u}{\partial x_j \partial t} + \frac{\partial^2 u}{\partial x_j^2} \frac{\partial u}{\partial t}.$$

（c）利用上述等式、散度定理，以及 u 是波动方程的解这一事实证明：

$$E'(t) = \int_{\partial B_t(x_0, r_0)} \sum_{j=1}^d \frac{\partial u}{\partial x_j} \frac{\partial u}{\partial t} \nu_j \, \mathrm{d}\sigma(\gamma) - \frac{1}{2} \int_{\partial B_t(x_0, r_0)} |\nabla u|^2 \, \mathrm{d}\sigma(\gamma),$$

其中 ν_j 表示 $B_t(x_0, r_0)$ 外法向量的第 j 个坐标.

（d）采用 Cauchy-Schwarz 不等式推断

$$\sum_{j=1}^d \frac{\partial u}{\partial x_j} \frac{\partial u}{\partial t} \nu_j \leqslant \frac{1}{2} |\nabla u|^2,$$

因此 $E'(t) \leqslant 0$. 由此推出 $E(t) = 0$ 及 $u = 0$.

4.* 对于 $\mathbb{R}^d \times \mathbb{R}$ 上的波动方程

$$\frac{\partial^2 u}{\partial t^2} = \frac{\partial^2 u}{\partial x_1^2} + \cdots + \frac{\partial^2 u}{\partial x_d^2}, u(x, 0) = f(x) \text{ 且 } \frac{\partial u}{\partial t}(x, 0) = g(x),$$

存在用球面平均来表示的解，这推广了前文中 $d = 3$ 的解公式. 事实上，由奇数维空间波动方程的解可推导出偶数维的解. 因此，我们首先考虑奇数维的情形.

假设 $d > 1$ 是奇数，$h \in \mathcal{S}(\mathbb{R}^d)$. 函数 h 在中心 x 半径 r 的球上的球面平均定义为

$$M_r h(x) = Mh(x, r) = \frac{1}{A_d} \int_{S^{d-1}} h(x - r\gamma) \, \mathrm{d}\sigma(\gamma),$$

其中 A_d 表示 $\mathbb{R}^d$ 中单位球面 S^{d-1} 的面积.

（a）证明

$$\Delta_x Mh(x, r) = \left[\partial_r^2 + \frac{d-1}{r} \right] Mh(x, r),$$

其中 Δ_x 表示关于空间变量 x 的 Laplacian 算子，$\partial_r = \partial / \partial_r$.

(b) 证明：二阶可微的函数 $u(x,t)$ 满足波动方程当且仅当

$$\left[\partial_r^2 + \frac{d-1}{r}\right]Mu(x,r,t) = \partial_t^2 Mu(x,r,t),$$

此处 $Mu(x,r,t)$ 表示函数 $u(x,t)$ 的球面平均.

(c) 若 $d = 2k+1$，定义 $T\varphi(r) = (r^{-1}\partial_r)^{k-1}[r^{2k-1}\varphi(r)]$. 令 $\tilde{u} = TMu$，那么对每个固定的 x，函数 $\tilde{u}$ 解出一维的波动方程：

$$\partial_t^2 \tilde{u}(x,r,t) = \partial_r^2 \tilde{u}(x,r,t).$$

我们便可以采用 d'Alembert 公式用初值来表示波动方程的解 $\tilde{u}(x, r, t)$.

(d) 现来证明

$$u(x,t) = Mu(x,0,t) = \lim_{r\to 0}\frac{\tilde{u}(x,r,t)}{\alpha r},$$

其中 $\alpha = 1 \cdot 3 \cdots \cdot (d-2)$.

(e) 当 $d > 1$ 是奇数时，证明：d 维波动方程的 Cauchy 问题的解为

$$u(x,t) = \frac{1}{1 \cdot 3 \cdots \cdot (d-2)}[\partial_t(t^{-1}\partial_t)^{(d-3)/2}(t^{d-2}M_t f(x)) + (t^{-1}\partial_t)^{(d-3)/2}(t^{d-2}M_t g(x))].$$

5.* 当 d 是偶数时，利用降维法得到波动方程的 Cauchy 问题的解由

$$u(x,t) = \frac{1}{1 \cdot 3 \cdots \cdot (d-2)}[\partial_t(t^{-1}\partial_t)^{(d-3)/2}(t^{d-2}\widetilde{M}_t f(x)) + (t^{-1}\partial_t)^{(d-3)/2}(t^{d-2}\widetilde{M}_t g(x))],$$

给出，其中 $\widetilde{M}_t$ 表示修正的球平均

$$\widetilde{M}_t h(x) = \frac{2}{A_{d+1}}\int_{B^d}\frac{f(x+ty)}{\sqrt{1-|y|^2}}\mathrm{d}y.$$

6.* 给定初值

$$f(x) = F(x \cdot \gamma) \quad \text{和} \quad g(x) = G(x \cdot \gamma),$$

验证下述平面波

$$u(x,t) = \frac{F(x \cdot \gamma + t) + F(x \cdot \gamma - t)}{2} + \frac{1}{2}\int_{x\cdot\gamma-t}^{x\cdot\gamma+t}G(s)\mathrm{d}s$$

是 d 维波动方程的 Cauchy 问题的解.

一般地，波动方程的解可写成平面波的叠加. 当 $d = 3$ 时，这种叠加可以用 Radon 变换表示如下. 令

$$\widetilde{\mathcal{R}}(f)(t,\gamma) = -\frac{1}{8\pi^2}\left(\frac{\mathrm{d}}{\mathrm{d}t}\right)^2 \mathcal{R}(f)(t,\gamma).$$

那么解 $u(x,t)$ 等于

153

$$\frac{1}{2}\int_{S^2}\big[\widetilde{\mathcal{R}}(f)(x\cdot\gamma-t,\gamma)+\widetilde{\mathcal{R}}(f)(x\cdot\gamma+t,\gamma)+$$

$$\int_{x\cdot\gamma-t}^{x\cdot\gamma+t}\widetilde{\mathcal{R}}(g)(s,\gamma)\mathrm{d}s\big]\mathrm{d}\sigma(\gamma).$$

7. 对任意实数 $a>0$，算子 $(-\Delta)^a$ 由公式

$$(-\Delta)^a f(x)=\int_{\mathbb{R}^d}(2\pi|\xi|)^{2a}\hat{f}(\xi)\mathrm{e}^{2\pi\mathrm{i}\xi\cdot x}\mathrm{d}\xi$$

定义，对任意的 $f\in S(\mathbb{R}^d)$.

（a）当 a 是整数时，证明：$(-\Delta)^a$ 和 $-\Delta$ 的 a 次方（$-\Delta$ 的 a 次复合）的通常定义是一致的.

（b）验证 $(-\Delta)^a(f)$ 是无穷次可微的.

（c）证明：如果 a 不是整数，那么一般地 $(-\Delta)^a(f)$ 不是速降函数.

（d）令 $u(x,y)$ 是稳定热传导方程

$$\frac{\partial^2 u}{\partial y^2}+\sum_{j=1}^d\frac{\partial^2 u}{\partial x_j^2}=0,\ \text{且}\ u(x,0)=f(x)$$

的解，则 $u(x,y)$ 等于 Poisson 核与 f 的卷积（参考练习 8）. 证明：

$$(-\Delta)^{1/2}f(x)=-\lim_{y\to 0}\frac{\partial u}{\partial y}(x,y),$$

更一般地，对任意的正整数 k，

$$(-\Delta)^{k/2}f(x)=(-1)^k\lim_{y\to 0}\frac{\partial^k u}{\partial y^k}(x,y)$$

成立.

8. * $\mathbb{R}^d$ 中的 Radon 变换的重构公式如下：

（a）当 $d=2$ 时，

$$\frac{(-\Delta)^{1/2}}{4\pi}\mathcal{R}^*(\mathcal{R}(f))=f,$$

其中 $(-\Delta)^{1/2}$ 如问题 7 定义.

（b）如果 Radon 变换及其对偶变换的定义与情形 $d=2$ 和 $d=3$ 类似，那么对一般的 d 有

$$\frac{(2\pi)^{1-d}}{2}(-\Delta)^{(d-1)/2}\mathcal{R}^*(\mathcal{R}(f))=f.$$

第 7 章　有限 Fourier 分析

> 过去一年，我们见证了计算 Fourier 变换的产生和令人激动的发展和革新．一类算法，特别是广为人知的快速 Fourier 变换或者叫作 FFT 的发展，给数学家们开始重新研究更多计算方法提供了动力，不仅在时频分析，而且在很多可以转换为 Fourier 变换（或者卷积）的领域……
>
> C. Binghm 和 J. W. Tukey，1966

在前面几章我们学习了圆环上的 Fourier 级数和欧氏空间 $\mathbb{R}^d$ 上的 Fourier 变换．这里从另外一个视角介绍 Fourier 分析，主要是针对定义在有限集上的函数，更精确地说，是定义在有限 Abelian 群上的函数．这些理论是特别精炼且简单的，因为无限和与积分都会被替换成有限和，因此有关收敛的问题也随之消失．

为了集中考虑有限 Fourier 分析，首先来研究最简单的情况，$\mathbb{Z}(N)$，对应的空间是 N 次单位根的乘群．这个群也可以写成商群 $\mathbb{Z}/N\mathbb{Z}$ 的形式，它与模 N 整数加群等价．随着 N 的增大，群 $\mathbb{Z}(N)$ 自然地递增，并且趋于整个单位圆环，因为在图 7.1 中可以看出 $\mathbb{Z}(N)$ 中与 N 有关的 N 个点在圆环上均匀分布．由于这个原因，在实际应用中，群 $\mathbb{Z}(N)$ 自然地被当作一个圆环上函数的信息载体以及一些涉及 Fourier 级数的计算推导．当 N 充分大，并且可表示为 $N = 2^n$ 的形式时，这种情形是特别漂亮的．Fourier 级数的计算导致了快速 Fourier 变换的发展，快速 Fourier 变换运用了当 N 从 1 取到 $N = 2^n$ 时，对 n 进行归纳仅仅需要大约 $\log N$ 步这个事实．这在实际应用中大大节省了时间．

在本章的第二部分，我们着手得出在有限 Abelian 群上 Fourier 分析更一般的定理．乘群 $\mathbb{Z}^*(q)$ 是一个很基本的例子．$\mathbb{Z}^*(q)$ 的 Fourier 逆变换公式被看作是 Dirichlet 定理证明中最基本计算过程中很关键的一步，这些将在下一章进行讲解．

7.1　$\mathbb{Z}(N)$ 上的 Fourier 分析

首先来研究 N 次单位根群．显然，这个群是最简单的有限 Abelian 群．它也给出了单位圆环上的一个一致分解，因此如果想找到单位圆环上"特征函数"的例子，这个分解是个很好的选择．更进一步地，当 N 趋向于无穷大时，这个分解会变得更好, 我们可以预料到在这里所考虑的离散的 Fourier 定理将趋向于连续的圆环上的 Fourier 级数定理. 从广义上说, 确实有这个结果, 尽管这方面问题我们不进行深入研究.

7.1.1　群 $\mathbb{Z}(N)$

令 N 是个正整数. 复数 z 如果满足 $z^N = 1$, 那么称 z 是一个 N 次单位根. N 次单位根的集合可以精确地表示为

$$\{1, e^{2\pi i/N}, e^{2\pi i2/N}, \cdots, e^{2\pi i(N-1)/N}\}.$$

事实上, 假设 $z^N = 1$, 且 $z = re^{i\theta}$. 那么有 $r^N e^{iN\theta} = 1$, 两边取模长, 得 $r = 1$. 因此 $e^{iN\theta} = 1$, 这就意味着 $N\theta = 2k\pi$, $k \in \mathbb{Z}$. 因此如果记 $\zeta = e^{2\pi i/N}$, 那么 ζ^k 取遍了所有 N 次单位根. 由于 $\zeta^N = 1$, 因此如果 n 和 m 相差 N 的整数倍, 那么 $\zeta^n = \zeta^m$. 事实上, 易得 $\zeta^n = \zeta^m$, 当且仅当 $n - m$ 可以被 N 整除.

记所有的 N 次单位根的集合为 $\mathbb{Z}(N)$, 从定义可以看出这个集合给出了单位圆环的一致分解这个事实. 集合 $\mathbb{Z}(N)$ 满足如下几条性质:

（ⅰ）如果 $z, w \in \mathbb{Z}(N)$, 那么 $zw \in \mathbb{Z}(N)$, 并且 $zw = wz$;

（ⅱ）$1 \in \mathbb{Z}(N)$;

（ⅲ）如果 $z \in \mathbb{Z}(N)$, 那么 $z^{-1} = 1/Z \in \mathbb{Z}(N)$, 并且很明显有 $zz^{-1} = 1$.

因此, $\mathbb{Z}(N)$ 在复数的乘法意义下是一个 Abelian 群, 7.2.1 节将详细给出 Abelian 群的定义.

我们还有另外一种方式来看待群 $\mathbb{Z}(N)$. 选取 ζ 的整数次幂, 这将取遍所有的 N 次单位根. 我们观察到以上的整数的取法不是唯一的, 因为当 n 和 m 相差 N 的整数倍时, $\zeta^n = \zeta^m$. 自然地, 选取整数 n 满足 $0 \leqslant n \leqslant N - 1$. 尽管这个

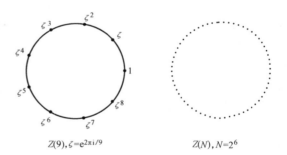

$$\mathbb{Z}(9), \zeta = e^{2\pi i/9} \qquad\qquad \mathbb{Z}(N), N = 2^6$$

图 7.1　N 次单位根群: $N = 9$ 和 $N = 2^6 = 64$

选取在集合的意义下是有意义的, 但我们仍然会问当两个单位根相乘会出现什么情况? 显然, 必须增加相关的一些整数, 因为 $\zeta^n \zeta^m = \zeta^{n+m}$, 但是并不能保证 $0 \leqslant n + m \leqslant N - 1$. 事实上, 如果 $0 \leqslant k \leqslant N - 1$, 且 $\zeta^n \zeta^m = \zeta^k$, 那么 $n + m$ 和 k 差一个 N 的整数倍. 因此, 为了找到 N 次单位根 $\zeta^n \zeta^m$ 所对应的区间 $[0, N-1]$ 内的整数, 可以看出在把 n 和 m 相加之后我们必需模掉 N, 也就是说, 找到唯一的整数 k, $0 \leqslant k \leqslant N - 1$, 使得 $(n+m) - k$ 能被 N 整除.

同样地, 考虑单位元 w 的每个单位根, 它们满足 $\zeta^n = w$, n 是一个整数. 对每个单位根做这样的处理可以得到整数的一个分割, 它是 N 个不相交的无限集合类. 为了把其中的两个类加起来, 在每个类里面取一个整数, 不妨分别记为 n 和

m，定义两个类的和包含整数 $n+m$ 的类.

现在来进一步明确上面的观点. 两个整数 x 和 y 是模 N 相等的，如果 $x-y$ 能被 N 整除，记作 $x \equiv y \bmod N$. 换而言之，这意味着 x 和 y 相差 N 的整数倍. 读者可以很容易验证下面三个性质：

- 对所有的整数 x，有 $x \equiv x \bmod N$；
- 如果 $x \equiv y \bmod N$，那么 $y \equiv x \bmod N$；
- 如果 $x \equiv y \bmod N$，并且 $y \equiv z \bmod N$，那么 $x \equiv z \bmod N$.

如上定义了整数类的一个等价关系. 令 $\mathcal{R}(x)$ 为整数 x 的等价剩余类. 显然，任何具有 $x+kN$，$k \in \mathbb{Z}$ 形式的整数都是 $\mathcal{R}(x)$ 的一个元素（或者记为代表元）. 事实上，正好有 N 个等价类，并且每个等价类在 0 和 N 之间有且只有一个代表元. 现在可以定义等价类的加法为

$$\mathcal{R}(x)+\mathcal{R}(y)=\mathcal{R}(x+y).$$

这个定义不依赖于代表元 x 和 y 的选取，因为如果 $x' \in \mathcal{R}(x)$，$y' \in \mathcal{R}(y)$，那么读者可以很容易验证 $x'+y' \in \mathcal{R}(x+y)$. 这样我们就把这个等价类集合变成了一个 Abelian 群，称作**整数模 N 加群**，通常被记作 $\mathbb{Z}/N\mathbb{Z}$.

$$\mathcal{R}(k) \longleftrightarrow e^{2\pi ik/N}$$

给出了 $\mathbb{Z}/N\mathbb{Z}$ 和 $\mathbb{Z}(N)$ 两个 Abelian 群之间的一一对应，我们只是把整数模 N 群的加法映射成了复数的乘法，因此把整数模 N 加群记作 $\mathbb{Z}(N)$. 由此得到，$0 \in \mathbb{Z}/N\mathbb{Z}$ 和单位圆环上的 1 是等价的.

令 V 和 W 分别表示整数模 N 加群和 N 次单位根群上的复值函数所组成的向量空间. 那么上面的等价关系反映到 V 和 W 上可表示成如下对应关系：

$$F(k) \leftrightarrow f(e^{2\pi ik/N}),$$

其中 F 是整数模 N 加群上的函数，f 是 N 次单位根群上的一个函数.

从现在开始，用 $\mathbb{Z}(N)$ 同时表示模 N 整数加群和 N 次单位根群.

7.1.2　群 Z(N) 上的 Fourier 逆变换定理和 Plancherel 等式

在建立 $\mathbb{Z}(N)$ 上 Fourier 分析的过程中，首先要考虑且最重要的是找到相应于每个单位圆环上的指数项 $e_n(x)=e^{2\pi inx}$ 的函数. 有关指数函数，有如下性质：

（ⅰ）在圆周上的 Riemann 可积函数空间中，$\{e_n\}_{n \in \mathbb{Z}}$ 在内积式（3.1.1）（第 3 章）的意义下是一组正交集；

（ⅱ）e_n 的有限线性组合（也就是三角多项式）在圆环上的连续函数空间上是稠密的；

（ⅲ）$e_n(x+y)=e_n(x)e_n(y)$.

在 $\mathbb{Z}(N)$ 上，最合适的 N 个类似的函数 e_0，$\cdots$，e_{N-1} 可以定义为

$$e_l(k)=\zeta^{lk}=e^{2\pi ilk/N},$$

其中 $l=0$，$\cdots$，$N-1$，且 $k=0$，$\cdots$，$N-1$. 为了能理解（ⅰ）和（ⅱ），把群 $\mathbb{Z}(N)$ 上的复值函数想象成一个函数空间 V，赋予 Hermitian 内积

$$(F,G) = \sum_{k=0}^{N-1} F(k)\overline{G(k)}$$

和相应的范数

$$\|F\|^2 = \sum_{k=0}^{N-1} |F(k)|^2.$$

引理 7.1.1 集合 $\{e_0, \cdots, e_{N-1}\}$ 是正交的. 事实上,

$$(e_m, e_l) = \begin{cases} N, & \text{如果 } m = l, \\ 0, & \text{如果 } m \neq l. \end{cases}$$

证明 首先有

$$(e_m, e_l) = \sum_{k=0}^{N-1} \zeta^{mk} \zeta^{-lk} = \sum_{k=0}^{N-1} \zeta^{(m-l)k}.$$

如果 $m = l$, 那么求和中的每一项都等于 1, 因此和为 N. 如果 $m \neq l$, 那么 $q = \zeta^{m-l}$ 不等于 1, 因此

$$1 + q + q^2 + \cdots + q^{N-1} = \frac{1 - q^n}{1 - q},$$

很容易推出 $(e_m, e_l) = 0$, 因为 $q^N = 1$.

由于这 N 个函数 $e_0, \cdots, e_{N-1}$ 是正交的, 所以它们是线性无关的, 并且因为向量空间 V 是 N 维的, 故 $\{e_0, \cdots, e_{N-1}\}$ 是 V 的一组正交基. 很明显, 性质 (iii) 依然成立, 也就是说,

$$e_l(k+m) = e_l(k)e_l(m)$$

对所有的 $l, k, m \in \mathbb{Z}(N)$ 成立.

由引理可得每个向量 e_l 的范数为 $\sqrt{N}$, 因此, 如果定义 $e_l^* = \frac{1}{\sqrt{N}} e_l$, 那么 $\{e_0^*, \cdots, e_{N-1}^*\}$ 是 V 的一组标准正交基. 所以对任意的 $F \in V$, 则有

$$F = \sum_{n=0}^{N-1} (F, e_n^*) e_n^*, \|F\|^2 = \sum_{n=0}^{N-1} |(F, e_n^*)|^2. \tag{7.1.1}$$

如果定义 F 的第 n 个 **Fourier 系数** 为 $a_n = \frac{1}{N} \sum_{k=0}^{N-1} F(k) e^{-2\pi i k n/N}$, 那么以上内容给出了关于群 $\mathbb{Z}(N)$ 的 Fourier 逆变换和 Parseval-Plancherel 公式的基本定理.

定理 7.1.2 如果 F 是 $\mathbb{Z}(N)$ 上的一个函数, 那么

$$F(k) = \sum_{n=0}^{N-1} a_n e^{2\pi i n k/N}.$$

更进一步地,

$$\sum_{n=0}^{N-1} |a_n|^2 = \frac{1}{N} \sum_{k=0}^{N-1} |F(k)|^2.$$

其中 $a_n = \frac{1}{N}(F, e_n) = \frac{1}{\sqrt{N}}(F, e_n^*)$, 所以这个证明可以直接从式 (7.1.1) 中得到.

注记：圆周上充分光滑的函数（比如说 C^2）的 Fourier 逆变换可以通过在模 $\mathbb{Z}(N)$ 整数加群中令 $N \to \infty$ 得到（参见练习 3）.

7.1.3　快速 Fourier 变换

快速 Fourier 变换是在计算 $\mathbb{Z}(N)$ 上的函数 F 的 Fourier 系数中产生和发展的，它已经成为一个非常有效的工具.

这个问题很自然地是在数值分析中产生的，目的是为了找到一个缩小计算机计算 $\mathbb{Z}(N)$ 上的一个固定函数的 Fourier 系数的时间的算法. 因为计算机所花费的时间大概与其所要操作的次数成正比，从而问题转化为缩小计算给定的 $\mathbb{Z}(N)$ 上的函数 F 的 Fourier 系数的操作次数.

我们简单地开始讨论这个问题. 固定 N，并且假设 $F(0), \cdots, F(N-1)$ 都已经给定，$w_N = \mathrm{e}^{-2\pi i/N}$. 如果记 $a_k^N(F)$ 为 F 在 $\mathbb{Z}(N)$ 上的第 k 个 Fourier 系数，那么由定义有

$$a_k^N(F) = \frac{1}{N} \sum_{r=0}^{N-1} F(r) w_N^{kr} ,$$

粗略估计表明对所有的 Fourier 系数的计算的操作次数 $\leqslant 2N^2 + N$. 事实上，确定 $w_N^2, \cdots, w_N^{N-1}$ 至多需要 $N-2$ 次乘积，每个系数 a_k^N 需要 $N+1$ 次乘积和 $N-1$ 次求和得到.

现在来介绍快速 Fourier 变换，上面的算法得出了操作步骤的上界为 $O(N^2)$. 显然可以做出改进，例如，考虑单位圆环的分割点的数量具有 2 的次幂形式，也就是说，$N = 2^n$（参见练习 9）.

定理 7.1.3　给定 $w_N = \mathrm{e}^{-2\pi i/N}$，其中 $N = 2^n$，那么使用最多
$$4 \cdot 2^n n = 4N \log_2(N) = O(N \log N)$$
次操作就可以算出 $\mathbb{Z}(N)$ 上的函数的 Fourier 系数.

这个定理的证明包含了运用对 M 个分割点的计算，为了得到 Fourier 系数需要 $2M$ 个分割点. 因为选取 $N = 2^n$，所以所想得到的等式就是它的一个周期性的处理，这涉及 $n = O(\log N)$ 步.

令 $\sharp(M)$ 表示计算 $\mathbb{Z}(M)$ 上的任何函数的 Fourier 系数所需的最小操作次数. 那么定理证明的关键就包含在如下递推式中.

引理 7.1.4　如果给定 $w_{2M} = \mathrm{e}^{-2\pi i/(2M)}$，那么
$$\sharp(2M) \leqslant 2\sharp(M) + 8M.$$

证明　计算 $w_{2M}, \cdots, w_{2M}^{2M}$，最多需要 $2M$ 次操作. 特别地，$w_M = \mathrm{e}^{-2\pi i/M} = w_{2M}^2$. 我们的主要观点是：对任意给定的 $\mathbb{Z}(2M)$ 上的函数 F，考虑两个 $\mathbb{Z}(M)$ 上的函数 F_0 和 F_1，它们定义为
$$F_0(r) = F(2r) \quad \text{和} \quad F_1(r) = F(2r+1).$$

假设最多需要 $\sharp(M)$ 次操作来计算 F_0 和 F_1 的 Fourier 系数. 如果记相应于群 $\mathbb{Z}(2M)$ 和 $\mathbb{Z}(M)$ 的 Fourier 系数分别为 a_k^{2M} 和 a_k^M，那么得

$$a_k^{2M}(F) = \frac{1}{2}\left[a_k^M(F_0) + a_k^M(F_1)w_{2M}^k\right].$$

为了证明这个等式，把 Fourier 系数 $a_k^{2M}(F)$ 的定义中的求和项分成奇数项和偶数项来分别相加，得

$$
\begin{aligned}
a_k^{2M}(F) &= \frac{1}{2M}\sum_{r=0}^{2M-1}F(r)w_{2M}^{kr} \\
&= \frac{1}{2}\left[\frac{1}{M}\sum_{l=0}^{M-1}F(2l)w_{2M}^{k(2l)} + \frac{1}{M}\sum_{m=0}^{M-1}F(2m+1)w_{2M}^{k(2M+1)}\right] \\
&= \frac{1}{2}\left[\frac{1}{M}\sum_{l=0}^{M-1}F_0(l)w_M^{kl} + \frac{1}{M}\sum_{m=0}^{M-1}F_1(m)w_M^{km}w_{2M}^k\right],
\end{aligned}
$$

这就得到了我们的断言.

最后，通过对 $a_k^M(F_0)$，$a_k^M(F_1)$ 和 w_{2M}^k 的理解，我们发现每个 $a_k^{2M}(F)$ 最多需要用三次操作（一次求和和两次乘积）即可. 因此，

$$\sharp 2M \leqslant 2M + 2\sharp(M) + 3\times 2M = 2\sharp(M) + 8M,$$

这样就完成了引理的证明.

对 n 进行归纳就可以得到定理的证明，其中 $N = 2^n$. 第一步 $n=1$ 是很简单的，因为 $N=2$，两个 Fourier 系数分别为

$$a_0^N(F) = \frac{1}{2}\left[F(1) + F(-1)\right] \quad \text{和} \quad a_1^N(F) = \frac{1}{2}\left[F(1) + (-1)F(-1)\right].$$

计算这些 Fourier 系数最多需要 5 次操作，这小于 $4\times 2 = 8$. 假设从 2 到 $N = 2^{n-1}$ 这个定理都是成立的，也就是说 $\sharp N \leqslant 4\cdot 2^{n-1}(n-1)$，那么由引理可得

$$\sharp 2N \leqslant 2\cdot 4\cdot 2^{n-1}(n-1) + 8\cdot 2^{n-1} = 4\cdot 2^n n, \qquad \square$$

这就完成了归纳，得到了定理的证明.

7.2 有限 Abelian 群上的 Fourier 分析

接下来主要的目的是把在 $\mathbb{Z}(N)$ 上的 Fourier 级数展开所得到的结果进行推广.

在简单地介绍完有限 Abelian 群的相关概念之后，我们开始研究特征这个最重要的概念. 在以上处理中，我们发现特征和我们在处理群 $\mathbb{Z}(N)$ 时的 e_0，$\cdots$，e_{N-1} 起着一样重要的作用，因此它能提供我们在研究有限 Abelian 群中的定理所需要的关键信息. 事实上，需要证明一个有限 Abelian 群有足够多的特征，这就自然引入了 Fourier 分析理论.

7.2.1 Abelian 群

Abelian 群（或者称为交换群）是一个具有二元运算 $(a,b)\to a\cdot b$ 的集合 G，并且满足如下几个条件：

（ⅰ）结合律：$a\cdot(b\cdot c) = (a\cdot b)\cdot c$ 对所有的 a，b，$c\in G$ 成立；

（ⅱ）单位元：在 G 中存在一个元素 $u\in G$（经常写作 1 或 0），满足 $a\cdot u =$

$u \cdot a = a$ 对所有的 $a \in G$ 成立；

（ⅲ）逆元：对每个 $a \in G$，存在相应的一个元素 $a^{-1} \in G$，满足 $a a^{-1} = a^{-1} a = u$；

（ⅳ）交换律：对所有的 a，$b \in G$，有 $a \cdot b = b \cdot a$.

通过定义不难验证 Abelian 群中的单位元和逆元都是唯一的.

提醒大家：在 Abelian 群的定义中，用"乘法"来表示 G 中的运算. 在某些情况下，也使用"加法"的形式 $a + b$ 和 $-a$ 来代替 $a \cdot b$ 和 a^{-1}. 有时记为加法更合适，有时记成乘法更合适，下面的例子也将说明这一点. 同一个群可能会有不同的解释，有时乘法更好，而在某些情况下我们会自然地记这个运算为加法.

Abelian 群的例子

· 实数集 $\mathbb{R}$ 配以加法运算. 这个群的单位元是 0，任何一个元素 x 的逆元为 $-x$.

同样地，$\mathbb{R} - \{0\}$ 和 $\mathbb{R}^+ = \{x \in \mathbb{R} : x > 0\}$ 赋予标准乘积运算都是 Abelian 群. 在这两种情况下，单位元都是 1，元素 x 的逆元都是 $1/x$.

· 整数集 $\mathbb{Z}$ 配以常规求和运算是一个 Abelian 群. 然而 $\mathbb{Z} - \{0\}$ 配以标准乘积运算却不是一个 Abelian 群，因为在乘积运算下 2 就没有在 $\mathbb{Z}$ 中的逆元. 相反，$\mathbb{Q} - \{0\}$ 在标准乘积的意义下是一个 Abelian 群.

· 复平面上的单位圆周 S^1. 如果把单位圆环中的点的集合记作 $\{e^{i\theta} : \theta \in \mathbb{R}\}$，这个群的运算是标准的复数乘积运算. 然而，如果把 S^1 上的点和 θ 一一对应起来，那么 S^1 就变成了实数模 2π 加群.

· $\mathbb{Z}(N)$ 是一个 Abelian 群. 把它看作单位球面上的 N 次单位根群，$\mathbb{Z}(N)$ 在复数的乘积运算下是一个群. 然而，如果把 $\mathbb{Z}(N)$ 理解为整数模 N 加群 $\mathbb{Z}/N\mathbb{Z}$，那么它的模 N 加法运算下是一个 Abelian 群.

· 最后一个例子是 $\mathbb{Z}^*(q)$，这个群的元素是所有在模 q 乘积意义下有逆元的模 q 元素，它的运算就是模 q 乘积运算. 这个例子很重要，我们将在下面继续讨论.

161

同态是两个 Abelian 群 G 和 H 之间的一个映射 $f : G \to H$，满足性质

$$f(a \cdot b) = f(a) \cdot f(b),$$

在上式中左边的点为群 G 中的运算，右边的点为群 H 中的运算.

如果存在两个群 G 和 H 之间的双射，那么群 G 和群 H 是同构的，记作 $G \approx H$.

等价地，群 G 和 H 是同构的，如果存在另一个同态 $\tilde{f} : H \to G$，满足对所有的 $a \in G$ 和 $b \in H$，有

$$(\tilde{f} \circ f)(a) = a \quad \text{和} \quad (f \circ \tilde{f})(b) = b.$$

粗略地说，同构的群描述了"同样"的东西，因为它们有相同的内在群结构（事实上确实是那样）；然而，它们的记号表示可能会不同.

例 1　考虑之前已经提到过的一对 Abelian 群 $Z(N)$，它们是同构的。第一种表示，把它看作是复数域 C 上的 N 次单位根乘群。第二种表示，把它看作是整数模 N 剩余类加群 Z/NZ。映射 $n \to R(n)$ 给出了这两种不同表示之间的一个同构，它把一个单位根 $z = e^{2\pi i n/N} = \zeta^n$ 和由 n 决定的剩余类联系起来。

例 2　和上面这个例子类似，单位圆周（配以复数乘积运算）和实数模 2π（配以加法）是同构的。

例 3　指数和对数的性质保证了

$$\exp: R \to R^+ \quad \text{和} \quad \log: R^+ \to R$$

是两个同态，且互为逆运算。因此 R（加法运算）和 R^+（乘法运算）是同构的。

下面主要介绍有限 Abelian 群。在这种情况下，记 $|G|$ 为群 G 中的元素个数，并记 $|G|$ 为群的**阶**。例如，群 $Z(N)$ 的阶为 N。

现在给出一些相关的补充：

· 如果 G_1 和 G_2 是两个有限 Abelian 群，其**直积** $G_1 \times G_2$ 是一个群，且元素是形如（g_1，g_2）的形式，其中 $g_1 \in G_1$，$g_2 \in G_2$，群 $G_1 \times G_2$ 的运算定义为

$$(g_1, g_2) \cdot (g_1', g_2') = (g_1 \cdot g_1', g_2 \cdot g_2').$$

很明显，如果 G_1 和 G_2 都是有限 Abelian 群，那么 $G_1 \times G_2$ 也是有限 Abelian 群。直积的定义可以立即推广到有限个群的直积 $G_1 \times G_2 \times \cdots \times G_n$。

· 有限 Abelian 群的结构定理说明了有限 Abelian 群和群 $Z(N)$ 的有限直积是同构的；这可以参见问题 2。这是一个很漂亮的结论，它给我们提供了对所有有限 Abelian 群的一个统一看法。然而，由于下面不会用到这个定理，所以省去了证明。

现在简单地讨论一下几个 Abelian 群的例子，它在下一章证明 Dirichlet 定理的过程中起到了关键的作用。

群 $Z*(q)$

令 q 是一个正整数。我们看出 $Z(q)$ 中的乘积可以被清晰地定义出来，因为如果 n 和 n'，m 和 m' 是等价的（都是在模 q 意义下），那么 nm 和 $n'm'$ 是模 q 等价的。对一个整数 $n \in Z(q)$，如果存在一个整数 $m \in Z(q)$，使得 $mn = 1 \bmod q$，那么 n 被称为一个**单位**。定义 $Z(q)$ 中的所有单位的集合为 $Z^*(q)$，很明显，$Z^*(q)$ 在模 q 乘积意义下是一个 Abelian 群，因此加群 $Z(q)$ 有一个子集 $Z^*(q)$，它在乘积意义下也是一个群。由于 $Z^*(q)$ 中的元素都是与 q 互素的，下一章将给出 $Z^*(q)$ 的这个很类似的性质。

例 4　群 $Z(4) = \{0, 1, 2, 3\}$ 的单位群是

$$Z^*(4) = \{1, 3\}.$$

这反映了基数被划分成两类这个事实，这两类取决于它们是否具有 $4k+1$ 和 $4k+3$ 的形式。事实上，$Z^*(4)$ 和 $Z(2)$ 是同构的。而且，我们可以找到如下同构映射：

Z*(4)		Z(2)
1	$\longleftrightarrow$	0
3	$\longleftrightarrow$	1

所以 Z*(4) 乘群和 Z(2) 加群是一一对应的.

例 5 Z(5) 的单位是

$$Z^*(5)=\{1,2,3,4\},$$

更进一步地，Z*(5) 和 Z(4) 在如下意义下是同构的：

Z*(5)		Z(4)
1	$\longleftrightarrow$	0
2	$\longleftrightarrow$	1
3	$\longleftrightarrow$	3
4	$\longleftrightarrow$	2

例 6 Z(8)=\{0,1,2,3,4,5,6,7\} 的单位是

$$Z^*(8)=\{1,3,5,7\}.$$

事实上，Z*(8) 和直积 Z(2)×Z(2) 是同构的. 在这种情况下，可以给出它们的同构映射

Z*(8)		Z(2)×Z(2)
1	$\longleftrightarrow$	(0, 0)
3	$\longleftrightarrow$	(1, 0)
5	$\longleftrightarrow$	(0, 1)
7	$\longleftrightarrow$	(1, 1)

7.2.2 特征

令 G 是一个有限 Abelian 群（赋予乘积运算），S^1 是复平面上的单位圆周. G 上的一个特征是一个复值函数 $e:G\rightarrow S^1$，并且满足如下条件：

$$e(a\cdot b)=e(a)e(b),\text{对任意的 } a,b\in G. \tag{7.2.1}$$

换句话说，一个特征就是一个群 G 到单位圆环的同态映射. **平凡特征**或者**单位特征**是满足 $e(a)=1$，$a\in G$ 的常值函数.

特征在有限 Fourier 分析中有着重要作用，主要是因为乘积性质式 (7.2.1) 和 N 次单位根群上的指数函数 e_0, $\cdots$, e_{N-1} 所满足的性质

$$e_l(k+m)=e_l(k)e_l(m),$$

是类似的. 在那里，有 $e_l(k)=\zeta^{lk}=\mathrm{e}^{2\pi\mathrm{i}lk/N}$，其中，$0\leqslant l\leqslant N-1$，$k\in Z(N)$，事实上，函数 e_0, $\cdots$, e_{N-1} 的确是群 Z(N) 上的所有特征.

如果 G 是一个有限 Abelian 群，则定义 $\widehat{G}$ 为所有 G 的特征组成的集合，故它继承了 Abelian 群原有的结构.

引理 7.2.1 定义集合 $\widehat{G}$ 中的运算为

$$e_1\cdot e_2(a)=e_1(a)e_2(a),\text{对所有的 } a\in G.$$

163

那么 $\hat{G}$ 在这个运算下是一个有限 Abelian 群.

这个引理的证明是很直接的, 我们只需注意到它的单位元是平凡特征即可, $\hat{G}$ 称作 G 的对偶群.

为了能让读者更清楚特征和 $\mathbb{Z}(N)$ 上的指数项的类似性, 下面将给出更多 Abelian 群和它的对偶的例子. 这能为特征起到重要作用提供充分的证据.

例 1　如果 $G = \mathbb{Z}(N)$, 那么 G 的所有特征具有 $e_l(k) = \zeta^{lk} = e^{2\pi i l k/N}$ 的形式, 其中 $0 \leq l \leq N-1$, 很容易证明 $e_l \to l$ 给出了 $\widehat{\mathbb{Z}(N)}$ 到 $\mathbb{Z}(N)$ 的一个同构映射.

例 2　单位圆周的对偶群精确地表示出来就是 $\{e_n\}_n \in \mathbb{Z}$ (其中 $e_n(x) = e^{2\pi i n x}$). 更进一步地, $e_n \to n$ 给出了 $\widehat{S^1}$ 和整数集 $\mathbb{Z}$ 之间的同构关系.

例 3　$\mathbb{R}$ 上的特征可以定义为 $e_\xi(x) = e^{2\pi i \xi x}$, 其中 $\xi \in \mathbb{R}$.

因此 $e_\xi \to \xi$ 是 $\hat{\mathbb{R}}$ 到 $\mathbb{R}$ 的同构映射.

例 4　因为 $\exp: \mathbb{R} \to \mathbb{R}^+$ 是一个同构映射, 从上面的例子可以看出, $\mathbb{R}^+$ 上的特征可以定义为

$$e_\xi(x) = x^{2\pi i \xi} = e^{2\pi i \xi \log x},$$

其中 $\xi \in \mathbb{R}$, 并且 $\widehat{\mathbb{R}^+}$ 和 $\mathbb{R}$ (或者 $\mathbb{R}^+$) 是同构的.

下面引理说明了处处不为 0 的保运算的函数都是一个特征, 这个结果在以后的讨论中非常有用.

引理 7.2.2　令 G 是一个有限 Abelian 群, 并且 $e: G \to \mathbb{C} - \{0\}$ 是一个保运算的函数, 也即 $e(a \cdot b) = e(a) e(b)$ 对所有的 $a, b \in G$ 成立. 那么 e 是一个特征.

证明　由于群 G 是有限的, 所以当 a 取遍 G 时, $e(a)$ 的绝对值是有界的. 因为 $|e(b^n)| = |e(b)|^n$, 所以得到 $|e(b)| = 1$ 对所有的 b 成立. 这样就完成了引理的证明.　□

下一步就来检验群 G 的特征组成了群 G 上的函数空间 V 的标准正交基. 如果取特殊的 Abelian 群 $G = \mathbb{Z}(N)$, 那么这个结果在前面已经得到了, 因为 $\mathbb{Z}(N)$ 的特征就是 $e_0, \cdots, e_{N-1}$.

在一般情况下, 先处理它们的正交关系; 然后再证明有 "足够" 多的特征, 也就是说, 特征的个数和群的阶是一致的.

7.2.3　正交关系

令 V 表示有限 Abelian 群 G 上的所有复值函数所组成的向量空间. 注意到 V 的维数是 $|G|$, G 的阶. 定义 V 上的 Hermitian 内积为

$$(f, g) = \frac{1}{|G|} \sum_{a \in G} f(a) \overline{g(a)}, \tag{7.2.2}$$

其中 $f, g \in V$. 这里的求和取遍群 G 的所有元素, 因此求和是有限的.

定理 7.2.3　在上面所定义的内积的意义下, G 的所有特征形成一个标准正交基.

因为 $|e(a)| = 1$ 对每个特征都成立, 则得

$$(e,e)=\frac{1}{|G|}\sum_{a\in G}e(a)\overline{e(a)}=\frac{1}{|G|}\sum_{a\in G}|e(a)|^2=1.$$

如果 $e\neq e'$，并且它们是两个特征，需证明 $(e,e')=0$；我们把这个关键的步骤放在如下引理中。

引理 7.2.4 如果 e 是群 G 的非平凡特征，那么 $\sum_{a\in G}e(a)=0$.

证明 选取 $b\in G$，使得 $e(b)\neq 1$. 那么有

$$e(b)\sum_{a\in G}e(a)=\sum_{a\in G}e(b)e(a)=\sum_{a\in G}e(ab)=\sum_{a\in G}e(a).$$

最后一个等式成立是因为当 a 取遍群 G 的所有元素时，ab 也取遍 G. 因此 $\sum_{a\in G}e(a)=0$. □

现在可以得出定理的证明. 假设 e' 是一个不同于 e 的特征. 因为 $e(e')^{-1}$ 不是平凡特征，由引理可得

$$\sum_{a\in G}e(a)(e'(a))^{-1}=0.$$

因为 $(e'(a))^{-1}=\overline{e'(a)}$，所以定理得证.

作为定理的推论，可知不同的特征是线性无关的. 因为 V 的维数是 $|G|$，所以 $\hat{G}$ 的维数是有限的并且 $\leqslant|G|$. 事实上，$|\hat{G}|=|G|$.

7.2.4 特征集合

下面介绍特征和复指数项的相似性.

定理 7.2.5 有限 Abelian 群 G 上的所有特征组成 G 上的函数所组成的向量空间的一组基.

这个定理有几种证明方法.

首先可以运用前面所提到的有限 Abelian 群的结构定理，它可以叙述为任何有限 Abelian 群都和单位根群的直积同构，也就是说，和形如 $\mathbb{Z}(N)$ 的群同构. 因为单位根群是自对偶群，由此得出 $|\hat{G}|=|G|$，因此这些特征组成了 G 的一组基（见问题 3）.

165

这里我们将直接证明这个定理而不使用这些性质.

假设 V 是一个 d 维的向量空间，具有内积 $(\cdot,\cdot)$. 称一个线性变换 $T:V\to V$ 是一个**酉变换**，如果它是保内积的，也就是 $(Tv,Tw)=(v,w)$ 对所有的 v，$w\in V$ 成立. 线性代数的谱定理告诉我们，任何酉变换都是可以对角化的. 也就是说，存在 V 的一组基特征向量 $\{v_1,\cdots,v_d\}$，使得 $T(v_i)=\lambda_i v_i$，其中 $\lambda_i\in\mathbb{C}$ 是相应于 v_i 的特征值.

定理 7.2.5 的证明是基于如下关于谱定理的推广而得出的.

引理 7.2.6 假设 $\{T_1,\cdots,T_k\}$ 是一组定义在有限维内积空间 V 上的可交换的酉变换族；也即，对任意的 i，j，有

$$T_i T_j = T_j T_i.$$

那么 T_1，$\cdots$，T_k 可同时对角化. 换而言之，存在 V 的一组基，包含所有 T_i，$i \in 1$，$\cdots$，k 的特征向量.

证明　对 k 进行归纳. $k=1$ 的情形就是谱定理. 假设定理对 $k-1$ 个可交换的酉变换族是成立的. 对 T_k 运用谱定理，则得 V 是特征子空间的直和

$$V = V_{\lambda_1} \oplus \cdots \oplus V_{\lambda_s},$$

其中 V_{λ_i} 表示相应于特征值 λ_i 的所有特征向量组成的子空间. 我们断言每个 T_1，$\cdots$，T_{k-1} 把每个特征子空间 V_{λ_i} 映射成自身. 事实上，如果 $v \in V_{\lambda_j}$，并且 $1 \leqslant j \leqslant k-1$，那么

$$T_k T_j(v) = T_j T_k(v) = T_j(\lambda_i v) = \lambda_i T_j(v),$$

因此 $T_j(v) \in V_{\lambda_i}$，断言是成立的.

因为把所有的 T_1，$\cdots$，T_{k-1} 限制在 V_{λ_i} 上可以形成一个可交换的酉变换族，所以由归纳假设得出，在每个子空间 V_{λ_i} 上，它们是可同时对角化的. 这些对角化提供了每个 V_{λ_i} 的一组基，因此也是 V 的基. □

现在可以证明定理 7.2.5. 首先，由 G 上所有复值函数组成的向量空间的维数为 $|G|$. 对每个 $a \in G$，定义一个线性变换 $T_a : V \to V$ 为

$$(T_a f)(x) = f(a \cdot x), x \in G.$$

因为 G 是一个 Abelian 群，所以很容易得到 $T_a T_b = T_b T_a$ 对所有的 a，$b \in G$ 成立，并且可以验证 T_a 在式（7.2.2）中定义的 V Hermitian 内积意义下是酉变换. 由引理 7.2.6，集族 $\{T_a\}_{a \in G}$ 是可以同时对角化的. 也就是说，存在 V 的一组基 $\{v_b(x)\}_{b \in G}$，使得每个 $v_b(x)$ 都是 T_a（对每个 a）的一个特征函数. 令 v 是这组基里面的一个元素，1 是 G 的单位元. 得到 $v(1) \neq 0$，否则 $v(a) = v(a \cdot 1) = (T_a v)(1) = \lambda_a v(1) = 0$，其中 λ_a 是 T_a 相应于 v 的特征值. 因此 $v = 0$，这与特征值的定义矛盾. 定义函数 $w(x) = \lambda_x = v(x)/v(1)$，我们断言 w_x 是 G 的一个特征. 由上面的讨论可得对任意的 $x, w(x) \neq 0$，并且

$$w(a \cdot b) = \frac{v(a \cdot b)}{v(1)} = \frac{\lambda_a v(b)}{v(1)} = \lambda_a \lambda_b \frac{v(1)}{v(1)} = \lambda_a \lambda_b = w(a) w(b).$$

运用引理 7.2.2，就完成了定理的证明.

7.2.5　Fourier 逆变换和 Plancherel 公式

现在把上一部分得到的结果联系起来讨论有限 Abelian 群 G 上的函数的 Fourier 展开. 给定一个 G 上的函数 f 和 G 的特征 e，定义 f 相应于 e 的 **Fourier 系数**为

$$\hat{f}(e) = (f, e) = \frac{1}{|G|} \sum_{a \in G} f(a) \overline{e(a)},$$

并且 f 的 Fourier 级数定义为

$$f \sim \sum_{e \in \hat{G}} \hat{f}(e) e.$$

因为 G 的特征组成一组基，故得出

$$f = \sum_{e \in \hat{G}} c_e e$$

对某些常数 c_e 成立. 由特征所满足的正交关系，可得

$$(f, e) = c_e.$$

所以 f 确实与它的 Fourier 级数是相等的，也就是说，

$$f = \sum_{e \in \hat{G}} \hat{f}(e) e.$$

综上所述，可得：

定理 7.2.7 令 G 是一个有限 Abelian 群. 那么 G 的特征是由 G 上的函数组成的函数空间 V 的一组标准正交基组成. V 上的内积定义为

$$(f, g) = \frac{1}{|G|} \sum_{a \in G} f(a) \overline{g(a)}.$$

特别地，任何一个 G 上的函数 f 与它的 Fourier 级数

$$f = \sum_{e \in \hat{G}} \hat{f}(e) e$$

是相等的.

最后，我们得出有限 Abelian 群上的 Parseval-Plancherel 公式.

定理 7.2.8 如果 f 是 G 上的函数，那么 $\|f\|^2 = \sum_{e \in \hat{G}} |\hat{f}(e)|^2$.

证明 因为 G 上的特征组成向量空间 V 的一组标准正交基，并且 $(f, e) = \hat{f}(e)$，所以有

$$\|f\|^2 = (f, f) = \sum_{e \in \hat{G}} (f, e) \overline{\hat{f}(e)} = \sum_{e \in \hat{G}} |\hat{f}(e)|^2. \qquad \square$$

7.3 练习

167

1. 令 f 是定义在圆上的函数. 对于每一个 $N \geqslant 1$，f 的 Fourier 系数定义为

$$a_N(n) = \frac{1}{N} \sum_{k=1}^{N} f(e^{2\pi i k/N}) e^{-2\pi i k n/N}, \quad n \in \mathbb{Z}.$$

令

$$a(n) = \int_0^1 f(e^{2\pi i x}) e^{-2\pi i n x} \, dx,$$

记为 f 的平常的 Fourier 系数.

(a) 证明：$a_N(n) = a_N(n+N)$.

(b) 证明：如果 f 连续，那么当 $N \to \infty$ 时，$a_N(n) \to a(n)$.

2. 如果 f 是定义在圆上的 C^1 函数，证明：当 $0 < |n| \leqslant N/2$ 时，$|a_N(n)| \leqslant c/|n|$.

[提示：记

$$a_N(n)\left[1-\mathrm{e}^{2\pi \mathrm{i}ln/N}\right]=\frac{1}{N}\sum_{k=1}^{N}\left[f(\mathrm{e}^{2\pi \mathrm{i}k/N})-f(\mathrm{e}^{2\pi \mathrm{i}(k+l)/N})\right]\mathrm{e}^{-2\pi \mathrm{i}kn/N}\,,$$

且选择 l 使得 ln/N 接近 $1/2$.]

3. 通过相似的方法, 证明: 如果 f 是一个圆上的 C^2 函数, 那么
$$|a_N(n)|\leqslant c/|n|^2,\,0<|n|\leqslant N/2.$$

因此, 由它的有限形式, 证明: $f\in C^2$ 的逆公式
$$f(\mathrm{e}^{2\pi \mathrm{i}x})=\sum_{n=-\infty}^{\infty}a(n)\mathrm{e}^{2\pi \mathrm{i}nx}.$$

[提示: 对于第一部分, 利用第二个对称差
$$f(\mathrm{e}^{2\pi \mathrm{i}(k+l)/N})+f(\mathrm{e}^{2\pi \mathrm{i}(k-l)/N})-2f(\mathrm{e}^{2\pi \mathrm{i}k/N}).$$

对于第二部分, 如果 N 是奇数, 记逆公式为
$$f(\mathrm{e}^{2\pi \mathrm{i}k/N})=\sum_{|n|<N/2}a_N(n)\mathrm{e}^{2\pi \mathrm{i}kn/N}.]$$

4. 令 e 为 $G=\mathbb{Z}(N)$ 上的特征, 这个群为整数模掉 N 的加群. 证明: 存在唯一一个 $0\leqslant l\leqslant N-1$ 使得
$$e(k)=e_l(k)=\mathrm{e}^{2\pi \mathrm{i}lk/N}\,,\quad \text{对所有的 } k\in \mathbb{Z}(N).$$

相反地, 每一个这种类型的函数是 $\mathbb{Z}(N)$ 上的一个特征. $e_l\longmapsto l$ 定义了从 $\hat{G}$ 到 G 的同构. [提示: 证明 $e(1)$ 是一个单位的 N 重根.]

5. 证明: 所有 S^1 上的特征由
$$e_n(x)=\mathrm{e}^{2\pi \mathrm{i}nx}\,,n\in \mathbb{Z}\,,$$

给出, 验证 $e_n\longmapsto n$ 定义了一个从 $\hat{S}^1$ 到 $\mathbb{Z}$ 的同构.

[提示: 如果 F 是连续的且 $F(x+y)=F(x)F(y)$, 那么 F 是可微的. 为了看到这一点, 如果 $F(0)\neq 0$, 那么对于合适的 δ, $c=\int_0^{\delta}F(y)\mathrm{d}y\neq 0$, 且 $cF(x)=\int_x^{\delta+x}F(y)\mathrm{d}y$. 微分之后得到对于某个 A, 有 $F(x)=\mathrm{e}^{Ax}$.]

168

6. 证明: $\mathbb{R}$ 上所有的特征都有如下形式:
$$e_{\xi}=\mathrm{e}^{2\pi \mathrm{i}\xi x}\,,\quad \xi\in \mathbb{R}\,,$$

而且 $e_{\xi}\longmapsto \xi$ 定义了一个从 $\hat{\mathbb{R}}$ 到 $\mathbb{R}$ 的同构. 练习 5 中的讨论在这里也适用.

7. 令 $\zeta=\mathrm{e}^{2\pi \mathrm{i}/N}$. 定义一个 $N\times N$ 矩阵 $M=(a_{jk})_{1\leqslant j,k\leqslant N}$, 其中 $a_{jk}=N^{-1/2}\zeta^{jk}$.

(a) 证明: M 是酉矩阵.

(b) 利用 $\mathbb{Z}(N)$ 上的 Fourier 级数来说明等式 $(Mu,Mv)=(u,v)$ 和 $M^*=M^{-1}$.

8. 假设 $P(x)=\sum_{n=1}^{N}a_n\mathrm{e}^{2\pi \mathrm{i}nx}$.

(a) 利用圆和 $\mathbb{Z}(N)$ 上的 Parseral 等式来说明
$$\int_0^1|P(x)|^2\mathrm{d}x=\frac{1}{N}\sum_{j=1}^{N}|P(j/N)|^2.$$

（b）证明如下重构公式

$$P(x) = \sum_{j=1}^{N} P(j/N)K(x-(j/N)) \, ,$$

其中，

$$K(x) = \frac{\mathrm{e}^{2\pi\mathrm{i}x}}{N} \, \frac{1-\mathrm{e}^{2\pi\mathrm{i}Nx}}{1-\mathrm{e}^{2\pi\mathrm{i}x}} = \frac{1}{N}(\mathrm{e}^{2\pi\mathrm{i}x} + \mathrm{e}^{2\pi\mathrm{i}2x} + \cdots + \mathrm{e}^{2\pi\mathrm{i}Nx}) \, .$$

观察可知 P 是由 $P(j/N)$，$1 \leqslant j \leqslant N$ 的值完全决定的．注意到 $K(0)=1$，当 j 不模 N 余 0 时，$K(j/N)=0$．

9. 证明如下断言，修正本章的讨论．

（a）证明：当 $N=3^n$ 时可以通过不超过 $6N \log_3 N$ 步运算来计算 $\mathbb{Z}(N)$ 上函数的 Fourier 系数；

（b）将这个结论推广到 $N=\alpha^n$，其中 α 是一个 >1 的整数．

10. 一个群 G 是**循环的**是指，如果存在 $g \in G$ 生成了 G 的所有元素，即任意 G 中的元素可以写成 g^n 对于某个 $n \in \mathbb{Z}$．证明：一个有限 Abelian 群是循环的当且仅当对于某个 N 它同构于 $\mathbb{Z}(N)$．

11. 写出群 $\mathbb{Z}^*(3)$，$\mathbb{Z}^*(4)$，$\mathbb{Z}^*(5)$，$\mathbb{Z}^*(6)$，$\mathbb{Z}^*(8)$ 和 $\mathbb{Z}^*(9)$ 的乘法表．这些群中哪些是循环的？

12. 假设 G 是一个有限的 Abelian 群，且 $e: G \to \mathbb{C}$ 是一个对所有的 $x, y \in G$ 满足 $e(x \cdot y) = e(x)e(y)$ 的函数．证明：r 恒为 0 或者恒不为零．证明：对于每一个 $x, e(x) = \mathrm{e}^{2\pi\mathrm{i}r}$ 对于某一个 $r \in \mathbb{Q}$，$r = p/q$，$q = |G|$ 成立．

13. 与通常的 Fourier 级数类似，可以通过如下的卷积来说明有限 Fourier 展开．假设 G 是一个有限 Abelian 群，1_G 是单位元，V 是由 G 上所有复值函数组成的向量空间．

（a）V 中的两个函数 f 和 g 的卷积定义为对于每一个 $a \in G$ 有

$$(f * g)(a) = \frac{1}{|G|} \sum_{b \in G} f(b)g(a \cdot b^{-1}) \, .$$

证明：对于所有的 $e \in \widehat{G}$ 有 $\widehat{(f * g)}(e) = \widehat{f}(e)\widehat{g}(e)$．

（b）利用定理 7.2.5 来说明如果 e 为 G 的一个特征，那么当 $c \in G$ 且 $c \neq 1_G$，可得

$$\sum_{e \in \widehat{G}} e(c) = 0 \, .$$

（c）由（b），证明一个函数 $f \in V$ 的 Fourier 级数 $Sf(a) = \sum_{e \in \widehat{G}} \widehat{f}(e)e(a)$ 有如下形式

$$Sf = f * D \, ,$$

这里 D 定义为

$$D(c)=\sum_{e\in\hat{G}}e(c)=\begin{cases}|G|, & \text{如果 } c=1_G,\\ 0, & \text{其他.}\end{cases} \tag{7.3.1}$$

由于 $f*D=f$, 我们回顾事实 $Sf=f$. 不严格地说, D 对应一个 "Diracdelta 函数"; 它有单位质量

$$\frac{1}{|G|}\sum_{c\in G}D(c)=1,$$

而且式 (7.3.1) 说明这个质量不集中在 G 中的单位元上. 因此 D 有和一系列好核的 "极限" 相同的表达形式. (参见第 2 章的第 4 节).

注记: 函数 D 会在下一章中以 $\delta_1(n)$ 的形式再次出现.

7.4　问题

1. 证明: 如果 n 和 m 是两个互素的正整数, 那么

$$\mathbb{Z}(nm)\approx\mathbb{Z}(n)\times\mathbb{Z}(m).$$

〔提示: 考虑由 $k\longmapsto(k\bmod n,k\bmod m)$ 给出的映射 $\mathbb{Z}(nm)\to\mathbb{Z}(n)\times\mathbb{Z}(m)$, 同时利用事实: 存在整数 x 和 y 使得 $xn+ym=1$.〕

2.* 每一个有限 Abelian 群 G 同构于循环群的一个直积. 这里有两个关于这个定理的更准确的叙述.

· 如果 $p_1,\cdots,p_s$ 是出现在对于 G 的阶的分解中的不同的素数, 那么

$$G\approx G(p_1)\times\cdots\times G(p_s),$$

这里每一个 $G(p)$ 形为 $G(p)=\mathbb{Z}(p^{r_1})\times\cdots\times\mathbb{Z}(p^{r_l})$, 其中 $0\leqslant r_1\leqslant\cdots\leqslant r_l$ (这个整数序列依赖于 p). 这个分解是唯一的.

· 存在唯一的整数 $d_1,\cdots,d_k$, 使得

$$d_1|d_2,d_2|d_3,\cdots,d_{k-1}|d_k,$$

且

$$G\approx\mathbb{Z}(d_1)\times\cdots\times\mathbb{Z}(d_k).$$

由第一个表达式推出第二个表达式.

3. 将有限 Abelian 群 G 的所有不同特征记为 $\hat{G}$.

(a) 如果 $G=\mathbb{Z}(N)$, 那么 $\hat{G}$ 同构于 G;

(b) 证明: $\widehat{G_1\times G_2}=\hat{G}_1\times\hat{G}_2$;

(c) 利用问题 2 证明: 如果 G 是一个有限 Abel 群, 那么 $\hat{G}$ 同构于 G.

4.* 当 p 是一个素数时, $\mathbb{Z}^*(p)$ 是循环群, 且 $\mathbb{Z}^*(p)\approx\mathbb{Z}(p-1)$.

第 8 章　Dirichlet 定理

作为有限 Fourier 级数理论一个显著的应用，现在证明算术数列中关于素数的 Dirichlet 定理. 这个定理断言，如果 q 和 l 为两个无公因子的正整数，那么数列

$$l, l+q, l+2q, l+3q, \cdots, l+kq, \cdots$$

中包含无穷多个素数. 我们所研究课题的这一改变表明 Fourier 分析在超出其看起来有限应用范围外具有更广泛应用. 特别地，有限 Abelian 群 $\mathbb{Z}^*(q)$ 上的 Fourier 级数理论在解决问题中起着极其关键的作用.

8.1　一些基本的数论知识

首先我们介绍背景. 这包括基本的整数的分离性质，尤其是关于素数的性质. 一个称为算术基本定理的基本事实是：每一个整数可以写成一系列素数的乘积，且表示形式唯一.

8.1.1　算术基本定理

以下定理是长除法的数学公式.

定理 8.1.1（Euclid 算法）　对于任意的整数 a 和 b，其中 $b > 0$，存在唯一的整数 q 和 r，其中 $0 \leqslant r < b$ 使得

$$a = qb + r.$$

其中 q 表示 a 除以 b 的商，r 为余数且 r 小于 b.

证明　首先证明 q 和 r 的存在性. 设 S 表示所有形如 $a - qb$（其中 $q \in \mathbb{Z}$）的非负整数的集合. 这个集合非空且由于 $b \neq 0$，故 S 包含了任意大的正整数. 令 r 为 S 中使得

171

$$r = a - qb$$

对于某个整数 q 成立最小的元素. 通过构造 $0 \leqslant r$, 我们断言 $r < b$. 否则, 记 $r = b + s$ 其中 $0 \leqslant s < r$, 所以 $b + s = a - qb$, 这表明

$$s = a - (q+1)b.$$

因此 $s \in S$ 且 $s < r$, 这和 r 的取法矛盾. 所以 $r < b$, 因此 q 和 r 满足定理的条件.

下证唯一性, 若有另一种表达形式 $a = q_1 b + r_1$, 其中 $0 \leqslant r_1 < b$. 两式相减得到

$$(q - q_1)b = r_1 - r.$$

左边的绝对值为 0 或者 $\geqslant b$, 同时右边的绝对值 $< b$. 因此等式两边同时为 0, 这就得到 $q = q_1$ 和 $r = r_1$. □

一个整数 a **整除** b 是指存在另一个整数 c 使得 $ac = b$, 记为 $a \mid b$, 并称 a 是 b 的一个**因子**. 由此可知, 1 整除所有的整数, 同时对于任意的整数 a, 都有 $a \mid a$ 成立. **素数**是指大于 1 的整数, 这个整数除了 1 和自身外没有其他的因子. 这一节的主要定理是: 任何一个正整数都可以唯一地表示成素数的乘积.

两个正整数 a 和 b 的**最大公因子**是整除这两个数的最大的整数. 通常用 gcd (a, b) 表示最大公因子. 两个正整数**互素**是指它们的最大公因子为 1. 换句话说, 1 是 a 和 b 唯一的公因子.

定理 8.1.2   如果 $\gcd(a, b) = d$, 那么存在正整数 x 和 y, 使得

$$ax + by = d.$$

证明   考虑所有形如 $ax + by$, x, $y \in \mathbb{Z}$ 的正整数的集合 S, 令 s 为 S 中最小的元素. 我们断言 $s = d$. 通过构造知, 存在整数 x 和 y 使得

$$ax + by = s.$$

显然, a 和 b 的因子都整除 s, 所以有 $d \leqslant s$. 如果能够证明 $s \mid a$ 且 $s \mid b$, 那么证明就完成了. 利用 Euclid 算法, 记 $a = qs + r$, 其中 $0 \leqslant r < s$. 将上式两边同时乘以 q, 得到 $qax + qby = qs$, 因此

$$qax + qby = a - r.$$

因此 $r = a(1 - qx) + b(-qy)$. 由于 s 是 S 中最小的元素且 $0 \leqslant r < s$, 从而得到 $r = 0$, 故 s 整除 a. 类似地可以得到 s 整除 b, 因此得到结果 $s = d$. □

特别地, 下面给出这个定理的三个推论.

推论 8.1.3   两个正整数 a, b 互素当且仅当存在整数 x 和 y, 使得 $ax + by = 1$.

证明   若 a 和 b 互素, 则存在两个整数 x 和 y 满足定理 8.1.2 的条件. 反之, 若 $ax + by = 1$ 成立且 d 为整除 a 和 b 的正整数, 则 d 整除 1, 因此 $d = 1$. □

推论 8.1.4   若 a 和 c 互素, 如果 c 整除 ab, 那么 c 整除 b. 特别地, 若 p 为不整除 a 的素数, 且 p 整除 ab, 那么 p 整除 b.

证明   记 $1 = ax + cy$, 于是两边同时乘以 b 得到 $b = abx + cby$. 因此 $c \mid b$. □

推论 8.1.5   若 p 是素数, 且 p 整除乘积 $a_1 \cdots a_r$, 那么存在 i, 使得 p 整除 a_i.

证明 利用前面的推论,若 p 不整除 a_1,那么 p 整除 $a_2\cdots a_r$,一直进行下去,得到 $p|a_i$. $\quad\Box$

现在证明这部分的主要结果.

定理 8.1.6 每一个大于 1 的整数可以唯一分解为素数的乘积.

证明 首先,说明这个分解是可能的. 令集合 S 为不可以分解为素数乘积的 >1 的整数所构成的集合,即证集合 S 是空集. 利用反证法,假设 $S\neq\varnothing$. 令 n 是 S 中最小的元素. 由于 n 不是素数,因此存在整数 $a>1$ 和 $b>1$ 使得 $ab=n$. 但同时 $a<n$ 和 $b<n$,所以 $a\notin S$ 且 $b\notin S$. 因此 a 和 b 有素数分解,所以它们的乘积也有素数分解. 故 $n\notin S$,因此 S 是空集,这正是要证明的结果.

现在讨论分解的唯一性. 假设 n 有两个素数分解

$$n=p_1 p_2\cdots p_r$$
$$=q_1 q_2\cdots q_s.$$

因此 p_1 整除 $q_1 q_2\cdots q_s$,同时由推论 8.1.5 知存在 i,使 $p_1|q_i$ 成立. 由于 q_i 是素数,故有 $p_1=q_i$. 接着前面的讨论可知,这两个关于 n 的分解在一种因子的排列下是等价的. $\quad\Box$

下面稍微转移一下话题,给出第 7 章中群 $\mathbb{Z}^*(q)$ 的替代定义. 根据最初的定义,$\mathbb{Z}^*(q)$ 是 $\mathbb{Z}(q)$ 的单位元组成的乘法群:即那些 $\mathbb{Z}(q)$ 中满足存在整数 m 使得

$$nm\equiv 1 \bmod q \tag{8.1.1}$$

成立的整数 n.

类似地,$\mathbb{Z}^*(q)$ 是 $\mathbb{Z}(q)$ 中所有与 q 互素的整数在乘法下组成的群. 事实上,如果满足式 (8.1.1),那么显然 n 和 q 互素. 反之,若 n 和 q 互素,则在推论 8.1.3 中取 $a=n$ 和 $b=q$,得

$$nx+qy=1.$$

因此 $nx\equiv 1 \bmod q$,可以令 $m=x$ 来建立这个等价关系.

8.1.2 素数的无穷性

对于素数个数的研究一直是算术中的中心课题,第一个基本问题为是否有无穷多的素数. 这一问题在 Euclid 的《几何原本》里得到了简洁优美的解决.

定理 8.1.7 存在无穷多素数.

证明 假设命题不成立,记 $p_1,\cdots,p_n$ 为所有的素数. 定义

$$N=p_1 p_2\cdots p_n+1.$$

因为对于任意的 p_i,$N>p_i$,所以 N 不可能为素数. 因此,N 可以被所取素数中的某个整除. 但这是不可能的,因为每一个素数整除此乘积,但是没有素数整除 1. $\quad\Box$

事实上,修改 Euclid 的结论能得到关于素数无穷性的更好的结果. 为了证明这一点,考虑如下问题. 素数(除了 2)可以分成形式为 $4k+1$ 或 $4k+3$ 两类,因

此由上述的定理可知至少有一类有无穷多个. 一个自然的问题要问是否这两类都有无穷多个? 如果不是, 那哪一类有无穷多个? 在形如 $4k+3$ 的素数的情形下, 素数有无穷多个的证明类似于 Euclid 的证明, 但是更复杂一些. 如果只有有限个这种形式的素数, 排除 3 其他素数按递增的顺序枚举,

$$p_1 = 7, p_2 = 11, \cdots, p_n,$$

同时令

$$N = 4p_1 p_2 \cdots p_n + 3.$$

显然, 因为 $N > p_n$, 所以 N 具有 $4k+3$ 这种形式并且不可能为素数. 因为两个形如 $4m+1$ 的数的乘积还是形如 $4m+1$ 的数, 记 N 的其中一个因子为 p, 所以 p 也形如 $4k+3$. 因为 3 不能整除 N 的定义中的乘积, 故 $p \neq 3$. 因为 p 整除乘积 $p_1 \cdots p_n$, 但 p 不整除 3, 故 p 不可能是其他形如 $4k+3$ 的素数. 即对于任意的 $i = 1, \cdots, n$, 有 $p \neq p_i$.

剩下的问题就是判断形如 $4k+1$ 的这类素数是否有无穷多个元素. 由于两个形如 $4m+3$ 的数的乘积不会同样形如 $4m+3$, 因此, 仅对于上述讨论做简单的修改来完成证明是不可能的. 更一般地, 在证明二次互反律的过程中, Legendre 得到了以下结果:

若 q 和 l 互素, 那么数列

$$l + kq, k \in \mathbb{Z}$$

中包含无穷多个素数（因此至少有一个素数！）.

当然, q 和 l 互素的条件是不可缺少的, 否则 $l + kq$ 不是素数. 换句话说, 这个结论断言任意包含素数的算术数列中必包含无穷多素数.

Dirichlet 证明了 Legendre 的论断. 在证明中的关键想法是 Euler 关于素数的解析逼近涉及乘积公式, 这给出了定理 8.1.7 的推广. Euler 以其洞察力发现了素数理论和分析理论更深的联系.

zeta 函数和 Euler 乘积

我们以对无穷乘积的快速回顾开始. 若 $\{A_n\}_{n=1}^{\infty}$ 是一组实数列, 定义

$$\prod_{n=1}^{\infty} A_n = \lim_{N \to \infty} \prod_{n=1}^{N} A_n,$$

如果这个极限存在, 则称此无穷乘积收敛. 自然的想法是通过求对数将乘积变为求和. 下述引理讲述了定义在正实数上的 $\log x$ 函数具有的性质, 这些性质会在后面用到.

引理 8.1.8　指数函数和对数函数满足如下性质:

（ⅰ）$e^{\log x} = x$;

（ⅱ）如果 $|x| < \dfrac{1}{2}$, 那么 $\log(1+x) = x + E(x)$, 其中 $|E(x)| \leqslant x^2$;

（ⅲ）如果 $\log(1+x) = y$ 且 $|x| < \dfrac{1}{2}$, 那么 $|y| \leqslant 2|x|$.

使用记号 O，性质（ii）可以记为 $\log(1+x)=x+O(x^2)$.

证明 性质（i）是显然的. 为证明性质（ii）利用函数 $\log(1+x)$ 在 $|x|<1$ 时的幂级数，即

$$\log(1+x)=\sum_{n=1}^{\infty}\frac{(-1)^{n+1}}{n}x^n.$$

则有

$$E(x)=\log(1+x)-x=-\frac{x^2}{2}+\frac{x^3}{3}-\frac{x^4}{4}+\cdots,$$

由三角不等式得

$$|E(x)|\leqslant\frac{x^2}{2}(1+|x|+|x|^2+\cdots).$$

因此，当 $|x|\leqslant\dfrac{1}{2}$ 时，估计右边的几何级数可得

$$|E(x)|\leqslant\frac{x^2}{2}\left(1+\frac{1}{2}+\frac{1}{2^2}+\cdots\right)$$

$$\leqslant\frac{x^2}{2}\left(\frac{1}{1-\dfrac{1}{2}}\right)$$

$$\leqslant x^2.$$

下面证明性质（iii）；如果 $x\neq 0$ 且 $|x|\leqslant\dfrac{1}{2}$，则

$$\left|\frac{\log(1+x)}{x}\right|\leqslant 1+\left|\frac{E(x)}{x}\right|$$

$$\leqslant 1+|x|$$

$$\leqslant 2,$$

若 $x=0$，则（iii）显然也成立.

下面证明实数无穷乘积的主要结论. □

命题 8.1.9 若 $A_n=1+a_n$，且 $\sum|a_n|$ 收敛，则乘积 $\prod\limits_n A_n$ 收敛，且乘积为零当且仅当其中一项 A_n 为零. 若对任意的 n，有 $a_n\neq 1$，则 $\prod\limits_n\dfrac{1}{1-a_n}$ 收敛.

证明 若 $\sum|a_n|$ 收敛，那么对于足够大 n，有 $|a_n|<\dfrac{1}{2}$. 忽略有限项，不妨设对任意的 n 这个不等式都成立. 故记部分乘积为

$$\prod_{n=1}^{N}A_n=\prod_{n=1}^{N}\mathrm{e}^{\log(1+a_n)}=\mathrm{e}^{B_N},$$

其中 $B_N=\sum\limits_{n=1}^{N}b_n$ 且 $b_n=\log(1+a_n)$. 由引理 8.1.8 知，$|b_n|\leqslant 2|a_n|$，因此 B_N

收敛到一个实数，记为 B. 由于指数函数是连续函数，故当 N 趋向于无穷大时，有 e^{B_N} 收敛到 e^B，从而证明了第一个结论. 如果对于任意的 n，都有 $1+a_n \neq 0$，故这个乘积的极限不为零，记为 e^B.

最后，$\prod_n \dfrac{1}{1-a_n}$ 的部分乘积是 $\dfrac{1}{\prod\limits_{n=1}^{N}(1-a_n)}$，因此与上面讨论类似，可以证明分母中的乘积的极限不为零.

有了这些预备知识，现在就可以回到问题的核心. 对于（严格）大于 1 的实数 s，定义 zeta 函数为

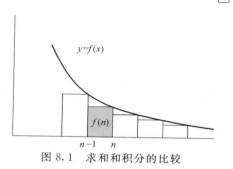

$$\zeta(s) = \sum_{n=1}^{\infty} \frac{1}{n^s}.$$

为了得到所定义的级数 ζ 的收敛性，我们可以利用这个原则：即若一个函数 f 为递减函数，则可以比较 $\sum f(n)$ 和 $\int f(x)\,\mathrm{d}x$ 的大小，如图 8.1 所示.

图 8.1　求和和积分的比较

同时也注意到在第 3 章用一个积分下限来控制求和时用过的一个类似的技巧.

取 $f(x) = \dfrac{1}{x^s}$，从而得到

$$\sum_{n=1}^{\infty} \frac{1}{n^s} \leqslant 1 + \sum_{n=2}^{\infty} \int_{n-1}^{n} \frac{\mathrm{d}x}{x^s} = 1 + \int_{1}^{\infty} \frac{\mathrm{d}x}{x^s},$$

因此，

$$\zeta(s) \leqslant 1 + \frac{1}{s-1}. \tag{8.1.2}$$

显然，定义的级数 ζ 在每一个半直线 $s > s_0 > 1$ 上一致收敛，因此，当 $s > 1$ 时，ζ 是连续函数. Zeta 函数在前面关于 Poisson 求和公式和 theta 函数的讨论中提到过.

主要的结果是 Euler 乘积公式.

定理 8.1.10　对于任意的 $s > 1$，有

$$\zeta(s) = \prod_{p} \frac{1}{1-\dfrac{1}{p^s}},$$

这里的乘积取遍所有的素数.

值得注意的是，这个等式是算术基本定理的一个解析表达式. 事实上，乘积中的每一个因子 $\dfrac{1}{1-\dfrac{1}{p^s}}$ 都可以写成收敛的几何级数

$$1+\frac{1}{p^s}+\frac{1}{p^{2s}}+\cdots+\frac{1}{p^{Ms}}+\cdots.$$

所以考虑

$$\prod_{p_j}\left(1+\frac{1}{p_j^s}+\frac{1}{p_j^{2s}}+\cdots+\frac{1}{p_j^{Ms}}+\cdots\right),$$

其中乘积取遍所有的素数,可以按递增的顺序排列为 $p_1<p_2<\cdots$. 依次进行下去(这一处理在下面会说明),下面以求和的形式来计算这个乘积,每一项都来自于关于 k 的项 $\dfrac{1}{p_j^{ks}}$(关于 p_j 求和),当然也依赖于 j,当 j 充分大时,$k=0$. 通过这种方式得到的乘积为

$$\frac{1}{(p_1^{k_1}p_2^{k_2}\cdots p_m^{k_m})^s}=\frac{1}{n^s},$$

其中整数 n 可以写成一系列素数的乘积 $n=p_1^{k_1}p_2^{k_2}\cdots p_m^{k_m}$. 由算术基本定理,每一个以这种形式出现的 $\geqslant1$ 的整数是唯一的,因此这个乘积等价于

$$\sum_{n=1}^{\infty}\frac{1}{n^s}.$$

下面来证明这个启发性的论证.

证明 假设 M 和 N 是正整数且 $M>N$. 对任意的正整数 $n\leqslant N$ 都可以唯一地写成素数的乘积,且每一个素数都小于或等于 N 并且重复少于 M 次. 因此,

$$\sum_{n=1}^{N}\frac{1}{n^s}\leqslant\prod_{p\leqslant N}\left(1+\frac{1}{p^s}+\frac{1}{p^{2s}}+\cdots+\frac{1}{p^{Ms}}\right)$$

$$\leqslant\prod_{p\leqslant N}\left(\frac{1}{1-p^{-s}}\right)$$

$$\leqslant\prod_{p}\left(\frac{1}{1-p^{-s}}\right).$$

令 N 趋于无穷大得到

$$\sum_{n=1}^{\infty}\frac{1}{n^s}\leqslant\prod_{p}\left(\frac{1}{1-p^{-s}}\right).$$

下面给出反向不等式的证明. 同理,利用算术基本定理,得

$$\prod_{p\leqslant N}\left(1+\frac{1}{p^s}+\frac{1}{p^{2s}}+\cdots+\frac{1}{p^{Ms}}\right)\leqslant\sum_{n=1}^{\infty}\frac{1}{n^s}.$$

令 M 趋于无穷大,有

$$\prod_{p\leqslant N}\left(\frac{1}{1-p^{-s}}\right)\leqslant\sum_{n=1}^{\infty}\frac{1}{n^s}.$$

从而

$$\prod_{p}\left(\frac{1}{1-p^{-s}}\right)\leqslant\sum_{n=1}^{\infty}\frac{1}{n^{s}}\ ,$$

这样便完成了乘积公式的证明. □

现在回到定理 8.1.7 的 Euler 版本, 受此启示, 产生了关于算术数列中素数. 一般问题的 Dirichlet 方法. 这就是以下命题.

命题 8.1.11　当求和取遍所有的素数 p 时, 级数

$$\sum_{p}\frac{1}{p}$$

发散.

当然, 如果素数只有有限个, 显然此级数收敛.

证明　对 Euler 乘积两边同时取对数. 由于 $\log x$ 是连续的, 故可以将无穷乘积的对数写成对数的无穷和. 因此, 对于 $s>1$, 得到

$$-\sum_{p}\log\left(1-\frac{1}{p^{s}}\right)=\log\zeta(s)\ .$$

由于当 $|x|\leqslant\frac{1}{2}$ 时, 有 $\log(1+x)=x+O(|x|^{2})$, 故知

$$-\sum_{p}\left[-\frac{1}{p^{s}}+O\left(\frac{1}{p^{2s}}\right)\right]=\log\zeta(s)\ ,$$

从而

$$\sum_{p}\frac{1}{p^{s}}+O(1)=\log\zeta(s)\ .$$

其中 $O(1)$ 这一项会出现是由于 $\sum_{p}\dfrac{1}{p^{2s}}\leqslant\sum_{n=1}^{\infty}\dfrac{1}{n^{2}}$. 现在令 s 从右侧趋于 1, 即 $s\to1^{+}$, 由于 $\sum_{n=1}^{\infty}\dfrac{1}{n^{s}}\geqslant\sum_{n=1}^{M}\dfrac{1}{n^{s}}$ 则有 $\zeta(s)\to\infty$, 因此, 对任意的 M, 有

$$\liminf_{s\to1^{+}}\sum_{n=1}^{\infty}\frac{1}{n^{s}}\geqslant\sum_{n=1}^{M}\frac{1}{n}$$

178

成立.

从而知, 当 $s\to1^{+}$ 时, 有 $\sum_{p}\dfrac{1}{p^{s}}\to\infty$, 由于所有 $s>1$ 有 $\dfrac{1}{p}>\dfrac{1}{p^{s}}$.

最后, 得到

$$\sum_{p}\frac{1}{p}=\infty.$$

□

在本章余下的部分我们来看 Dirichlet 如何运用 Euler 的灵感的.

8.2　Dirichlet 定理

提醒一下读者, 我们的目标是:

定理 8.2.1 如果 q 和 l 为互素的正整数，那么有无穷多形如 $l+kq$ 的素数，其中 $k\in\mathbb{Z}$.

根据 Euler 的讨论，Dirichlet 通过证明级数

$$\sum_{p\equiv l \bmod q}\frac{1}{p}$$

发散证明了这个定理，其中，求和取遍模 q 余 l 的素数. 一旦 q 固定且不致引起歧义，记 $p\equiv l$ 表示模 q 余 l 的素数. 证明分为几步，其中的一步需要 $\mathbb{Z}^*(q)$ 上的 Fourier 分析. 在得到最一般情形的定理之前，首先解决前面提出的特殊情形：是否存在无穷多形如 $4k+1$ 的素数？这一情形包含了 $q=4$ 和 $l=1$ 的特例，阐明了 Dirichlet 定理证明中的所有重要步骤.

从定义在 $\mathbb{Z}^*(4)$ 上的特征开始，定义其特征为 $\chi(1)=1$，$\chi(3)=-1$. 将这个特征推广到所有的整数 $\mathbb{Z}$ 上，具体如下：

$$\chi(n)=\begin{cases} 0, & \text{如果 } n \text{ 是偶数}, \\ 1, & \text{如果 } n=4k+1, \\ -1, & \text{如果 } n=4k+3. \end{cases}$$

这个函数是可乘的，即 $\chi(nm)=\chi(n)\chi(m)$ 在 $\mathbb{Z}$ 上成立. 令 $L(s,\chi)=\sum_{n=1}^{\infty}\dfrac{\chi(n)}{n^s}$，所以

$$L(s,\chi)=1-\frac{1}{3^s}+\frac{1}{5^s}-\frac{1}{7^s}+\cdots.$$

则 $L(1,\chi)$ 是由下式

$$1-\frac{1}{3}+\frac{1}{5}-\frac{1}{7}+\cdots$$

给出的收敛级数. 由于级数中的项是交错的且绝对值递减趋于零，故有 $L(1,\chi)\neq 0$. 由于 χ 是可乘的，故 Euler 乘积的一般情形（后面会给出证明）给出

$$\sum_{n=1}^{\infty}\frac{\chi(n)}{n^s}=\prod_{p}\frac{1}{1-\chi(p)/p^s}.$$

对上式两边取对数，得到

$$\log L(s,\chi)=\sum_{p}\frac{\chi(p)}{p^s}+O(1).$$

令 $s\to 1^+$，注意到 $L(1,\chi)\neq 0$，故 $\sum_{p}\dfrac{\chi(p)}{p^s}$ 依然有界. 因此当 $s\to 1^+$ 时，级数

$$\sum_{p\equiv 1}\frac{1}{p^s}-\sum_{p\equiv 3}\frac{1}{p^s}$$

有界. 然而，由命题 8.1.11 知，当 $s\to 1^+$ 时，

$$\sum_{p}\frac{1}{p^s}$$

179

无界，结合这两个事实，得

$$2\sum_{p\equiv 1}\frac{1}{p^{s}}$$

在 $s\to 1^{+}$ 时无界．因此 $\sum\limits_{p\equiv 1}\dfrac{1}{p}$ 发散，从而有无穷多形如 $4k+1$ 的素数．

我们稍微转移一下话题，来证明一个事实 $L(1,\chi)=\dfrac{\pi}{4}$．为了得到它，对下面的等式

$$\frac{1}{1+x^{2}}=1-x^{2}+x^{4}-x^{6}+\cdots,$$

两边取积分得到

$$\int_{0}^{y}\frac{\mathrm{d}x}{1+x^{2}}=y-\frac{y^{3}}{3}+\frac{y^{5}}{5}-\cdots,0<y<1.$$

然后，令 y 趋于 1，此积分值为

$$\int_{0}^{1}\frac{\mathrm{d}x}{1+x^{2}}=\arctan u\,\Big|_{0}^{1}=\frac{\pi}{4},$$

因此这证明了级数 $1-\dfrac{1}{3}+\dfrac{1}{5}-\cdots$ 通过 Abel 求和到 $\dfrac{\pi}{4}$．由于该级数收敛，且极限与其 Abel 极限相同，因此 $1-\dfrac{1}{3}+\dfrac{1}{5}-\cdots=\dfrac{\pi}{4}$．

本章剩下的部分给出 Dirichlet 定理的完全证明．从 Fourier 分析（这事实上是上述给出的例子中最后一步）开始，将这个定理简化到 L 函数非零的情形．

8.2.1　Fourier 分析、Dirichlet 特征和定理简化

在下面的内容中令 Abel 群 G 为 $\mathbb{Z}^{*}(q)$．下面的公式涉及 G 的阶，即与 q 互素且满足条件 $0\leqslant n<q$ 的整数 n 的个数；这个数定义了 Euler 函数 $\varphi(q)$，且 $|G|=\varphi(q)$．

考虑 G 上的函数 δ_{l}，将其作为 l 的特征函数；若 $n\in\mathbb{Z}^{*}(q)$，则

$$\delta_{l}(n)=\begin{cases}1, & \text{如果 }n\equiv l \bmod q,\\ 0, & \text{其他.}\end{cases}$$

可以将这个函数展开成如下的 Fourier 级数：

$$\delta_{l}(n)=\sum_{e\in\widehat{G}}\widehat{\delta}_{l}(e)e(n),$$

其中

$$\widehat{\delta}_{l}(e)=\frac{1}{|G|}\sum_{m\in G}\delta_{l}(m)\overline{e(m)}=\frac{1}{|G|}\overline{e(l)}.$$

因此

$$\delta_{l}(n)=\frac{1}{|G|}\sum_{e\in\widehat{G}}\overline{e(l)}e(n).$$

当 m 和 q 不互素时，令 $\delta_l(m)=0$ 将函数 δ_l 推广到 $\mathbb{Z}$ 上. 类似地，特征 $e\in\hat{G}$ 到 $\mathbb{Z}$ 上的推广

$$\chi(m)=\begin{cases}e(m), & \text{如果 } m \text{ 和 } q \text{ 互素,}\\ 0, & \text{其他,}\end{cases}$$

称为模 q 的 **Dirichlet 特征**. 记 G 中的平凡特征到 $\mathbb{Z}$ 的推广为 χ_0, 如果 m 与 q 互素, 记 $\chi_0(m)=1$, 否则记为 0. 模 q 的 Dirichlet 特征在 $\mathbb{Z}$ 上都是可乘的, 就这一意义来看, 对任意的 $n, m\in\mathbb{Z}$, 有

$$\chi(nm)=\chi(n)\chi(m).$$

因为 q 是固定的, 可以不必担心混淆, 省略 q, 直接称 "Dirichlet" 特征.

由于 $|G|=\varphi(q)$, 将上述结果重述如下:

引理 8.2.2 Dirichlet 特征是可乘的. 而且,

$$\delta_l(m)=\frac{1}{\varphi(q)}\sum_\chi\overline{\chi(l)}\chi(m),$$

这里的求和取遍所有的 Dirichlet 特征.

上述引理为定理的证明迈出了第一步, 因为这个引理表明

$$\sum_{p\equiv l}\frac{1}{p^s}=\sum_p\frac{\delta_l(p)}{p^s}$$
$$=\frac{1}{\varphi(q)}\sum_\chi\overline{\chi(l)}\sum_p\frac{\chi(p)}{p^s}.$$

这样只需弄清楚当 $s\to 1^+$ 时, $\sum_p\chi(p)p^{-s}$ 的性质. 事实上, 根据 χ 是否是平凡的可将上面的求和分为两个部分. 因此有

$$\sum_{p\equiv l}\frac{1}{p^s}=\frac{1}{\varphi(q)}\sum_p\frac{\chi_0(p)}{p^s}+\frac{1}{\varphi(q)}\sum_{\chi\neq\chi_0}\overline{\chi(l)}\sum_p\frac{\chi(p)}{p^s}$$
$$=\frac{1}{\varphi(q)}\sum_{p\text{不整除}q}\frac{1}{p^s}+\frac{1}{\varphi(q)}\sum_{\chi\neq\chi_0}\overline{\chi(l)}\sum_p\frac{\chi(p)}{p^s} \qquad (8.2.1)$$

因为只有有限多个素数整除 q, Euler 的定理 (命题 8.1.11) 表明当 s 趋于 1 时, 右边的第一个求和发散. 这些讨论表明 Dirichlet 定理是如下定理的推论.

定理 8.2.3 若 χ 是一个非平凡的 Dirichlet 特征, 则当 $s\to 1^+$ 时, 级数

$$\sum_p\frac{\chi(p)}{p^s}$$

仍然有界.

定理 8.2.3 的证明需要引入 L 函数, 现在讨论它.

8.2.2 Dirichlet L-函数

下面证明前面提到的 zeta 函数 $\zeta(s)=\sum_n\dfrac{1}{n^s}$ 可以表示为乘积形式, 即

$$\sum_{n=1}^\infty\frac{1}{n^s}=\prod_p\left(\frac{1}{1-\dfrac{1}{p^s}}\right).$$

181

Dirichlet 观察到对 L-函数有一个类似的公式，对于 $s>1$，定义 L-函数

$$L(s,\chi)=\sum_{n=1}^{\infty}\frac{\chi(n)}{n^s},$$

其中 χ 是 Dirichlet 特征.

定理 8.2.4　若 $s>1$，则

$$\sum_{n=1}^{\infty}\frac{\chi(n)}{n^s}=\prod_{p}\left(\frac{1}{1-\dfrac{\chi(p)}{p^s}}\right),$$

其中乘积取遍所有的素数.

现在假设定理成立，可以利用 Euler 的结论：对乘积取对数利用 $\log(1+x)=x+O(x^2)$，其中 x 足够小，则得

$$\begin{aligned}
\log L(s,\chi)&=-\sum_{p}\log\left(1-\frac{\chi(p)}{p^s}\right)\\
&=-\sum_{p}\left[-\frac{\chi(p)}{p^s}+O\left(\frac{1}{p^{2s}}\right)\right]\\
&=\sum_{p}\frac{\chi(p)}{p^s}+O(1).
\end{aligned}$$

如果 $L(1,\chi)$ 是有限的且非零，那么当 $s\to 1^+$ 时，$\log L(s,\chi)$ 有界，而且当 $s\to 1^+$ 时

$$\sum_{p}\frac{\chi(p)}{p^s}$$

有界. 我们现在就上述论证提出几点看法.

首先，要证明定理 8.2.4 中的乘积公式. 由于 Dirichlet 特征 χ 可以取复值函数，所以可以将对数推广到具有 $w=\dfrac{1}{1-z}$ 形式的复数 w 上，其中 $|z|<1$.（这可以通过幂级数得到.）然后，我们需要利用对数的定义证明先前给出的 Euler 乘积公式的证明可以适用于 L-函数.

第二，必须保证对乘积公式两边同时取对数有意义. 如果 Dirichlet 特征是实数，这个讨论是有意义的而且恰好是在例子中给出的相应于形如 $4k+1$ 的素数的情形更一般地，真正的难点在于 $\chi(p)$ 是一个复数，而且复对数不是单值的；特别地，乘积的对数不是对数的求和.

第三，还需要证明当 $\chi\neq\chi_0$，且 $s\to 1^+$ 时，$\log L(s,\chi)$ 有界. 如果（正如我们将要看到的）$L(s,\chi)$ 在 $s=1$ 点连续，那么只需证明

$$L(1,\chi)\neq 0.$$

这是如我们早前提到的非零函数对应着前面例子中非零的交错级数. 事实上 $L(1,\chi)\neq 0$ 是讨论中最困难的部分.

所以我们将注意力集中在三点：

1. 复对数和无穷乘积；

2. $L(s, \chi)$ 的研究；

3. 当 χ 为非平凡函数时，$L(1, \chi) \neq 0$ 的证明.

然而，在讨论更多细节之前，先讨论一下关于 Dirichlet 定理的历史事实.

历史注记

在下面的名单中，我们收集了那些与 Dirichlet 定理有关系的数学家的名字. 为给出更明显的比较，下面列出这些数学家在 35 岁时的年份：

Euler 1742

Legendre 1787

Gauss 1812

Dirichlet 1840

Riemann 1861

正如前面讲到的，Euler 对于 zeta 函数乘积公式的发现是 Dirichlet 讨论的起点. Legendre 设想这个定理成立是因为他在二次互反律的证明中需要这个定理. 然而，这个目标由 Gauss 首次实现，虽然他并不知道如何证明这个关于算术数列中素数的定理，但是他给出了二次互反律一系列不同的证明. 后来，Riemann 将 zeta 函数的研究推广到复平面上，并指出非零函数的性质是如何对素数分布的进一步理解起到关键作用的.

Dirichlet 在 1837 年证明了他的定理. 值得一提的是已在 1837 年的前几年去世的 Fourier，他在 Dirichlet 以一个年轻数学家身份去巴黎的时候与其结交. 这个时代不仅数学研究很活跃，同时艺术尤其是音乐也是多产的. Beethoven 的时代刚刚结束仅仅十年时间，Schumann 的创造力就达到了高峰期. 在音乐事业上和 Dirichlet 类比最接近的音乐家是 Felix Mendelssohn（他年长四岁）. 这是指 Felix Mendelssohn 在 Dirichlet 成功证明这条定理之后创作了著名的小提琴协奏曲.

8.3 Dirichlet 定理的证明

现在回到 Dirichlet 定理的证明和上面提到的三个困难.

8.3.1 对数

解决第一个困难的方法是定义两个对数，一个是形如 $1/(1-z)$ 的复数，其中 $|z| < 1$，记为 $\log_1$，另一个是函数 $L(s, \chi)$，记为 $\log_2$.

对于第一个对数，定义为

$$\log_1\left(\frac{1}{1-z}\right) = \sum_{k=1}^{\infty} \frac{z^k}{k}, \ |z| < 1.$$

由式 (8.1.2) 知，如果 $\mathrm{Re}(w) > \dfrac{1}{2}$，则 $\log_1 w$ 的定义有意义的. 当 x 是实数且 $x > \dfrac{1}{2}$ 时，$\log_1 w$ 给出了 $\log x$ 的一个推广.

命题 8.3.1 对数 $\log_1$ 有如下性质：

（ⅰ）若 $|z| < 1$，则

$$e^{\log_1\left(\frac{1}{1-z}\right)} = \frac{1}{1-z}.$$

（ⅱ）若 $|z| < 1$，则

$$\log_1\left(\frac{1}{1-z}\right) = z + E_1(z),$$

当 $|z| < \dfrac{1}{2}$ 时，误差 E_1 满足 $|E_1(z)| \leqslant |z|^2$.

（ⅲ）若 $|z| < \dfrac{1}{2}$，则

$$\left|\log_1\left(\frac{1}{1-z}\right)\right| \leqslant 2|z|.$$

证明 为了证明第一个性质，令 $z = re^{i\theta}$ 且 $0 \leqslant r < 1$，只需证明

$$(1 - re^{i\theta})e^{\sum\limits_{k=1}^{\infty}\frac{(re^{i\theta})^k}{k}} = 1. \tag{8.3.1}$$

为了得出这个，将上式左边对 r 微分，得

$$\left[-e^{i\theta} + (1 - re^{i\theta})\left(\sum_{k=1}^{\infty}\frac{(re^{i\theta})^k}{k}\right)'\right]\exp\left(\sum_{k=1}^{\infty}\frac{(re^{i\theta})^k}{k}\right).$$

上式中括号里的项等于

$$-e^{i\theta} + (1 + re^{i\theta})e^{i\theta}\left(\sum_{k=1}^{\infty}(re^{i\theta})^{k-1}\right) = -e^{i\theta} + (1 - re^{i\theta})e^{i\theta}\frac{1}{1-re^{i\theta}} = 0.$$

已知式（8.3.1）左边为常数，令 $r = 0$ 得到结论. 第二个和第三个性质的证明与引理 8.1.8 中对应的实数情形的证明一样. $\square$

利用这些结果可以给出一个复数的无穷乘积收敛的充分条件. 除了现在需要使用对数 $\log_1$ 外，其他的证明和实数情形相同.

命题 8.3.2 若 $\sum|a_n|$ 收敛，且对任意的 n 有 $a_n \neq 1$，那么

$$\prod_{n=1}^{\infty}\left(\frac{1}{1-a_n}\right)$$

收敛且不为零.

证明 对于足够大的 n，$|a_n| < \dfrac{1}{2}$，所以不失一般性，假设这个不等式对任意的 $n \geqslant 1$ 都成立. 则

$$\prod_{n=1}^{N}\left(\frac{1}{1-a_n}\right) = \prod_{n=1}^{N}e^{\log_1\left(\frac{1}{1-a_n}\right)} = e^{\sum\limits_{n=1}^{N}\log_1\left(\frac{1}{1-a_n}\right)}.$$

但是，由命题 8.3.1 知

$$\left| \log_1\left(\frac{1}{1-z}\right) \right| \leqslant 2|z|,$$

所以通过级数 $\sum|a_n|$ 收敛，立即得到极限

$$\lim_{N\to\infty}\sum_{n=1}^{N}\log_1\left(\frac{1}{1-a_n}\right)=A$$

存在. 通过指数函数的连续性，得到乘积收敛到 e^A，显然不为零. $\square$

现在来证明前面给出的 Dirichlet 乘积公式

$$\sum_n\frac{\chi(n)}{n^s}=\prod_p\left(\frac{1}{1-\dfrac{\chi(p)}{p^s}}\right).$$

为了简化符号，将上述等式的左侧记为 L. 定义

$$S_N=\sum_{n\leqslant N}\chi(n)n^{-s} \text{ 和} \prod_N=\prod_{p\leqslant N}\left(\frac{1}{1-\dfrac{\chi(p)}{p^s}}\right).$$

由前面的命题知，无穷乘积 $\prod=\lim_{N\to\infty}\prod_N=\prod_p\left(\dfrac{1}{1-\dfrac{\chi(p)}{p^s}}\right)$ 收敛. 事实上，若

令 $a_n=\dfrac{\chi(p_n)}{p_n^s}$，其中 p_n 是第 n 个素数，若 $s>1$，故 $\sum|a_n|<\infty$.

定义

$$\prod_{N,M}=\prod_{p\leqslant N}\left(1+\frac{\chi(p)}{p^s}+\cdots+\frac{\chi(p^M)}{p^{Ms}}\right).$$

现在固定 $\varepsilon>0$，并选择一个足够大的 N 使得

$$|S_N-L|<\varepsilon \text{ 和} |\prod_N-\prod|<\varepsilon$$

成立.

然后，选择一个足够大的 M 使得

$$|S_N-\prod_{N,M}|<\varepsilon \text{ 和} |\prod_{N,M}-\prod_N|<\varepsilon$$

成立.

为了得到第一个不等式，可以利用算术基本定理和 Dirichlet 特征可乘性的事实，第二个不等式成立是因为每一个级数 $\sum_{n=1}^{\infty}\dfrac{\chi(p^n)}{p^{ns}}$ 收敛.

因此

$$|L-\prod|\leqslant|L-S_N|+|S_N-\prod_{N,M}|+|\prod_{N,M}-\prod_N|+|\prod_N-\prod|<4\varepsilon, 这就$$

得到我们想要的结论.

8.3.2 L-函数

下一步是更好地理解 L-函数. 它作为 s（尤其是在 $s=1$ 附近）函数的性质依赖于 χ 是否是平凡的. 在第一种情况中，$L(s,\chi_0)$ 和 zeta 函数一样依赖于一些简单因子.

185

命题 8.3.3　假设 χ_0 是平凡的 Dirichlet 特征，

$$\chi_0(n) = \begin{cases} 1, \text{如果 } n \text{ 和 } q \text{ 互素}, \\ 0, \text{其他}, \end{cases}$$

且 $q = p_1^{a_1} \cdots p_N^{a_N}$ 是 q 的素数因子分解. 那么

$$L(s, \chi_0) = \left(1 - \frac{1}{p_1^s}\right)\left(1 - \frac{1}{p_2^s}\right) \cdots \left(1 - \frac{1}{p_N^s}\right) \zeta(s).$$

因此，当 $s \to 1^+$ 时，有 $L(s, \chi_0) \to \infty$.

证明　比较 Dirichlet 特征和 Euler 乘积公式立即得到上述等式. 由于当 $s \to 1^+$ 时，有 $\zeta(s) \to \infty$，因此结论成立.　　　　　　　　　　　□

对于 $\chi \neq \chi_0$ 时的 L-函数的其他性质更加微妙. 一个值得注意的性质是当 $s > 0$ 时，这些函数是有定义的且连续的. 事实上，有更多的性质成立.

命题 8.3.4　若 χ 是非平凡的 Dirichlet 特征，那么当 $s > 0$ 时，级数

$$\sum_{n=1}^{\infty} \frac{\chi(n)}{n^s}$$

收敛，记其和为 $L(s, \chi)$. 并且：

（ⅰ）函数 $L(s, \chi)$ 在 $0 < s < \infty$ 时是连续可微的；

（ⅱ）当 $s \to \infty$ 时，存在常数 $c, c' > 0$，使得

$$L(s, \chi) = 1 + O(e^{-cs}) \text{ 且 } L'(s, \chi) = O(e^{-c's})$$

成立.

首先列出非平凡的 Dirchlet 特征具有的关键的消失性条件，这得到了命题中 L-函数的性质.

引理 8.3.5　如果 χ 是非平凡的 Dirchlet 特征，那么对于任意的 k，

$$\left| \sum_{n=1}^{k} \chi(n) \right| \leqslant q.$$

证明　首先，

$$\sum_{n=1}^{q} \chi(n) = 0.$$

事实上，如果记其和为 S 并且 $a \in \mathbb{Z}^*(q)$，那么由 Dirichlet 特征 χ 的可乘性得

$$\chi(a)S = \sum \chi(a)\chi(n) = \sum \chi(an) = \sum \chi(n) = S.$$

由于 χ 是非平凡的，则存在 a，使 $\chi(a) \neq 1$，因此 $S = 0$. 记 $k = aq + b$ 且 $0 \leqslant b < q$，同时注意到

$$\sum_{n=1}^{k} \chi(n) = \sum_{n=1}^{aq} \chi(n) + \sum_{aq < n \leqslant aq+b} \chi(n) = \sum_{aq < n \leqslant aq+b} \chi(n),$$

最后一个和中的项数不超过 q. 只要 $|\chi(n)|\leqslant 1$, 证明就完成了.

现在可以来证明命题. 令 $s_k=\sum\limits_{n=1}^{k}\chi(n)$, 且 $s_0=0$. 当 $s>1$ 时, $L(s,\chi)$ 定义为级数

$$\sum_{n=1}^{\infty}\frac{\chi(n)}{n^s}.$$

这个级数当 $s>\delta>1$ 时, 绝对收敛且一致收敛. 而且, 逐项微分后的级数同样当 $s>\delta>1$ 时绝对收敛且一致收敛, 这说明 $L(s,\chi)$ 在 $s>1$ 时, 连续可微. 下面通过分部求和将结果推广到 $s>0$ 上. 事实上, 有

$$\sum_{k=1}^{N}\frac{\chi(k)}{k^s}=\sum_{k=1}^{N}\frac{s_k-s_{k-1}}{k^s}$$
$$=\sum_{k=1}^{N-1}s_k\left[\frac{1}{k^s}-\frac{1}{(k+1)^s}\right]+\frac{s_N}{N^s}$$
$$=\sum_{k=1}^{N-1}f_k(s)+\frac{s_N}{N^s},$$

其中 $f_k(s)=s_k\left[\dfrac{1}{k^s}-\dfrac{1}{(k+1)^s}\right]$. 若 $g(x)=\dfrac{1}{x^s}$, 则 $g'(x)=-\dfrac{s}{x^{s+1}}$, 在 $x=k$ 和 $x=k+1$ 之间应用平均值定理并且 $|s_k|\leqslant q$, 故有

$$|f_k(s)|\leqslant qsk^{-s-1}.$$

因此, 这个级数 $\sum f_k(s)$ 在 $s>\delta>0$ 时, 绝对收敛且一致收敛, 这就证明了 $L(s,\chi)$ 在 $s>0$ 时连续. 为证明它也连续可微, 对级数逐项求导得到

$$\sum(\log n)\frac{\chi(n)}{n^s}.$$

再一次通过分部求和将级数重写为

$$\sum s_k\left[-k^{-s}\log k+(k+1)^{-s}\log(k+1)\right],$$

同时由平均值定理得函数 $g(x)=\dfrac{\log x}{x^s}$ 的界不超过 $O(k^{-\frac{\delta}{2}-1})$, 从而证明了逐项微分后的级数在 $s>\delta>0$ 时, 一致收敛. 因此当 $s>0$ 时, $L(s,\chi)$ 连续可微.

现在, 对于足够大的 s, 有

$$|L(s,\chi)-1|\leqslant 2q\sum_{n=2}^{\infty}n^{-s}$$
$$\leqslant 2^{-s}O(1),$$

取 $c=\log 2$, 知当 $s\to\infty$ 时, 有 $L(s,\chi)=1+O(\mathrm{e}^{-cs})$. 同理可得当 $s\to\infty$ 时, 有 $L'(s,\chi)=O(\mathrm{e}^{-c's})$, 且由 $c'=c$, 命题得证.

根据现在已有的 $L(s,\chi)$ 的性质可以定义 L-函数的对数, 这只需要将对数的微分进行积分便可得到. 换句话说, 若 χ 为非平凡 Dirichlet 特征, 对于 $s>1$, 定义

$$\log_2 L(s,\chi) = -\int_s^\infty \frac{L'(t,\chi)}{L(t,\chi)} \mathrm{d}t$$

由于 $L(t,\chi)$ 是由乘积形式（命题 8.3.2）给出的，故知，对任意的 $t>1$，$L(t,\chi)\neq0$ 成立．由前面得到的 $L(t,\chi)$ 和 $L'(t,\chi)$ 在无穷远处的极限性质，知

$$\frac{L'(t,\chi)}{L(t,\chi)} = O(\mathrm{e}^{-ct}),$$

从而，此积分收敛．　　　　　　　　　　　　　　　　　　　　　　　　　□

下面的命题建立了这两个对数函数的联系．

命题 8.3.6　若 $s>1$，则

$$\mathrm{e}^{\log_2 L(s,\chi)} = L(s,\chi).$$

进而

$$\log_2 L(s,\chi) = \sum_p \log_1\left(\frac{1}{1-\dfrac{\chi(p)}{p^s}}\right).$$

证明　对 $\mathrm{e}^{-\log_2 L(s,\chi)} L(s,\chi)$ 关于 s 微分得到

$$-\frac{L'(s,\chi)}{L(s,\chi)}\mathrm{e}^{-\log_2 L(s,\chi)} L(s,\chi) + \mathrm{e}^{-\log_2 L(s,\chi)} L'(s,\chi) = 0.$$

所以 $\mathrm{e}^{-\log_2 L(s,\chi)} L(s,\chi)$ 是常数，当 s 趋向于无穷时，这个常数趋于 1．这就证明了第一个结论．

为了证明两个对数函数的等式，固定 s 并在两边同时取指数，左边变为 $\mathrm{e}^{-\log_2 L(s,\chi)} = L(s,\chi)$，右边就变为

$$\mathrm{e}^{\sum_p \log_1\left(\frac{1}{1-\frac{\chi(p)}{p^s}}\right)} = \prod_p \mathrm{e}^{\log_1\left(\frac{1}{1-\frac{\chi(p)}{p^s}}\right)} = \prod_p \left(\frac{1}{1-\dfrac{\chi(p)}{p^s}}\right) = L(s,\chi),$$

上述结果由命题 8.3.1 和 Dirichlet 乘积可知．因此，对任意的 s，存在整数 $M(s)$ 使

$$\log_2 L(s,\chi) - \sum_p \log_1\left(\frac{1}{1-\dfrac{\chi(p)}{p^s}}\right) = 2\pi\mathrm{i}M(s).$$

读者可以验证，左边的式子关于 s 连续，这可以得到函数 $M(s)$ 的连续性．但是由于 $M(s)$ 是整数值函数，因此 $M(s)$ 是常数，令 s 趋向于无穷大时，此常数趋于 0．

把我们已做的工作总结起来，就得到了我们前面所作讨论的严格论证．事实上，由 $\log_1$ 的性质得

$$\sum_p \log_1\left(\frac{1}{1-\dfrac{\chi(p)}{p^s}}\right) = \sum_p \frac{\chi(p)}{p^s} + O\left(\sum_p \frac{1}{p^{2s}}\right)$$

$$= \sum_p \frac{\chi(p)}{p^s} + O(1).$$

若对于一个非平凡的 Dirichlet 特征，$L(1,\chi)\neq 0$，则利用它的积分表达式可知 $\log_2 L(s,\chi)$ 在 $s\to 1^+$ 时依然有界. 从而由对数函数之间的等式知当 $s\to 1^+$ 时，$\sum_p \dfrac{\chi(p)}{p^s}$ 仍然有界，这正是我们需要的结果. 因此，为了完成 Dirichlet 定理的证明还需要证明当 χ 为非平凡特征时，有 $L(1,\chi)\neq 0$ 成立. $\qquad\square$

8.3.3 L-函数的非消失性

现在证明以下更深刻的结果.

定理 8.3.7 若 $\chi\neq\chi_0$，则 $L(1,\chi)\neq 0$.

这个定理有很多证明方法，包括代数数论（在 Dirichlet 的最初的讨论中），还有其他涉及复分析的方法. 现在选择一个更基本的且不需要其他领域特定知识的方法. 根据 χ 是实值还是复值，把证明分为两类. 如果一个 Dirichlet 特征仅取实数值（即 $+1$，-1，或者 0），则称它是**实值的**，否则称它是**复值的**. 换句话说，χ 是实值的，当且仅当对于任意的整数 n，有 $\chi(n)=\overline{\chi(n)}$ 成立.

情形 I：复 Dirichlet 特征

这是两种情形中较简单的情形. 证明利用反证法，同时需要用到两个引理.

引理 8.3.8 若 $s>1$，则

$$\prod_\chi L(s,\chi)\geqslant 1,$$

其中的乘积取遍所有的 Dirichlet 特征. 特别地，乘积是实值的.

证明 当 $s>1$ 时，

$$L(s,\chi)=\exp\left[\sum_p \log_1\left(\frac{1}{1-\dfrac{\chi(p)}{p^s}}\right)\right].$$

所以

$$\begin{aligned}
\prod_\chi L(s,\chi)&=\exp\left[\sum_\chi\sum_p \log_1\left(\frac{1}{1-\dfrac{\chi(p)}{p^s}}\right)\right]\\
&=\exp\left[\sum_\chi\sum_p\sum_{k=1}^\infty \frac{1}{k}\frac{\chi(p^k)}{p^{ks}}\right]\\
&=\exp\left[\sum_p\sum_{k=1}^\infty\sum_\chi \frac{1}{k}\frac{\chi(p^k)}{p^{ks}}\right].
\end{aligned}$$

由引理 8.2.2（其中 $l=1$）有 $\sum_\chi\chi(p^k)=\varphi(q)\delta_1(p^k)$，因此得到

$$\prod_\chi L(s,\chi)=\exp\left[\varphi(q)\sum_p\sum_{k=1}^\infty \frac{1}{k}\frac{\delta_1(p^k)}{p^{ks}}\right]\geqslant 1.$$

这是由于指数函数中的一项是非负的. $\qquad\square$

引理 8.3.9 如下三条性质成立：

（ⅰ）若 $L(1,\chi)=0$，则 $L(1,\overline{\chi})=0$；

（ⅱ）若 χ 是非平凡的且 $L(1,\chi)=0$，则

$$|L(s,\chi)|\leqslant C|s-1|,\text{其中},1\leqslant s\leqslant 2.$$

（ⅲ）对于平凡的 Dirichlet 特征 χ_0，有

$$|L(s,\chi_0)|\leqslant\frac{C}{|s-1|},\text{其中},1<s\leqslant 2.$$

证明　由于 $L(1,\overline{\chi})=\overline{L(1,\chi)}$，故第一个结论显然成立. 因为当 $s>0$ 和 χ 非平凡时，$L(s,\chi)$ 是连续可微的，故由平均值定理第二个结论成立. 最后，由命题 8.3.3 得

$$L(s,\chi_0)=(1-p_1^{-s})(1-p_2^{-s})\cdots(1-p_N^{-s})\zeta(s),$$

其中 ζ 满足与式（8.3.1）类似的估计. 故第三个结论成立.

现在证明当 χ 是一个非平凡的复 Dirichlet 特征时，$L(1,\chi)\neq 0$. 若否，假设 $L(1,\chi)=0$，那么有 $L(1,\overline{\chi})=0$. 因为 $\chi\neq\overline{\chi}$，至少下式

$$\prod_{\chi}L(s,\chi)$$

中的两项. 当 $s\to 1^+$ 时，和 $|s-1|$ 趋近于 0 时的方式相同. 由于只有平凡的特征得到增长的项，且增长速度不比 $O\left(\dfrac{1}{|s-1|}\right)$ 差，可知当 $s\to 1^+$ 时，乘积趋于 0，这与引理 8.3.8 中 $\geqslant 1$ 的结论相矛盾.　□

情形 Ⅱ：实 Dirichlet 特征

当 χ 为非平凡的实 Dirichlet 特征时，证明 $L(1,\chi)\neq 0$ 和复情形的区别很大. 我们使用的工具涉及沿双曲线求和. 一个有趣的事实是，这个方法是在 Dirichlet 证明了算术基本定理 20 年后为了得到他的另外一个著名的结果提出的，这个结果是：除数函数的平均阶. 然而，他并没有将这两个定理的证明联系在一起. 作为沿双曲线求和方法的一个简单例子，接下来首先证明 Dirichlet 除数定理. 然后，运用这个思想来证明 $L(1,\chi)\neq 0$. 作为一个基本事实，我们首先对一些简单的求和和它们对应的积分进行比较.

求和与积分

这里，我们用到比较一个求和与它对应的积分的思想，这在关于 Zeta 函数的估计式（8.3.1）中已经出现过.

命题 8.3.10　若 N 是正整数，则

（ⅰ）

$$\sum_{1\leqslant n\leqslant N}\frac{1}{n}=\int_1^N\frac{\mathrm{d}x}{x}+O(1)=\log N+O(1).$$

（ⅱ）确切地说，存在一个实数 γ，使得

$$\sum_{1\leqslant n\leqslant N}\frac{1}{n}=\log N+\gamma+O(1/N).$$

其中 γ 称为 Euler 常数.

证明 只需要建立由 (ii) 给出的更为精细的估计即可. 令

$$\gamma_n = \frac{1}{n} - \int_n^{n+1} \frac{\mathrm{d}x}{x}.$$

由于 $\dfrac{1}{x}$ 是单调递减的，故显然有

$$0 \leqslant \gamma_n \leqslant \frac{1}{n} - \frac{1}{n+1} \leqslant \frac{1}{n^2},$$

因此级数 $\displaystyle\sum_{n=1}^{\infty} \gamma_n$ 收敛，记其极限为 γ. 而且，如果通过 $\displaystyle\int f(x)\mathrm{d}x$ 来估计 $\displaystyle\sum f(n)$（其中 $f(x) = \dfrac{1}{x^2}$），得

$$\sum_{n=N+1}^{\infty} \gamma_n \leqslant \sum_{n=N+1}^{\infty} \frac{1}{n^2} \leqslant \int_N^{\infty} \frac{\mathrm{d}x}{x^2} = O\left(\frac{1}{N}\right).$$

因此

$$\sum_{n=1}^{N} \frac{1}{n} - \int_1^N \frac{\mathrm{d}x}{x} = \gamma - \sum_{n=N+1}^{\infty} \gamma_n + \int_N^{N+1} \frac{\mathrm{d}x}{x},$$

且当 $N \to \infty$ 时，最后一个积分收敛到 $O\left(\dfrac{1}{N}\right)$. □

命题 8.3.11 若 N 是正整数，则

$$\sum_{1 \leqslant n \leqslant N} \frac{1}{n^{\frac{1}{2}}} = \int_1^N \frac{\mathrm{d}x}{x^{1/2}} + c' + O(1/N^{\frac{1}{2}})$$

$$= 2N^{\frac{1}{2}} + c + O(1/N^{\frac{1}{2}}).$$

证明本质上是前面命题证明的重复，这次需用到下式

$$\left| \frac{1}{n^{\frac{1}{2}}} - \frac{1}{(n+1)^{\frac{1}{2}}} \right| \leqslant \frac{C}{n^{\frac{3}{2}}}.$$

最后一个不等式是对函数 $f(x) = x^{-\frac{1}{2}}$ 在 $x = n$ 和 $x = n+1$ 之间使用平均值定理得到的.

191

双曲求和

如果 F 是一个定义在正整数对上的函数，则有三种方法计算

$$S_N = \sum\sum F(m, n),$$

其中，求和取遍所有的正整数对 (m, n) 且满足 $mn \leqslant N$.

我们可以以下面三种方法中的任意一种进行求和（见图 8.2）.

（a）沿双曲线：

$$S_N = \sum_{1 \leqslant k \leqslant N} \left(\sum_{nm=k} F(m, n) \right),$$

（b）垂直地：

$$S_N = \sum_{1 \leqslant m \leqslant N} \left(\sum_{1 \leqslant n \leqslant \frac{N}{m}} F(m,n) \right),$$

（c）水平地：

$$S_N = \sum_{1 \leqslant n \leqslant N} \left(\sum_{1 \leqslant m \leqslant \frac{N}{n}} F(m,n) \right).$$

值得注意的是，我们可以从明显的事实中得到有趣的结论：三种不同求和方法得到了相同的和。下面将这个思想首先应用在除数问题的研究中.

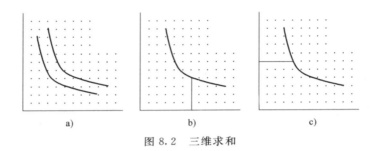

图 8.2　三维求和

插曲：除数问题

对于正整数 k，令 $d(k)$ 表示 k 的除数的个数. 例如，

k	1	2	3	4	5	6	7	8	9	10	11	12	13	14	15	16	17
$d(k)$	1	2	2	3	2	4	2	4	3	4	2	6	2	4	4	5	2

注意到，随着 k 趋于无穷大，$d(k)$ 的性态是很不规则的. 事实上，似乎不可能用关于 k 的简单解析表达式来逼近 $d(k)$. 然而，自然而然就会问 $d(k)$ 的平均大小. 换句话说，有人可能会问，当 $N \to \infty$ 时，下式

$$\frac{1}{N} \sum_{k=1}^{N} d(k)$$

将会怎样？答案由 Dirichlet 通过双曲求和给出. 事实上，

$$d(k) = \sum_{nm=k, 1 \leqslant n, m} 1.$$

定理 8.3.12　若 k 是正整数，则

$$\frac{1}{N} \sum_{k=1}^{N} d(k) = \log N + O(1).$$

更确切地说，

$$\frac{1}{N} \sum_{k=1}^{N} d(k) = \log N + (2\gamma - 1) + O(1/N^{1/2}),$$

其中 γ 为 Euler 常数.

证明 令 $S_N = \sum\limits_{k=1}^{N} d(k)$. 对 $F=1$ 沿双曲线求和给出 S_N. 垂直地求和，可得

$$S_N = \sum_{1 \leq m \leq N} \sum_{1 \leq n \leq \frac{N}{m}} 1.$$

但 $\sum_{1 \leq n \leq \frac{N}{m}} 1 = \left[\dfrac{N}{m}\right] = \dfrac{N}{m} + O(1)$，其中 $[x]$ 为不超过 x 的最大整数. 因此，

$$S_N = \sum_{1 \leq m \leq N} \left(\frac{N}{m} + O(1)\right) = N\left(\sum_{1 \leq m \leq N} \frac{1}{m}\right) + O(N).$$

所以，利用命题 8.3.10 的（i），有

$$\frac{S_N}{N} = \log N + O(1).$$

这得到了第一个结论.

为了得到更精确的估计，具体讨论如下. 考虑三个区域 I，II，III 如图 8.3 所示. 定义这三个区域如下：

$$I = \{1 \leq m < N^{1/2}, N^{1/2} < n \leq N/m\},$$

$$II = \{1 \leq m \leq N^{1/2}, 1 \leq n \leq N^{1/2}\},$$

$$III = \{N^{1/2} < m \leq \frac{N}{n}, 1 \leq n < N^{1/2}\}.$$

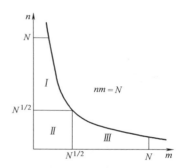

图 8.3 I，II，III 三个区域

如果 S_I，S_{II} 和 S_{III} 分别表示在 I，II 和 III 上的求和，由对称性 $S_I = S_{III}$，则得

$$S_N = S_I + S_{II} + S_{III}$$
$$= 2(S_I + S_{II}) - S_{II},$$

现在垂直求和，同时由命题 8.3.10 中的（ii）得

$$S_I + S_{II} = \sum_{1 \leq m \leq N^{1/2}} \left(\sum_{1 \leq n \leq \frac{N}{m}} 1\right)$$

$$= \sum_{1 \leq m \leq N^{\frac{1}{2}}} \left[\frac{N}{m}\right]$$

$$= \sum_{1 \leq m \leq N^{\frac{1}{2}}} \left(\frac{N}{m} + O(1)\right)$$

$$= N\left(\sum_{1 \leq m \leq N^{\frac{1}{2}}} \frac{1}{m}\right) + O(N^{\frac{1}{2}})$$

$$= N\log N^{\frac{1}{2}} + N\gamma + O(N^{\frac{1}{2}}).$$

最后，S_{II} 对应于一个平方和，所以

$$S_{II} = \sum_{1 \leqslant m \leqslant N^{\frac{1}{2}}} \sum_{1 \leqslant n \leqslant N^{\frac{1}{2}}} 1 = \left[N^{\frac{1}{2}} \right]^2 = N + O(N^{\frac{1}{2}}).$$

综合上述估计，并除以 N 便得到定理中更为精确的结果.　　　　　□

L-函数的非消失性

沿双曲线求和的方法主要用在这个部分，即对一个非平凡的实 Dirichlet 特征 χ 有 $L(1,\chi) \neq 0$.

给定一个特征，令

$$F(m,n) = \frac{\chi(n)}{(nm)^{\frac{1}{2}}},$$

并定义

$$S_N = \sum \sum F(m,n),$$

这里求和取遍所有的整数 m，$n \geqslant 1$ 且满足 $mn \leqslant N$.

命题 8.3.13　下面的论断成立：

（ⅰ）$S_N \geqslant c \log N$ 对于某个常数 $c > 0$ 成立；

（ⅱ）$S_N = 2N^{\frac{1}{2}} L(1,\chi) + O(1)$.

由于假设 $L(1,\chi) = 0$ 立即得出矛盾，从而命题得证.

首先沿双曲线求和.

$$\sum_{nm=k} \frac{\chi(n)}{(nm)^{\frac{1}{2}}} = \frac{1}{k^{\frac{1}{2}}} \sum_{n \mid k} \chi(n).$$

为证明结论（ⅰ），只需要证明如下引理.

引理 8.3.14

$$\sum_{n \mid k} \chi(n) \geqslant \begin{cases} 0, \text{对于任意的 } k, \\ 1, \text{如果存在 } l \in \mathbb{Z}, \text{有 } k = l^2. \end{cases}$$

由引理可知

$$S_N \geqslant \sum_{k=l^2, l \leqslant N^{\frac{1}{2}}} \frac{1}{k^{\frac{1}{2}}} \geqslant c \log N,$$

这里最后一个不等式从命题 8.3.10 的（ⅰ）得到.

这个引理的证明是容易的. 若 k 是一个素数的幂，记为 $k = p^a$，则 k 的除数为 1，p，p^2，$\cdots$，p^a 且

$$\sum_{n \mid k} \chi(n) = \chi(1) + \chi(p) + \chi(p^2) + \cdots + \chi(p^a)$$

$$= 1 + \chi(p) + \chi(p)^2 + \cdots + \chi(p)^a.$$

因此这个和等于

$$\begin{cases} a+1, & \text{若 } \chi(p)=1, \\ 1, & \text{若 } \chi(p)=-1 \text{ 且 } a \text{ 是偶数}, \\ 0, & \text{若 } \chi(p)=-1 \text{ 且 } a \text{ 是奇数}, \\ 1, & \text{若 } \chi(p)=0, \text{即 } p \mid q. \end{cases}$$

一般地，若 $k=p_1^{a_1} \cdots p_N^{a_N}$，则任意 k 的除数都形如 $p_1^{b_1} \cdots p_N^{b_N}$，其中对于任意的 j，都有 $0 \leqslant b_j \leqslant a_j$. 因此，由 χ 的可乘性质给出

$$\sum_{n \mid k} \chi(n) = \prod_{j=1}^{N} \left(\chi(1) + \chi(p_j) + \chi(p_j^2) + \cdots + \chi(p_j^{a_j}) \right),$$

第一个结论证毕.

为了给出命题 8.3.13 第二问的证明，记

$$S_N = S_I + (S_{II} + S_{III}),$$

其中 S_I，S_{II} 和 S_{III} 是前面所定义的（也可参见图 8.3）. 我们通过垂直求和来估计 S_I，通过水平求和来估计 $S_{II} + S_{III}$. 实现这个想法需要以下的简单结论.

引理 8.3.15 对于任意的整数 $0 < a < b$，有

（ⅰ）$\displaystyle\sum_{n=a}^{b} \frac{\chi(n)}{n^{\frac{1}{2}}} = O(a^{-\frac{1}{2}})$；

（ⅱ）$\displaystyle\sum_{n=a}^{b} \frac{\chi(n)}{n} = O(a^{-1})$.

证明 证明方法和命题 8.3.4 的证明相类似；现在要用到分部求和. 令 $s_n = \displaystyle\sum_{1 \leqslant k \leqslant n} \chi(k)$，并且对任意的 n，都有 $|s_n| \leqslant q$ 成立. 则

$$\sum_{n=a}^{b} \frac{\chi(n)}{n^{\frac{1}{2}}} = \sum_{n=a}^{b-1} s_n \left[n^{-1/2} - (n+1)^{-\frac{1}{2}} \right] + O(a^{-\frac{1}{2}})$$

$$= O\left(\sum_{n=a}^{\infty} n^{-\frac{3}{2}} \right) + O(a^{-\frac{1}{2}}).$$

通过对比级数 $\displaystyle\sum_{n=a}^{\infty} n^{-\frac{3}{2}}$ 和 $f(x) = x^{-\frac{3}{2}}$ 的积分，我们发现级数的和也是 $O(a^{-1/2})$.

195

同理可证（ⅱ）.

现在来完成定理 8.3.7 的证明. 通过垂直求和，得到

$$S_I = \sum_{m < N^{\frac{1}{2}}} \frac{1}{m^{\frac{1}{2}}} \left(\sum_{N^{\frac{1}{2}} < n \leqslant N/m} \frac{\chi(n)}{n^{\frac{1}{2}}} \right).$$

这个引理连同命题 8.3.11 得 $S_I = O(1)$. 最后水平求和得到

$$S_{II} + S_{III} = \sum_{1 \leqslant n \leqslant N^{\frac{1}{2}}} \frac{\chi(n)}{n^{\frac{1}{2}}} \left(\sum_{m \leqslant \frac{N}{n}} \frac{1}{m^{\frac{1}{2}}} \right)$$

$$= \sum_{1 \leqslant N \leqslant N^{\frac{1}{2}}} \frac{\chi(n)}{n^{\frac{1}{2}}} \left\{ 2\left(\frac{N}{n}\right)^{\frac{1}{2}} + c + O\left(\left(\frac{n}{N}\right)^{\frac{1}{2}}\right) \right\}$$

$$= 2N^{\frac{1}{2}} \sum_{1 \leqslant n \leqslant N^{\frac{1}{2}}} \frac{\chi(n)}{n} + c \sum_{1 \leqslant n \leqslant N^{\frac{1}{2}}} \frac{\chi(n)}{n^{\frac{1}{2}}} + O\left(\frac{1}{N^{\frac{1}{2}}} \sum_{1 \leqslant n \leqslant N^{\frac{1}{2}}} 1\right)$$

$$= A + B + C.$$

现在通过这个引理，连同 $L(s,\chi)$ 的定义，得到

$$A = 2N^{\frac{1}{2}} L(1,\chi) + O(N^{\frac{1}{2}} N^{-\frac{1}{2}}).$$

进而，由引理 8.3.14（i）得 $B = O(1)$，显然 $C = O(1)$. 所以 $S_N = 2N^{\frac{1}{2}} L(1, \chi) + O(1)$，这是命题 8.3.13 的（ii）. 这就完成了对 $L(1,\chi) \neq 0$ 的证明，于是给出了 Dirichlet 定理的证明.

8.4　练习

1. 通过观察，证明存在无穷多个素数中只有有限多个素数 $p_1, \cdots, p_N$，满足

$$\prod_{j=1}^{N} \frac{1}{1 - 1/p_j} \geqslant \sum_{n=1}^{\infty} \frac{1}{n}.$$

2. 本章对具有无穷多个形如 $4k+3$ 的素数的证明是通过对 Euclid 的最初讨论稍稍改动实现的. 应用这一技巧证明类似的结果：存在无穷多的具有形式 $3k+2$ 和 $6k+5$ 的素数.

3. 证明：如果 p 和 q 互素，则 $\mathbb{Z}^*(p) \times \mathbb{Z}^*(q)$ 与 $\mathbb{Z}^*(pq)$ 同构.

4. 令 $\varphi(n)$ 表示与 n 互素且不超过 n 的正整数的个数. 利用上面的练习来证明如果 n 和 m 互素，则

$$\varphi(nm) = \varphi(n)\varphi(m).$$

可以给出 Euler Φ 函数的构造如下：

（a）当 p 为素数时，通过计算 $\mathbb{Z}^*(p)$ 中元素的个数来计算 $\varphi(p)$；

（b）当 p 为素数且 $k \geqslant 1$ 时，通过计算 $(\mathbb{Z})^*(p_k)$ 中元素的个数，给出 $\varphi(p^k)$ 的公式；

（c）证明

$$\varphi(n) = n \prod_i \left(1 - \frac{1}{p_i}\right),$$

其中 p_i 为所有整除 n 的素数.

5. 设 n 为正整数，证明

$$n = \sum_{d \mid n} \varphi(d),$$

其中 φ 为 Euler Φ 函数.

［提示：准确地说有 $\varphi\left(\dfrac{n}{d}\right)$ 个整数，其中 $1\leqslant m\leqslant n$ 且 $\gcd(m,n)=d$.］

6. 写出群 $\mathbb{Z}^*(3),\mathbb{Z}^*(4),\mathbb{Z}^*(5),\mathbb{Z}^*(6)$ 和 $\mathbb{Z}^*(8)$ 的特征.

（a）哪一个是实值的？哪一个是复值的？

（b）哪一个是奇数？哪一个是偶数？（一个特征是偶的是指 $\chi(-1)=1$，否则是奇的）.

7. 当 $|z|<1$ 时，有

$$\log_1\left(\frac{1}{1-z}\right)=\sum_{k\geqslant 1}\frac{z^k}{k}.$$

由此可知

$$\mathrm{e}^{\log_1\left(\frac{1}{1-z}\right)}=\frac{1}{1-z}.$$

（a）证明：若 $w=\dfrac{1}{1-z}$，则 $|z|<1$ 成立，当且仅当 $\mathrm{Re}(w)>\dfrac{1}{2}$.

（b）证明：若 $\mathrm{Re}(w)>\dfrac{1}{2}$ 且 $w=\rho\mathrm{e}^{\mathrm{i}\varphi}$，其中 $\rho>0$，$|\varphi|<\pi$，则

$$\log_1 w=\log\rho+\mathrm{i}\varphi.$$

［提示：如果 $\mathrm{e}^{\zeta}=w$，则 ζ 的实数部分是唯一确定的，它的虚部是由模 2π 唯一确定的.］

8. 令 ζ 表示关于 s 的 zeta 函数，其中 $s>1$.

（a）通过比较 $\zeta(s)$ 和 $\displaystyle\int_1^\infty x^{-s}\mathrm{d}x$，证明：当 $s\to 1^+$ 时，有

$$\zeta(s)=\frac{1}{s-1}+O(1).$$

（b）当 $s\to 1^+$ 时，证明推论

$$\sum_p\frac{1}{p^s}=\log\left(\frac{1}{s-1}\right)+O(1).$$

9. 令 χ_0 表示模 q 的 Dirichlet 特征，p_1，$\cdots$，p_k 为 q 的不同素因子. 运用公式 $L(s,\chi_0)=(1-p_1^{-s})\cdots(1-p_k^{-s})\zeta(s)$，证明：当 $s\to 1^+$ 时，

$$L(s,\chi_0)=\frac{\varphi(q)}{q}\frac{1}{s-1}+O(1).$$

［提示：利用练习 8 中的 ζ 的渐近形式.］

10. 证明：若 l 与 q 互素，则当 $s\to 1^+$ 时，

$$\sum_{p\equiv l}\frac{1}{p^s}=\frac{1}{\varphi(q)}\log\left(\frac{1}{s-1}\right)+O(1).$$

这是 Dirichlet 定理的定量表示.

［提示：利用式（8.2.1）.］

11. 利用 $\mathbb{Z}^*(3)$, $\mathbb{Z}^*(4)$, $\mathbb{Z}^*(5)$ 和 $\mathbb{Z}^*(6)$ 的特征来直接验证对于所有的模 q 的非平凡 Dirichlet 特征有 $L(1, \chi) \neq 0$，其中 $q = 3$，4，5，6.

［提示：在每种情形中考虑合适的交错级数.］

12. 假设 χ 是非平凡的实函数；假设 $L(1, \chi) \neq 0$，直接证明 $L(1, \chi) > 0$.

［提示：利用 $L(s, \chi)$ 的乘积公式.］

13. 令 $\{a_n\}_{n=-\infty}^{\infty}$ 是一个复数数列，当 $n \equiv m \bmod q$，有 $a_n = a_m$. 证明级数

$$\sum_{n=1}^{\infty} \frac{a_n}{n}$$

收敛当且仅当 $\sum_{n=1}^{q} a_n = 0$.

［提示：分部求和.］

14. 级数

$$F(\theta) = \sum_{|n| \neq 0} \frac{\mathrm{e}^{\mathrm{i}n\theta}}{n}, \ |\theta| < \pi,$$

对于每一个 θ 收敛且 $F(\theta)$ 是定义在 $[-\pi, \pi]$ 上满足 $F(0) = 0$ 的函数，记

$$F(\theta) = \begin{cases} \mathrm{i}(-\pi - \theta), & \text{若} -\pi \leqslant \theta < 0, \\ \mathrm{i}(\pi - \theta), & \text{若} 0 < \theta \leqslant \pi \end{cases}$$

的 Fourier 级数，并以 2π 为周期将其延拓到整个 $\mathbb{R}$ 上（利用第 2 章的练习 8）.

证明：如果 $\theta \neq 0 \bmod 2\pi$，则级数

$$E(\theta) = \sum_{n=1}^{\infty} \frac{\mathrm{e}^{\mathrm{i}n\theta}}{n}$$

收敛，且

$$E(\theta) = \frac{1}{2} \log\left(\frac{1}{2 - 2\cos\theta}\right) + \frac{\mathrm{i}}{2} F(\theta).$$

15. 求级数 $\displaystyle\sum_{n=1}^{\infty} \frac{a_n}{n}$ 的和，其中 $a_n = a_m$，如果 $n \equiv m \bmod q$ 且 $\displaystyle\sum_{n=1}^{q} a_n = 0$.

（a）定义

$$A(m) = \sum_{n=1}^{q} a_n \zeta^{-nm}, \zeta = \mathrm{e}^{2\pi\mathrm{i}/q}.$$

其中 $A(q) = 0$. 采用前面练习中的记号，证明

$$\sum_{n=1}^{\infty} \frac{a_n}{n} = \frac{1}{q} \sum_{m=1}^{q-1} A(m) E\left(\frac{2\pi m}{q}\right).$$

［提示：利用 $\mathbb{Z}(q)$ 上的 Fourier 逆定理.］

（b）若 $\{a_m\}$ 是奇的（即对于 $m \in \mathbb{Z}$，有 $a_{-m} = -a_m$.）由 $a_0 = a_q = 0$ 得

$$A(m) = \sum_{1 \leqslant n \leqslant \frac{q}{2}} a_n (\zeta^{-mn} - \zeta^{mn}).$$

（c）仍然假设$\{a_m\}$是奇的，证明：

$$\sum_{n=1}^{\infty}\frac{a_n}{n}=\frac{1}{2q}\sum_{m=1}^{q-1}A(m)F\left(\frac{2\pi m}{q}\right).$$

［提示：令$\widetilde{A}(m)=\sum_{n=1}^{q}a_n\zeta^{mn}$，同时应用 Fourier 逆定理.］

16. 利用前面的练习证明

$$\frac{\pi}{3\sqrt{3}}=1-\frac{1}{2}+\frac{1}{4}-\frac{1}{5}+\frac{1}{7}-\frac{1}{8}+\cdots,$$

这是$L(1,\chi)$对应于模 3 的非平凡（奇）Dirichlet 特征.

8.5 问题

1.* 这是可以用练习 15 中的方法求和的其他级数.

（a）对于模 6 的非平凡 Dirichlet 特征，则$L(1,\chi)$等于

$$\frac{\pi}{2\sqrt{3}}=1-\frac{1}{5}+\frac{1}{7}-\frac{1}{11}+\frac{1}{13}\cdots.$$

（b）若χ是模 8 的奇 Dirichlet 特征，则$L(1,\chi)$等于

$$\frac{\pi}{2\sqrt{2}}=1+\frac{1}{3}-\frac{1}{5}-\frac{1}{7}+\frac{1}{9}+\frac{1}{11}\cdots.$$

（c）对模 7 的奇 Dirichlet 特征，$L(1,\chi)$等于

$$\frac{\pi}{\sqrt{7}}=1+\frac{1}{2}-\frac{1}{3}+\frac{1}{4}-\frac{1}{5}-\frac{1}{6}\cdots.$$

（d）对于模 8 的偶 Dirichlet 特征，$L(1,\chi)$等于

$$\frac{\log(1+\sqrt{2})}{\sqrt{2}}=1-\frac{1}{3}-\frac{1}{5}+\frac{1}{7}+\frac{1}{9}-\frac{1}{11}\cdots.$$

（e）对于模 5 的偶 Dirichlet 特征，$L(1,\chi)$等于

$$\frac{2}{\sqrt{5}}\log\left(\frac{1+\sqrt{5}}{2}\right)=1-\frac{1}{2}-\frac{1}{3}+\frac{1}{4}+\frac{1}{6}-\frac{1}{7}-\frac{1}{8}+\frac{1}{9}+\frac{1}{11}\cdots.$$

2. 令$d(k)$表示k的正除数的个数.

（a）证明：若$k=p_1^{a_n}\cdots p_n^{a_n}$是$k$的素因子分解，则
$$d(k)=(a_1+1)\cdots(a_n+1).$$

由定理 8.3.12 知$d(k)$的"平均"是$\log k$阶的，以（a）为条件证明下面的命题：

（b）对无穷多k，有$d(k)=2$.

（c）对任意的正整数N，存在常数$c>0$使得对任意的k都有$d(k)\geqslant c(\log k)^N$成立.［提示：令$p_1,\cdots,p_N$为$N$个不同的素数，对于$m=1,2,\cdots$，同时考虑形如$(p_1p_2\cdots p_N)^m$的$k$.］

3. 证明如果 p 与 q 互素，则

$$\prod_{\chi}\left(1-\frac{\chi(p)}{p^{s}}\right)=\left(\frac{1}{1-p^{fs}}\right)^{g},$$

其中 $g=\dfrac{\varphi(q)}{f}$，且 f 是 p 在 $\mathbb{Z}^{*}(q)$ 的阶（即满足 $p^{n}\equiv1\bmod q$ 的最小的 n）. 这里的乘积取遍所有模 q 的 Dirichlet 特征.

4. 作为前面问题的推论，证明

$$\prod_{\chi}L(s,\chi)=\sum_{n\geqslant1}\frac{a_{n}}{n^{s}},$$

其中 $a_{n}\geqslant0$，且乘积取遍所有的模 q 的 Dirichlet 特征.

第 9 章 积 分

本章主要是对 $\mathbb{R}$ 上的 Riemann 可积函数的定义和主要性质，以及 $\mathbb{R}^d$ 上几乎处处连续函数的积分的复习. 鉴于读者已经对这部分内容比较熟悉，在此仅做一个简单的介绍.

首先建立实直线上的有界闭集上的 Riemann 可积定理. 除了经典的积分理论，还讨论了零测集的概念，并且给出了非连续函数可积的充分必要条件.

此外，我们也讨论了二重积分和多重积分. 特别地，把无穷远处速降函数可积的概念延拓到整个空间 $\mathbb{R}^d$ 上.

9.1 Riemann 可积函数的定义

令 f 是定义在 $[a,b]$ 上的实值函数，$[a,b]$ 为 $\mathbb{R}$ 上的有界闭区间. 引入分割 P 把 $[a,b]$ 分成有限个小区间，即存在有限个实数 x_0，x_1，$\cdots$，x_N，满足

$$a = x_0 < x_1 < \cdots < x_{N-1} < x_N = b.$$

对于这个分割，令 I_j 表示区间 $[x_{j-1}, x_j]$，$|I_j|$ 表示 I_j 的长度，即 $|I_j| = x_j - x_{j-1}$，定义 f 关于分割 P 的上和和下和分别为

$$\mathcal{U}(P,f) = \sum_{j=1}^N \left[\sup_{x \in I_j} f(x) \right] |I_j| \quad \text{和} \quad \mathcal{L}(P,f) = \sum_{j=1}^N \left[\inf_{x \in I_j} f(x) \right] |I_j|.$$

注意到，如果 f 是有界的，则上和与下和都是存在的. 显然 $\mathcal{U}(P,f) \geqslant \mathcal{L}(P,f)$，并且如果对任意的 $\varepsilon > 0$，都存在相应的一个分割 P，使得

$$\mathcal{U}(P,f) - \mathcal{L}(P,f) < \varepsilon,$$

那么函数 f 称为是 Riemann 可积的，或者简称**可积的**.

为了定义函数 f 的积分，我们需要做一个简单的讨论，若分割 P' 是由分割 P 增加一些分割点获得的，则称分割 P' 是分割 P 的**加细**. 如果每增加一个点，就容易得到

$$\mathcal{U}(P',f) \leqslant \mathcal{U}(P,f) \text{ 和 } \mathcal{L}(P',f) \geqslant \mathcal{L}(P,f).$$

由此，可以看出：如果 P_1 和 P_2 是区间 $[a,b]$ 的两个分割，那么有

$$\mathcal{U}(P_1,f) \geqslant \mathcal{L}(P_2,f),$$

取分割 P_1 和 P_2 的并作为分割 P'，从而

$$\mathcal{U}(P_1,f) \geqslant \mathcal{U}(P',f) \geqslant \mathcal{L}(P',f) \geqslant \mathcal{L}(P_2,f).$$

由 f 的有界性，知

$$U = \inf_P \mathcal{U}(P,f) \text{ 和 } L = \sup_P \mathcal{L}(P,f)$$

都存在（这里上确界和下确界都是对区间 $[a,b]$ 的所有分割取的），并且有

$U \geqslant L$．进而，如果 f 是可积的，则 $U = L$，定义 $\int_a^b f(x)\mathrm{d}x$ 为 f 的积分值.

最后，对于一个复数函数 $f = u + \mathrm{i}v$，如果它的实部 u 和虚部 v 是可积的，那么称 f 是可积的，并且定义 f 的积分值为

$$\int_a^b f(x)\mathrm{d}x = \int_a^b u(x)\mathrm{d}x + \mathrm{i}\int_a^b v(x)\mathrm{d}x.$$

例如，复常值函数是可积的. 显然，如果 $c \in \mathbb{C}$，则 $\int_a^b c\mathrm{d}x = c(b-a)$．并且，连续函数也是可积的. 这是因为区间 $[a,b]$ 上的连续函数是一致连续的，即对于给定的 $\varepsilon > 0$，存在 δ，使得当 $|x-y| < \delta$ 时，有 $|f(x) - f(y)| < \varepsilon$．因此，如果选取 n 使得当 $\dfrac{b-a}{n} < \delta$ 时，分割 P：

$$a, a + \frac{b-a}{n}, \cdots, a + k\frac{b-a}{n}, \cdots, a + (n-1)\frac{b-a}{n}, b$$

满足 $\mathcal{U}(P,f) - \mathcal{L}(P,f) \leqslant \varepsilon(b-a)$．

9.1.1　基本性质

命题 9.1.1　如果 f 和 g 在区间 [a,b] 上可积，则：

（ⅰ）f+g 可积，且 $\int_a^b f(x) + g(x)\mathrm{d}x = \int_a^b f(x)\mathrm{d}x + \int_a^b g(x)\mathrm{d}x$；

（ⅱ）如果 $c \in \mathbb{C}$，则 $\int_a^b cf(x)\mathrm{d}x = c\int_a^b f(x)\mathrm{d}x$；

（ⅲ）如果 f 和 g 是实值函数且 f(x)≤g(x)，则 $\int_a^b f(x)\mathrm{d}x \leqslant \int_a^b g(x)\mathrm{d}x$；

（ⅳ）如果 $c \in [a,b]$，则 $\int_a^b f(x)\mathrm{d}x = \int_a^c f(x)\mathrm{d}x + \int_c^b f(x)\mathrm{d}x$．

证明　对于性质（ⅰ），不妨假设 f 和 g 都是实值函数. 如果 P 是区间 $[a,b]$ 上的一个分割，则

$$\mathcal{U}(P, f+g) \leqslant \mathcal{U}(P,f) + \mathcal{U}(P,g) \text{ 和 } \mathcal{L}(P, f+g) \geqslant \mathcal{L}(P,f) + \mathcal{L}(P,g).$$

给定 $\varepsilon > 0$，存在分割 P_1 和 P_2，使得 $\mathcal{U}(P_1, f) - \mathcal{L}(P_1, f) < \varepsilon$ 和 $\mathcal{U}(P_2, g) - \mathcal{L}(P_2, g) < \varepsilon$，因此，取 P_1 和 P_2 的并，记为 P_0，则得

$$\mathcal{U}(P_0, f+g) - \mathcal{L}(P_0, f+g) < 2\varepsilon.$$

因此，$f + g$ 是可积的，并且如果令 $I = \inf_P \mathcal{U}(P, f+g) = \sup_P \mathcal{L}(P, f+g)$，则知

$$I \leqslant \mathcal{U}(P_0, f+g) + 2\varepsilon \leqslant \mathcal{U}(P_0, f) + \mathcal{U}(P_0, g) + 2\varepsilon$$
$$\leqslant \int_a^b f(x)\mathrm{d}x + \int_a^b g(x)\mathrm{d}x + 4\varepsilon.$$

同理可知 $I \geqslant \int_a^b f(x)\mathrm{d}x + \int_a^b g(x)\mathrm{d}x - 4\varepsilon$，从而证得 $\int_a^b f(x) + g(x)\mathrm{d}x = \int_a^b f(x)\mathrm{d}x + \int_a^b g(x)\mathrm{d}x$．性质（ⅱ）和性质（ⅲ）是很容易证明的. 对最后一个

性质，只需添加分点 c，得到 $[a,b]$ 的一个加细分割即可. □

我们需要证明的另一个重要性质是，如果 f 和 g 可积，则 fg 可积.

引理 9.1.2 如果 f 是区间 $[a,b]$ 上的实值可积函数，φ 是 $\mathbb{R}$ 上的实值连续函数，那么 $\varphi \circ f$ 也是区间 $[a,b]$ 上的可积函数.

证明 任取 $\varepsilon > 0$，由于 f 是有界的，不妨设 $|f| \leqslant M$. 因为 φ 在 $[-M,M]$ 上是一致连续的，故取 $\delta > 0$，使得 $s,t \in [-M,M]$ 且 $|s-t| < \delta$ 时，有 $|\varphi(s) - \varphi(t)| < \varepsilon$. 现在取区间 $[a,b]$ 的分割 $P = \{x_0, \cdots, x_N\}$，并满足 $\mathcal{U}(P,f) - \mathcal{L}(P,f) < \delta^2$. 令 $I_j = [x_{j-1}, x_j]$ 且把这些区间分成两类：如果 $\sup\limits_{x \in I_j} f(x) - \inf\limits_{x \in I_j} f(x) < \delta$，使

$$\sup_{x \in I_j} \varphi \circ f(x) - \inf_{x \in I_j} \varphi \circ f(x) < \varepsilon$$

成立，记 $j \in \Lambda$. 否则记 $j \in \Lambda'$，且

$$\delta \sum_{j \in \Lambda'} |I_j| \leqslant \sum_{j \in \Lambda'} \left[\sup_{x \in I_j} f(x) - \inf_{x \in I_j} f(x) \right] |I_j| \leqslant \delta^2,$$

所以 $\sum\limits_{j \in \Lambda'} |I_j| < \delta$. 因此，分别讨论 $j \in \Lambda$ 和 $j \in \Lambda'$ 的情形，得

$$\mathcal{U}(P, \varphi \circ f) - \mathcal{L}(P, \varphi \circ f) \leqslant \varepsilon(b-a) + 2\mathcal{B}\delta,$$

其中 $\mathcal{B}$ 是 φ 在 $[-M,M]$ 上的一个上界. 因为可以选取 $\delta < \varepsilon$，故定理得证. □

由引理 9.1.2 可得：

• 若 f 和 g 在区间 $[a,b]$ 上可积，则 fg 在 $[a,b]$ 上可积.

这可以在引理 9.1.2 中令 $\varphi(t) = t^2$，结合 $fg = \dfrac{1}{4}([f+g]^2 - [f-g]^2)$ 得出.

• 若 f 在区间 $[a,b]$ 上可积，则 $|f|$ 在 $[a,b]$ 上可积，进而

$$\left| \int_a^b f(x) \mathrm{d}x \right| \leqslant \int_a^b |f(x)| \, \mathrm{d}x.$$

只需取 $\varphi(t) = |t|$ 就可以证明 $|f|$ 可积. 进一步地，此不等式可由命题 9.1.1（ⅲ）得出.

下面给出关于可积性的两个结果.

命题 9.1.3 区间 $[a,b]$ 上的单调有界函数 f 可积.

证明 不失一般性，可以假定 $a = 0$，$b = 1$，f 是单调递增的. 则对任意的正整数 N，通过考虑分点 $x_j = \dfrac{j}{N}$，对所有的 $j = 0, 1, \cdots, N$ 选取一致分割 P_N. 如果 $\alpha_j = f(x_j)$，则有

$$\mathcal{U}(P_N, f) = \frac{1}{N} \sum_{j=1}^N \alpha_j \text{ 和 } \mathcal{L}(P_N, f) = \frac{1}{N} \sum_{j=1}^N \alpha_{j-1}.$$

因此若对于任意的 x，$|f(x)| \leqslant B$ 成立，则

$$\mathcal{U}(P_N, f) - \mathcal{L}(P_N, f) = \frac{\alpha_N - \alpha_0}{N} \leqslant \frac{2B}{N},$$

从而命题得证.

命题 9.1.4 设 f 是紧区间 $[a,b]$ 上的有界函数，若 $c \in (a,b)$ 并且对于所有充分小的 $\delta > 0$，函数 f 在区间 $[a, c-\delta]$ 和 $[c+\delta, b]$ 上都可积，则 f 在 $[a,b]$ 可积.

证明 假设 $|f| \leqslant M$，并且任取 $\varepsilon > 0$. 取充分小的 $\delta > 0$ 使得 $4\delta M \leqslant \varepsilon/3$ 成立. 取 P_1 和 P_2 分别是区间 $[a, c-\delta]$ 和 $[c+\delta, b]$ 的分割，使得 $\mathcal{U}(P_i, f) - \mathcal{L}(P_i, f) < \varepsilon/3$ 对 $i = 1, 2$ 均成立. 因为 f 在这两个区间上都是可积的，故这是很容易实现的. 因此取分割 $P = P_1 \bigcup \{c-\delta\} \bigcup \{c+\delta\} \bigcup P_2$ 可得 $\mathcal{U}(P, f) - \mathcal{L}(P, f) < \varepsilon$. □

下面以一个重要的逼近引理来结束这部分. 回顾一下定义在圆周上的函数，它和 $\mathbb{R}$ 上以 2π 为周期的函数是等价的.

引理 9.1.5 若 f 是圆周上的可积函数，B 是 f 的上界，那么存在圆周上的连续函数列 $\{f_k\}_{k=1}^{\infty}$ 对任意的 $k = 1, 2, \cdots$，有
$$\sup_{x \in [-\pi, \pi]} |f_k(x)| \leqslant B,$$
当 $k \to \infty$ 时，有
$$\int_{-\pi}^{\pi} |f(x) - f_k(x)| \, \mathrm{d}x \to 0.$$

证明 不妨假定 f 是实值函数（就复值函数而言，分别对其实部和虚部进行证明）. 给定 $\varepsilon > 0$，可取区间 $[-\pi, \pi]$ 的一个分割 $-\pi = x_0 < x_1 < \cdots < x_N = \pi$ 使得 f 的上和和下和之差不超过 ε. 定义阶梯函数 f^* 为
$$f^*(x) = \sup_{x_{j-1} \leqslant y \leqslant x_j} f(y), \text{其中} \; x \in [x_{j-1}, x_j) \text{且} 1 \leqslant j \leqslant N.$$
通过 $|f^*|$ 的构造知 $|f^*| \leqslant B$，进而
$$\int_{-\pi}^{\pi} |f^*(x) - f(x)| \, \mathrm{d}x = \int_{-\pi}^{\pi} (f^*(x) - f(x)) \mathrm{d}x < \varepsilon. \tag{9.1.1}$$
现在我们可以把 f^* 磨光为连续的周期函数并且在引理的意义下依然逼近 f. 对充分小的 $\delta > 0$，当 x 与分割点 x_j，$j = 1, \cdots, N-1$ 的距离大于等于 δ 时，取 $\widetilde{f}(x) = f^*(x)$. 定义 $\widetilde{f}(x)$ 为线性函数，且满足 $\widetilde{f}(x_j \pm \delta) = f^*(x_j \pm \delta)$，在 $x_0 = -\pi$ 附近，$\widetilde{f}$ 为线性的，$\widetilde{f}(-\pi) = 0$ 且 $\widetilde{f}(-\pi+\delta) = f^*(-\pi+\delta) = f^*(-\pi+\delta)$. 同理，在 $x_N = \pi$ 附近定义 $\widetilde{f}$ 为线性的，满足 $\widetilde{f}(\pi) = 0$ 且 $\widetilde{f}(\pi-\delta) = f^*(\pi-\delta)$. 图 9.1 说明了 f^* 和 $\widetilde{f}$ 在 $x_0 = -\pi$ 附近的性质. 其右图给出了 $\widetilde{f}$ 的大致图像.

因为 $\widetilde{f}(-\pi) = \widetilde{f}(\pi)$，因此可以把 $\widetilde{f}$ 延拓为 $\mathbb{R}$ 上以 2π 为周期的连续函数，这个绝对值依然以 B 为上界. 进而，$\widetilde{f}$ 和 f^* 仅仅在这 N 个以分割点为中心的长度为 2δ 的区间上是不相等的. 因此
$$\int_{-\pi}^{\pi} |f^*(x) - \widetilde{f}(x)| \, \mathrm{d}x \leqslant 2BN(2\delta).$$
如果取 δ 充分小，立即得到

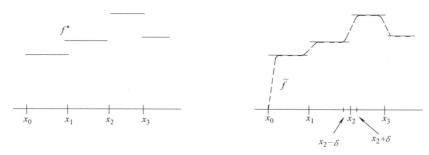

图 9.1 函数 f^* 和 $\widetilde{f}$

$$\int_{-\pi}^{\pi}|f^*(x)-\widetilde{f}(x)|\,\mathrm{d}x<\varepsilon. \tag{9.1.2}$$

由式（9.1.1）、式（9.1.2）和三角不等式，易得

$$\int_{-\pi}^{\pi}|f(x)-\widetilde{f}(x)|\,\mathrm{d}x<2\varepsilon.$$

令 $2\varepsilon=\dfrac{1}{k}$，定义 f_k 就是这样的 $\widetilde{f}$，可见 $\{f_k\}$ 满足引理的条件. □

9.1.2 零测集和可积函数的不连续性

连续函数是可积的. 如果稍作修改，则可证明分段连续函数也是可积的. 事实上，这是命题 9.1.4 的简单推论，只需反复运用命题 9.1.4 若干次即可. 下面将进一步研究可积函数的不连续性.

首先给出零测集的定义：$\mathbb{R}$ 上的一个子集 E 称为**零测集**，如果对任意的 $\varepsilon>0$，存在可数个开集序列 $\{I_k\}_{k=1}^{\infty}$ 满足：

（ⅰ）$E\subset\bigcup\limits_{k=1}^{\infty}I_k$，

（ⅱ）$\sum\limits_{k=1}^{\infty}|I_k|<\varepsilon$，其中 $|I_k|$ 表示区间 I_k 的长度.

第一个条件说明这些区间的并覆盖了 E，第二个条件说明这些区间的并足够小. 读者不难证明有限点集是零测集. 进而，可以证明包含可数个点的集合，其测度为 0. 事实上，这个结论包含在以下引理中.

引理 9.1.6 可数个零测集的并是零测集.

证明 令 E_1，E_2，$\cdots$ 是零测集，且 $E=\bigcup\limits_{i=1}^{\infty}E_i$. 任取 $\varepsilon>0$，对每个 i，取相应的开区间 $I_{i,1}$，$I_{i,2}$，$\cdots$ 满足

$$E_i\subset\bigcup_{k=1}^{\infty}I_{i,k} \text{ 和 } \sum_{k=1}^{\infty}|I_{i,k}|<\varepsilon/2^i.$$

显然有 $E\subset\bigcup\limits_{i,k=1}^{\infty}I_{i,k}$，且

205

$$\sum_{i=1}^{\infty}\sum_{k=1}^{\infty}|I_{i,k}|\leqslant\sum_{i=1}^{\infty}\frac{\varepsilon}{2^{i}}\leqslant\varepsilon,$$

定理得证.　　　　　　　　　　　　　　　　　　　　　　　　　　　□

　　值得注意的是，若 E 是紧集且测度为 0，则可以找到有限个开区间 I_k，$k=1,\cdots,$ N 满足以上性质（i）和性质（ii）.

　　可以证明 Riemann 可积函数在不连续点的性质.

　　定理 9.1.7　定义在 $[a,b]$ 上的有界函数 f 可积的充要条件是它的不连续点组成的集合为零测集.

　　记 $J=[a,b]$，且 $I(c,r)=(c-r,c+r)$ 为以 c 为中心，$r(>0)$ 为半径的开区间. 定义 f 在 $I(r,c)$ 上的**振荡**为

$$\mathrm{osc}(f,c,r)=\sup|f(x)-f(y)|,$$

这里是对所有的 $x,y\in J\bigcap I(c,r)$ 取上确界. 由于 f 是有界的，所以这样定义的值是存在的. 类似地，定义 f 在 c 点的**振荡**为

$$\mathrm{osc}(f,c)=\lim_{r\to 0}\mathrm{osc}(f,c,r).$$

因为 $\mathrm{osc}(f,c,r)\geqslant 0$，并且关于 r 是单调递减函数，所以这样定义是有意义的. 需要指出的是，f 在 c 点连续的充要条件是 $\mathrm{osc}(f,c)=0$. 这由定义很容易得出. 对任意的 $\varepsilon>0$，定义集合 A_ε 为

$$A_\varepsilon=\{c\in J:\mathrm{osc}(f,c)\geqslant\varepsilon\}.$$

有了上面的这些定义，可以看出函数 f 不连续点的集合 J 可以表示为 $\bigcup_{\varepsilon>0}A_\varepsilon$. 这也是证明中很重要的一步.

　　引理 9.1.8　如果 $\varepsilon>0$，那么集合 A_ε 是闭集，因此也是紧集.

　　证明　这个结论是很容易证明的. 如果 $c_n\in A_\varepsilon$ 收敛于 c，用反证法证明，假设 $c\notin A_\varepsilon$. 记 $\mathrm{osc}(f,c)=\varepsilon-\delta$，其中 $\delta>0$. 选择 r 使得 $\mathrm{osc}(f,c,r)<\varepsilon-\delta/2$，并取 n 满足 $|c_n-c|<r/2$，那么 $\mathrm{osc}(f,c_n,r/2)<\varepsilon$，这就得到了 $\mathrm{osc}(f,c_n)<\varepsilon$，与假设矛盾.　　　　　　　　　　　　　　　　　　　　　　　　　　□

　　首先来证明定理 9.1.7 的第一部分. 假设 f 的不连续点集合 $\mathcal{D}$ 为零测集，并且 $\varepsilon>0$. 因为 $A_\varepsilon\subset\mathcal{D}$，故可以找到 A_ε 的一个有限开区间覆盖，不妨记其为 I_1，I_2，$\cdots$，I_N，这些开区间的总长度小于 ε. 它们的并集 I 的补集为紧集，由于 $z\notin A_\varepsilon$，从而在这个补集中的每个点 z 附近总可以找到一个包含 z 的区间 F_z 满足 $\sup_{x,y\in F_z}|f(x)-f(y)|\leqslant\varepsilon$. 这是因为选取集合 $\bigcup_{z\in I^c}I_z$ 的一个有限子覆盖，记为 I_{N+1}，$\cdots$，$I_{N'}$，取这些区间 I_1，I_2，$\cdots$，$I_{N'}$ 的终点组成区间 $[a,b]$ 的分割 P，满足

$$\mathcal{U}(P,f)-\mathcal{L}(P,f)\leqslant 2M\sum_{j=1}^{N}|I_j|+\varepsilon(b-a)\leqslant C\varepsilon.$$

因此 f 在 $[a,b]$ 上可积，这正是我们要证明的.

反之，假定 f 在 $[a,b]$ 上可积，设 $\mathcal{D}$ 是 f 的不连续点集．因为 $\mathcal{D}=\bigcup_{n=1}^{\infty} A_{\frac{1}{n}}$，所以只需要证明对任意的 n，$A_{\frac{1}{n}}$ 的测度为 0．任取 $\varepsilon>0$，取 $[a,b]$ 的分割 $P=\{x_0,x_1,\cdots,x_N\}$，使得 $\mathcal{U}(P,f)-\mathcal{L}(P,f)<\dfrac{\varepsilon}{n}$．则若 $A_{\frac{1}{n}}$ 和 $I_j=(x_{j-1},x_j)$ 的交集非空，从而可知 $\sup\limits_{x\in I_j}f(x)-\inf\limits_{x\in I_j}f(x)\geqslant\dfrac{1}{n}$，由此推出

$$\frac{1}{n}\sum_{\{j:I_j\cap A_{\frac{1}{n}}\neq\varnothing\}}|I_j|\leqslant\mathcal{U}(P,f)-\mathcal{L}(P,f)<\varepsilon/n.$$

取上述区间 I_j 与 $A_{\frac{1}{n}}$ 的交，并且把这些区间长度稍微扩大，则总能找到总长度 $\leqslant 2\varepsilon$ 覆盖 $A_{\frac{1}{n}}$ 的开区间．因此 $A_{\frac{1}{n}}$ 为零测集，故定理得证． $\square$

顺便提一句，定理 9.1.7 给出了若 f 和 g 可积，则 fg 可积的另一种证明方法．

9.2 多重积分

假定读者熟悉有界集合上的多重积分理论．这里，我们快速回顾多重积分理论的主要定义和结论．然后，通过把积分区域延拓到整个 $\mathbb{R}^d$ 上，引入多重反常积分的概念．这和研究 *Fourier* 变换是相关的．借助第 5 章和第 6 章中的思想，来定义无穷远处衰减的连续函数的积分．

回顾向量空间 $\mathbb{R}^d$ 是由 d 元数组 $\mathrm{x}=(\mathrm{x}_1,\ \mathrm{x}_2,\ \cdots,\ \mathrm{x}_d)$，$\mathrm{x}_j\in\mathbb{R}$ 所生成的，其中每个 x_j 的加法和数乘是先前所定义的．

9.2.1 $\mathbb{R}^d$ 上的 Riemann 积分
定义

$R\in\mathbb{R}^d$ 上 Riemann 可积的定义是区间 $[a,b]\in\mathbb{R}$ 上 Riemann 可积的定义的直接推广．因为连续函数总是可积的，故先把研究对象限制到连续函数上．

d 维空间上的**闭矩体**是一列形如

$$R=\{a_j\leqslant x_j\leqslant b_j:1\leqslant j\leqslant d\}$$

的区间，其中 a_j，$b_j\in\mathbb{R}$，$1\leqslant j\leqslant n$．换句话说，R 是一维空间上的 d 个小区间 $[a_j,b_j]$ 的乘积：

$$R=[a_1,b_1]\times\cdots\times[a_d,b_d].$$

若 P_j 是闭区间 $[a_j,b_j]$ 的分割，则称 $P=(P_1,\ \cdots,\ P_d)$ 是 R 的**分割**：并且如果 S_j 是分割 P_j 的一个子区间，那么 $S=(S_1\times\cdots\times S_d)$ 是分割 P 的一个**子矩体**．自然地，定义子矩体 S 的体积 $|S|$ 为它的各个边长的乘积，也即 $|S|=|S_1|\times\cdots\times|S_d|$，其中 $|S_j|$ 表示区间 S_j 的长度．

现在来定义矩体 R 上的可积函数．给定一个定义在 R 上的有界实值函数 f 和一个分割 P，定义 f 关于分割 P 的上和与下和分别为

207

$$\mathcal{U}(P,f)=\sum\big[\sup_{x\in S}f(x)\big]|S|\,,\mathcal{L}(P,f)=\sum\big[\inf_{x\in S}f(x)\big]|S|\,,$$

其中求和取遍分割 P 里所有的子矩体. 这些定义都是一维情形的直接推广.

如果每个 P'_j 是 P_j 的加细分割, 则分割 $P'=(P'_1,\cdots,P'_d)$ 是 $P=(P_1,\cdots,P_d)$ 的加细分割. 类比对一维加细分割的讨论, 若定义

$$U=\inf_P\mathcal{U}(P,f)\text{ 以及 }L=\sup_P\mathcal{L}(P,f)\,,$$

则 U 和 L 都存在且有限, 满足 $U\geqslant L$. 如果对任意的 $\varepsilon>0$, 都存在分割 P 满足

$$\mathcal{U}(P,f)-\mathcal{L}(P,f)<\varepsilon\,,$$

则称 f 在 R 上的 Riemann 可积的. 从而 $U=L$, 定义这个值为 f 在 R 上的积分值, 把它记作

$$\int_R f(x_1,\cdots,x_d)\mathrm{d}x_1\cdots\mathrm{d}x_d,\int_R f(x)\mathrm{d}x,\text{或}\int_R f.$$

如果 f 是复值函数, 例如 $f(x)=u(x)+\mathrm{i}v(x)$, 其中 u 和 v 都是实值函数, 很自然地可定义

$$\int_R f(x)\mathrm{d}x=\int_R u(x)\mathrm{d}x+\mathrm{i}\int_R v(x)\mathrm{d}x.$$

在下述结论中, 我们主要感兴趣的还是连续函数. 显然, 如果 f 在一个闭矩体 R 上连续, 则 f 在 R 上一致连续, 因此 f 在 R 上可积. 如果 f 在一个闭球 B 上连续, 则可以用以下方式来定义 f 在 B 上的积分: 设函数 g 是 f 的延拓, 并且满足当 $x\notin B$ 时, $g(x)=0$, 那么 g 在任意包含 B 的矩体上是可积的, 故有

$$\int_B f(x)\mathrm{d}x=\int_R g(x)\mathrm{d}x.$$

9.2.2 累次积分

因为在多数情况下都可以找出一个函数的原函数, 故可以通过微积分基本定理计算很多一元函数的积分值. 在 $\mathbb{R}^d$ 上, 因为一个 d 维空间上的函数积分可以转化为 d 个一维函数的积分, 所以对于多重积分, 积分值的计算方法和一维情形是类似的. 下面对于这个基本事实给出一个具体的论述.

定理 9.2.1 令 f 是定义在闭矩体 R 上的一个连续函数. 假设 $R=R_1\times R_2$, 其中 $R_1\subset\mathbb{R}^{d_1}$, $R_2\subset\mathbb{R}^{d_2}$, 以及 $d=d_1+d_2$. 如果记 $x=(x_1,x_2)$, 其中 $x_i\in\mathbb{R}^{d_i}$, 则 $F(x_1)=\displaystyle\int_{R_2}f(x_1,x_2)\mathrm{d}x_2$ 在 R_1 上是连续的, 并且有

$$\int_R f(x)\mathrm{d}x=\int_{R_1}\Big(\int_{R_2}f(x_1,x_2)\mathrm{d}x_2\Big)\mathrm{d}x_1.$$

证明 由 f 的一致连续性和

$$|F(x_1)-F(x'_1)|\leqslant\int_{R_2}|f(x_1,x_2)-f(x'_1,x_2)|\mathrm{d}x_2$$

可得 F 的连续性. 为了完成定理中等式的证明, 令 P_1 和 P_2 分别是 R_1 和 R_2 的分割. 如果 S 和 T 分别是 P_1 和 P_2 的子矩体, 那么可得到证明的关键不等式

$$\sup_{S\times T} f(x_1,x_2) \geqslant \sup_{x_1\in S}\Big(\sup_{x_2\in T} f(x_1,x_2)\Big)$$

和

$$\inf_{S\times T} f(x_1,x_2) \leqslant \inf_{x_1\in S}\Big(\inf_{x_2\in T} f(x_1,x_2)\Big),$$

所以
$$\begin{aligned}
\mathcal{U}(P,f) &= \sum_{S,T}\big[\sup_{S\times T} f(x_1,x_2)\big]|S\times T| \\
&\geqslant \sum_{S}\sum_{T}\sup_{x_1\in S}\big[\sup_{x_2\in T} f(x_1,x_2)\big]|T|\times|S| \\
&\geqslant \sum_{S}\sup_{x_1\in S}\big(\textstyle\int_{R_2} f(x_1,x_2)\mathrm{d}x_2\big)|S| \\
&\geqslant \mathcal{U}\big(P_1,\textstyle\int_{R_2} f(x_1,x_2)\mathrm{d}x_2\big).
\end{aligned}$$

对于下和，同理可得

$$\mathcal{L}(P,f)\leqslant\mathcal{L}\big(P_1,\textstyle\int_{R_2} f(x_1,x_2)\mathrm{d}x_2\big)\leqslant\mathcal{U}\big(P_1,\textstyle\int_{R_2} f(x_1,x_2)\mathrm{d}x_2\big)\leqslant\mathcal{U}(P,f),$$

定理的结论也包含在这个不等式中.

重复使用这个命题，可以得到推论：如果 f 是定义在矩体 $R\subset\mathbb{R}^d$ 上的连续函数，其中 $R=[a_1,b_1]\times\cdots\times[a_d,b_d]$，则有

$$\int_R f(x)\mathrm{d}x = \int_{a_1}^{b_1}\Big(\int_{a_2}^{b_2}\cdots\big(\int_{a_d}^{b_d} f(x_1,\cdots,x_d)\mathrm{d}x_d\big)\cdots\mathrm{d}x_2\Big)\mathrm{d}x_1,$$

等式右边是一个 d 重一维积分. 由定理 9.2.1 易知，可以交换累次积分中的积分次序. $\qquad\square$

9.2.3 变量替换公式

如果函数 $g:A\to B$ 是连续可微的可逆映射，则称 g 为 C^1 的微分同胚，并且它的逆 $g^{-1}:B\to A$ 也是连续可微的. 若用 Dg 表示函数 g 的 Jacobian，则变量替换公式可以表述下面的定理.

定理 9.2.2 假设 A 和 B 是 $\mathbb{R}^d$ 上的两个紧子集，函数 $g:A\to B$ 是 C^1 中的微分同胚. 如果 f 在 B 上连续，则有

$$\int_{g(A)} f(x)\mathrm{d}x = \int_A f(g(y))\,|\det(Dg)(y)|\,\mathrm{d}y.$$

首先分析 g 是线性变换 L 这种特殊情形. 此时，若 $\mathcal{R}$ 是矩体，则有

$$|g(\mathcal{R})| = |\det(L)\|\mathcal{R}|,$$

这就解释了为什么右边会出现 $\det(Dg)$ 这一项. 事实上，在一般情形下，可以用微元法来处理，对每个小微元运用上面处理的步骤即可.

9.2.4 球坐标

作为变量替换法的一个重要应用，我们经常在 $\mathbb{R}^2$ 上使用极坐标替换，在 $\mathbb{R}^2$ 上使用球坐标替换，在 $\mathbb{R}^d$ 上使用球坐标替换的推广. 对于被积函数或者在积分区域上有一些旋转对称性的情况，球坐标替换是特别重要的. 第 6 章给出了

$d=2$ 和 $d=3$ 的情形. 更一般地, 在 $\mathbb{R}^d$ 上做球坐标替换 $x=g(r,\theta_1,\cdots,\theta_{d-1})$, 其中

$$\begin{cases} x_1 &= r\sin\theta_1\sin\theta_2\cdots\sin\theta_{d-2}\sin\theta_{d-1}, \\ x_2 &= r\sin\theta_1\sin\theta_2\cdots\sin\theta_{d-2}\cos\theta_{d-1}, \\ \vdots & \\ x_{d-1} &= r\sin\theta_1\cos\theta_2, \\ x_d &= r\cos\theta_1, \end{cases}$$

其中, $0\leqslant\theta_i\leqslant\pi$, $1\leqslant i\leqslant d-2$ 且 $0\leqslant\theta_{d-1}\leqslant 2\pi$. 这个坐标替换的 Jacobian 的绝对值为

$$r^{d-1}\sin^{d-2}\theta_1\sin^{d-3}\theta_2\cdots\sin\theta_{d-2}.$$

任意的 $x\in\mathbb{R}^d-\{0\}$ 都可以唯一地写成 $r\gamma$ 的形式, 其中 $\gamma\in S^{d-1}$ 为 $\mathbb{R}^d$ 中的单位球. 如果设

$$\int_{S^{d-1}} f(\gamma)\mathrm{d}\sigma(\gamma)=$$

$$\int_0^\pi\int_0^\pi\cdots\int_0^{2\pi} f(g(r,\theta))\sin^{d-2}\theta_1\sin^{d-3}\theta_2\cdots\sin\theta_{d-2}\,\mathrm{d}\theta_{d-1}\cdots\mathrm{d}\theta_1.$$

当用 $B(0,N)$ 表示以原点为中心、R 为半径的球时, 则知

$$\int_{B(0,N)} f(x)\mathrm{d}x=\int_{S^{d-1}}\int_0^N f(r\gamma)r^{d-1}\mathrm{d}r\mathrm{d}\sigma(\gamma). \tag{9.2.1}$$

事实上, 可以定义单位球 $S^{d-1}\subset\mathbb{R}^d$ 的体积为

$$w_d=\int_{S^{d-1}}\mathrm{d}\sigma(\gamma).$$

球坐标变换的一个重要应用是计算积分 $\int_{A(R_1,R_2)}|x|^\lambda\mathrm{d}x$, 其中 $A(R_1,R_2)$ 表示圆环 $A(R_1,R_2)=\{R_1\leqslant|x|\leqslant R_2\}$, $\lambda\in\mathbb{R}$. 运用球坐标变换, 有

$$\int_{A(R_1,R_2)}|x|^\lambda\mathrm{d}x=\int_{S^{d-1}}\int_{R_1}^{R_2} r^{\lambda+d-1}\mathrm{d}r\mathrm{d}\sigma(\gamma).$$

因此,

$$\int_{A(R_1,R_2)}|x|^\lambda\mathrm{d}x=\begin{cases} \dfrac{w_d}{\lambda+d}\left[R_2^{\lambda+d}-R_1^{\lambda+d}\right], & \text{如果 } \lambda\neq -d, \\ w_d\left[\log(R_2)-\log(R_1)\right], & \text{如果 } \lambda=-d. \end{cases}$$

9.3 反常积分、$\mathbb{R}^d$ 上的积分

如果一旦给被积函数在无穷远处添加某种衰减性, 那么之前所讨论的多数定理中函数的积分都可以推广到 $\mathbb{R}^d$ 上.

9.3.1 缓降函数的积分

对每个固定的 $N>0$, 考虑 $\mathbb{R}^d$ 中以原点为中心、边长为 N 的平行于坐标轴的

方体：$Q_N = \{|x_j| \leqslant \dfrac{N}{2} : 1 \leqslant j \leqslant d\}$. 设 f 是 $\mathbb{R}^d$ 上的连续函数.

如果极限

$$\lim_{N \to \infty} \int_{Q_N} f(x) \mathrm{d}x$$

存在，记为

$$\int_{\mathbb{R}^d} f(x) \mathrm{d}x.$$

下面讨论一类在 $\mathbb{R}^d$ 上可积的特殊函数. 设 f 为 $\mathbb{R}^d$ 上的连续函数，如果存在常数 A，使得

$$|f(x)| \leqslant \frac{A}{1 + |x|^{d+1}}$$

成立，则称 f 为缓降的.

值得注意的是，当 $d = 1$ 时，这就是在第 5 章中的定义. $\mathbb{R}$ 上的 Poisson 核 $\mathcal{P}_y(x) = \dfrac{1}{\pi} \dfrac{y}{x^2 + y^2}$ 是一个重要的缓降函数的例子.

我们断言，当 f 是缓降函数时，上面的极限是存在的. 令 $I_N = \displaystyle\int_{Q_N} f(x) \mathrm{d}x$. 因为 f 是连续的，故在有界闭区间上是可积的，所以每个 I_N 都存在. 对于 $M > N$，有

$$|I_M - I_N| \leqslant \int_{Q_M - Q_N} |f(x)| \mathrm{d}x.$$

集合 $Q_M - Q_N$ 包含在圆环 $A(aN, bM) = \{aN \leqslant |x| \leqslant bM\}$ 内，其中 a 和 b 是仅依赖于维数 d 的常数. 这是因为方体 Q_N 显然包含在环 $N/2 \leqslant |x| \leqslant N\sqrt{d}/2$ 内，故取 $a = 1/2$，$b = \sqrt{d}/2$ 即可. 因此，由 f 是缓降函数得

$$|I_M - I_N| \leqslant A \int_{aN \leqslant |x| \leqslant bM} |x|^{-d-1} \mathrm{d}x.$$

现在在上述积分中令 $\lambda = -d - 1$，利用第 2 节关于积分的计算知

$$|I_M - I_N| \leqslant C \left(\frac{1}{aN} - \frac{1}{bM} \right).$$

因此当 f 是缓降函数时，可得 $\{I_N\}_{N=1}^{\infty}$ 是 Cauchy 列，所以 $\displaystyle\int_{\mathbb{R}^d} f(x) \mathrm{d}x$ 存在.

我们也可以选取以原点为圆心、以 N 为半径的球 B_N 来代替上面所取的矩体 Q_N. 读者很容易证明，若 f 是缓降函数，则 $\displaystyle\lim_{N \to \infty} \int_{B_N} f(x) \mathrm{d}x$ 存在，极限值等于 $\displaystyle\lim_{N \to \infty} \int_{Q_N} f(x) \mathrm{d}x$.

211

在第 6 章给出了关于缓降函数积分的一些基本性质.

9.3.2 累次积分

在第 5 章和第 6 章中，我们证明了多重积分公式对缓降函数也是成立的，证明

需要适当地交换积分次序. 类似地, 对于卷积型算子也可以看作这一类 (例如带 Poisson 核的算子).

现在来证明多重积分公式. 只考虑 $d=2$ 的情形, 读者把这个结果推广到任意维是没有困难的.

定理 9.3.1　假设 f 是 $\mathbb{R}^2$ 上连续的缓降函数, 则

$$F(x_1) = \int_{\mathbb{R}} f(x_1, x_2) \mathrm{d}x_2$$

是 $\mathbb{R}$ 上的缓降函数, 并且满足等式

$$\int_{\mathbb{R}^2} f(x) \mathrm{d}x = \int_{\mathbb{R}} \left(\int_{\mathbb{R}} f(x_1, x_2) \mathrm{d}x_2 \right) \mathrm{d}x_1.$$

证明　为了证明 F 是缓降函数, 首先需要满足

$$|F(x_1)| \leqslant \int_{\mathbb{R}} \frac{A \mathrm{d}x_2}{1 + (x_1^2 + x_2^2)^{\frac{3}{2}}} \leqslant \int_{|x_2| \leqslant |x_1|} + \int_{|x_2| \geqslant |x_1|}.$$

对于第一个积分, 被积函数 $\leqslant \dfrac{A}{1 + |x_1|^3}$, 因此

$$\int_{|x_2| \leqslant |x_1|} \frac{A \mathrm{d}x_2}{1 + (x_1^2 + x_2^2)^{\frac{3}{2}}} \leqslant \frac{A}{1 + |x_1|^3} \int_{|x_2| \leqslant |x_1|} \mathrm{d}x_2 \leqslant \frac{A'}{1 + |x_1|^2}.$$

对于第二个积分, 有

$$\int_{|x_2| \geqslant |x_1|} \frac{A \mathrm{d}x_2}{1 + (x_1^2 + x_2^2)^{\frac{3}{2}}} \leqslant A'' \int_{|x_2| \geqslant |x_1|} \frac{\mathrm{d}x_2}{1 + |x_2|^3} \leqslant \frac{A'''}{|x_1|^2}, \qquad \square$$

因此 F 是缓降的. 事实上, 结合定理 9.2.1, 知道 F 是由连续函数列一致收敛得到的, 因而也是连续的.

为了得到该等式只需要用到逼近, 同时在有限矩体上使用定理 9.2.1 即可. 记 S^c 为 S 的补集. 任取 $\varepsilon > 0$, 对于足够大的 N 有

$$\left| \int_{\mathbb{R}^2} f(x_1, x_2) \mathrm{d}x_1 \mathrm{d}x_2 - \int_{I_N \times I_N} f(x_1, x_2) \mathrm{d}x_1 \mathrm{d}x_2 \right| < \varepsilon,$$

其中, $I_N = [-N, N]$. 现在知,

$$\int_{I_N \times I_N} f(x_1 x_2) \mathrm{d}x_1 \mathrm{d}x_2 = \int_{I_N} \left(\int_{I_N} f(x_1, x_2) \mathrm{d}x_2 \right) \mathrm{d}x_1.$$

但是上式最后一项括号内的积分写作

$$= \int_{\mathbb{R}} \left(\int_{\mathbb{R}} f(x_1, x_2) \mathrm{d}x_2 \right) \mathrm{d}x_1 - \int_{I_N^c} \left(\int_{\mathbb{R}} f(x_1, x_2) \mathrm{d}x_2 \right) \mathrm{d}x_1$$

$$- \int_{I_N} \left(\int_{I_N^c} f(x_1, x_2) \mathrm{d}x_2 \right) \mathrm{d}x_1.$$

现在估计

$$\left| \int_{I_N} \left(\int_{I_N^c} f(x_1, x_2) \mathrm{d}x_2 \right) \mathrm{d}x_1 \right| \leqslant O\left(\frac{1}{N^2} \right)$$

$$+ C\int_{1\leqslant|x_1|\leqslant N}\left(\int_{|x_2|\geqslant N}\frac{\mathrm{d}x_2}{(|x_1|+|y_1|)^3}\right)\mathrm{d}x_1$$

$$\leqslant O\left(\frac{1}{N}\right).$$

同理可得

$$\left|\int_{I_N^c}\left(\int_{\mathbb{R}}f(x_1,x_2)\mathrm{d}x_2\right)\mathrm{d}x_1\right|\leqslant\frac{C}{N}.$$

因此，可以找到足够大的 N 使得

$$\left|\int_{I_N\times I_N}f(x_1,x_2)\mathrm{d}x_1\mathrm{d}x_2-\int_{\mathbb{R}}\left(\int_{\mathbb{R}}f(x_1,x_2)\mathrm{d}x_2\right)\mathrm{d}x_1\right|<\varepsilon$$

成立，证明完毕.

9.3.3 球坐标

在 $\mathbb{R}^d$ 中，球坐标可以表示为 $x=r\gamma$，其中 $r\geqslant0$，并且 γ 在单位球面 S^{d-1} 上. 如果 f 是缓降函数，则对每个固定的 $\gamma\in S^{d-1}$，$f(r\gamma)r^{d-1}$ 也是 $\mathbb{R}$ 上的缓降函数. 事实上，有

$$|f(r\gamma)r^{d-1}|\leqslant A\frac{r^{d-1}}{1+|r\gamma|^{d-1}}\leqslant\frac{B}{1+r^2}.$$

因此，在式（9.2.1）中令 $R\to\infty$，得

$$\int_{\mathbb{R}^d}f(x)\mathrm{d}x=\int_{S^{d-1}}\int_0^\infty f(r\gamma)r^{d-1}\mathrm{d}r\mathrm{d}\sigma(\gamma).$$

所以，如果把

$$\int_{\mathbb{R}^d}f(R(x))\mathrm{d}x=\int_{\mathbb{R}^d}f(x)\mathrm{d}x$$

和式（9.2.1）结合起来，则有

$$\int_{S^{d-1}}f(R(\gamma))\mathrm{d}\sigma(\gamma)=\int_{S^{d-1}}f(\gamma)\mathrm{d}\sigma(\gamma),\qquad\qquad(9.3.1)$$

其中 R 是旋转.

参 考 文 献

[1] G. E. Andrews. *Number theory*. Dover Publications，New York，1994. Corrected reprint of the 1971 originally published by W. B. Saunders Company.

[2] C. Bingham and J. W. Tukey. Fourier methods in the frequency analysis of data. *The Collected Works of John W Tukey*，Volume Ⅱ Time Series：1965-1984 （Wadsworth Advanced Books & Software），1984.

[3] S. Bochner. *The role of Mathematics in the Rise of Science*. Princeton University Press，Princeton，NJ，1966.

[4] R. C. Buck. *Advanced Calculus*. McGraw-Hill，New York，third edition，1978.

[5] A. M. Cormack. *Nobel Prize in Physiology and Medicine Lecture*，volume Volume 209. Science，1980.

[6] G. L. Dirichlet. Sur la convergence des Séries trigonometriques qui servent à representer une fonction arbitraire entre les limites données. *Crelle，Journal für die reine angewandte Mathematik*，4：157-169，1829.

[7] D. Duffie. *Dynamic Asset Pricing Theory*. Princeton University Press，Princeton，NJ，2001.

[8] H. Dym and H. P. McKean. *Fourier Series and Integrals*. Academic Press，New York，1972.

[9] G. B. Folland. *Introduction to Partial Differential Equations*. Princeton University Press，Princeton，NJ，1995.

[10] G. B. Folland. *Advanced Calculus*. Prentice Hall，Englewood Cliffs，NJ，2002.

[11] A. O. Gelfond and Yu. V. Linnik. *Elementary Methods in Analytic Number Theory*. Rand McNally & Compagny，Chicago，1965.

[12] G. H. Hardy. Weierstrass's non-differentiable function. *Transactions，American Mathematical Society*，17：301-325，1916.

[13] G. H. Hardy and E. M. Wright. *An Introduction to the Theory of Numbers*. Oxford University Press，London，fifth edition，1979.

[14] S. Helgrason. The Radon transform on Euclidean spaces，compact two-point homogeneous spaces and Grassman manifolds. *Acta. Math.*，113：153-180，1965.

[15] J. Herivel. *Joseph Fourier The Man and the Physicist*. Clarendon Press，Oxford，1975.

[16] I. N. Herstein. *Abstract Algebra*. Macmillan，New York，second edition，1990.

[17] A. Hurwitz. Sur quelques applications géometriques des séries de Fourier. *Annales de l' Ecole Normale supérieure*，19 （3）：357-408，1902.

[18] F. John. *Plane Waves* and *Spherical Mean Applied to Partial Differential Equations*. Interscience Publishers，New，York，1955.

[19] F. John. *Partial Differential Equations*. Springer -Verlag，New York，fourth edition，1982.

[20] J. P. Kahane and P. G. Lemarié-Rieusset. *Séries de Fourier et ondelettes*. Cassini, Paris, 1998. English version: Gordon & Breach, 1995.

[21] T. W. Körner. *Fourier Analysis*. Cambridge University Press, Cambridge, UK, 1988.

[22] L. Kuipers and H. Niederreiter. *Uniform Distribution of Sequences*. Wiley, New York, 1974.

[23] S. Lang. *Undergraduate Algebra*. Springer-Verlag, New York, second edition, 1990.

[24] S. Lang. *Undergraduate Analysis*. Springer-Verlag, New York, second edition, 1997.

[25] D. Ludwig. The Radon transform on Euclidean space. *Comm. Pure Appl. Math*, 19: 49-81, 1966.

[26] A. Pfluger. On the diameter of planar curves and Fourier coefficients. *Colloquia Mathematica Societatis János Bolyai*, *Functions*, *series*, *operators*, 35: 957-965, 1983.

[27] B. Riemann. Ueber die Darstellbarkeit einer Function durch eine trigonometrische Reihe. *Habilitation an der Universität zu Göttingen*, 1854. Collected Works, Springer Verlag, New York, 1990.

[28] L. Schwartz. *Théorie des distributions*, volume Volume I. Hermann, Paris, 1950.

[29] R. T. Seeley. *An Introduction to Fourier Series and Integrals*. W. A. Benjamin, New York, 1966.

[30] J. P. Serre. *A course in Arithmetic*. GTM 7. Springer Verlag, New York, 1973.

[31] E. M. Stein and G. Weiss. *Introduction to Fourier Analysis on Euclidean Spaces*. Princeton University Press, Princeton, NJ. 1971.

[32] E. C. Titchmarsh. *The Theory of Functions*. Oxford University Press, London, second edition, 1939.

[33] H. Weyl. *Algebraic Theory of Numbers*, volume Volume 1 of *Annals of Mathematics Studies*. Princeton University Press, Princeton, NJ, 1940.

[34] D. V. Widder. *The Heat Equation*. Academic Press, New York, 1975.

[35] N. Wiener. *The Fourier Integral and Certain of its Applications*. Cambridge University Press, Cambridge, UK, 1933.

[36] A. Zygmund. *Trigonometric series*, volume Volumes I and II. Cambridge University Press, Cambridge, UK, second edition 1959. Reprinted 1993.